长江口江心
大型避咸蓄淡水库建设

关键技术研究与应用

上海青草沙投资建设发展有限公司

上海市住房和城乡建设管理委员会科学技术委员会
———— 编 ————

顾金山
———— 主编 ————

上海科学技术出版社

青草沙水库下游水闸

青草沙水库
堤坝混凝土铰链排施工

青草沙水库
主龙口截流

长江口江心大型避咸蓄淡水库建设
关键技术研究与应用

4-5

青草沙水库
堤坝抛填袋施工

青草沙水库
主龙口全景

青草沙水库
上游取水泵闸施工全貌

青草沙水库
堤坝大砂袋施工

长江口江心大型避咸蓄淡水库建设
关键技术研究与应用

6-7

青草沙水库
输水泵闸施工全貌

8

青草沙水库
输水泵闸进口

青草沙水库
上游取水泵房

青草沙库区

长江口江心大型避咸蓄淡水库建设关键技术研究与应用

上海青草沙投资建设发展有限公司
上海市住房和城乡建设管理委员会科学技术委员会 编
顾金山 主编

上海科学技术出版社

图书在版编目(CIP)数据

长江口江心大型避咸蓄淡水库建设关键技术研究与应用/上海
青草沙投资建设发展有限公司,上海市住房和城乡建设管理委员
会科学技术委员会编. —上海:上海科学技术出版社,2017.12
  ISBN 978-7-5478-3819-8

Ⅰ.①长… Ⅱ.①上…②上… Ⅲ.①长江口—大型水库—水
利建设—研究 Ⅳ.①TV632.51

中国版本图书馆 CIP 数据核字(2017)第 281761 号

长江口江心大型避咸蓄淡水库建设关键技术研究与应用
上 海 青 草 沙 投 资 建 设 发 展 有 限 公 司
                                           编
上海市住房和城乡建设管理委员会科学技术委员会
顾金山 主编

上海世纪出版(集团)有限公司
                        出版、发行
上 海 科 学 技 术 出 版 社
(上海钦州南路 71 号 邮政编码 200235 www.sstp.cn)

当纳利(上海)信息技术有限公司印刷

开本 889×1194 1/16 印张 16 插页 8
字数:400 千字
2017 年 12 月第 1 版 2017 年 12 月第 1 次印刷
ISBN 978-7-5478-3819-8/TV・7
定价:130.00 元

内容提要

　　本书以青草沙水源地水库为例,围绕潮汐河口地区复杂的环境条件及长距离、滩槽相间、双向水流、易冲多变河床上的水库建设难题,开展了大量的试验研究,在咸潮入侵、河床演变、水库总体布局、水力充填工艺深水筑堤、堤坝实施顺序与保滩护底、龙口设置保护及截流、堤坝防渗与检测、泵闸侧向进出水水力控制和整流、堤闸连接段变形协调等方面取得了一系列创新成果,研究过程中的思路及技术手段可为类似工程提供借鉴。

　　本书适合从事河口治理、水源地水库建设、海堤建设等规划设计、施工和管理的技术人员阅读,也可供相关院校师生参考。

主要编写人员 （按姓氏笔画排序）

丁　玲　　丁　磊　　丁付革　　王冬珍　　王志林　　王侃睿　　王晓鹏

王路军　　邓　鹏　　卢永金　　卢育芳　　叶源新　　乐　勤　　冯建刚

朱建荣　　刘　桦　　刘　磊　　刘小梅　　刘东坤　　刘汉中　　刘华锋

刘新成　　关许为　　纪洪艳　　严丽芳　　苏爱平　　杜小弢　　李　杰

李　锐　　李国林　　李爱明　　李景娟　　肖志乔　　吴　玮　　吴　焱

吴华林　　吴彩娥　　吴维军　　佟宏伟　　汪巍巍　　沈庞勇　　张　尧

张学军　　陆忠民　　陆晓如　　陈江海　　陈毓陵　　陈德春　　罗小峰

季　荣　　金　平　　周金明　　周春天　　胡春霞　　钟小香　　段祥宝

俞相成　　施　蓓　　袁建忠　　都国梅　　顾　赟　　顾玉亮　　倪燕玉

徐　坤　　徐　波　　徐　亮　　高占学　　唐志坚　　容之攀　　黄国玲

黄建华　　曹元生　　韩　蒙　　韩昌海　　傅宗甫　　舒叶华　　曾祥华

谢先坤　　谢丽生　　谢罗峰　　楼启为　　潘丽红

参编单位

上海青草沙投资建设发展有限公司

上海勘测设计研究院有限公司

上海市水利工程设计研究院有限公司

中交上海航道局有限公司

河海大学

水利部交通运输部国家能源局南京水利科学研究院

上海河口海岸科学研究中心

上海交通大学

华东师范大学

序

上海北靠长江、南濒杭州湾、西连太湖、东邻东海。长江、黄浦江、吴淞江(苏州河)等骨干江河穿境而过,境内河湖水系发达。20世纪末以来,河道水质持续恶化,上海逐步成为典型的水质型缺水城市。

上海市委市政府历来高度重视供水安全保障工作,大力推进水源地建设。改革开放以来,全面提升供水安全保障对上海特大型城市的持续快速发展更为迫切。20世纪八九十年代,重点开发利用黄浦江水源,先后建成了黄浦江引水一期、二期工程。然而随着城市进一步发展,单一依靠黄浦江水源难以满足供水安全保障需要。

长江口淡水资源丰沛,南支全水域水质总体达到国家地表水Ⅱ类水标准,符合饮用水水源水质要求,具有巨大的开发利用价值。20世纪90年代初起,上海市有关部门着手组织多方力量对长江青草沙等规划水源地进行长期系统的水文水质监测、研究和论证。2002年12月,《上海市供水专业规划》得到市政府批准,上海原水实施战略转移,大力开发长江水源地,开创上海原水供应"两江并举、多源互补"的新格局。2005年12月,"青草沙水源地原水工程研究成果总报告"获得26位院士专家一致同意。2006年1月,上海市第十二届人民代表大会第四次会议批准青草沙水源地原水工程建设列入《上海市国民经济和社会发展第十一个五年规划纲要》。

青草沙水源地原水工程是上海市解决饮用水水源问题的重大民生工程,工程历经15年论证,5年建设,于2011年6月建成通水,供水范围覆盖上海市中心城区,直接受益人口达1300万。青草沙水源地原水工程建成至今,运行安全可靠,截至2017年10月,已优质供水115亿t以上,大幅提升了城市供水的安全保障能力,为上海的可持续发展,实现2040年卓越的全球城市目标保驾护航。

青草沙水源地原水工程是协同科技创新的重大成果。面对总体规划、避咸蓄淡、江中建库、长距离越江隧道、城区长距离输水系统稳定节能运行等诸多复杂难题，规划、科研、设计、施工者们敢为人先、合力攻关，在中国工程院、上海市科学技术委员会、上海市住房和城乡建设管理委员会科学技术委员会等部门的指导支持下，开展系列研究，取得大量创新成果，为日供水规模高达 719 万 m^3 原水工程的总体构思、技术攻关、工程实施和安全运行奠定了牢固的基础。

为了全面反映青草沙水源地原水工程的规划、设计、科研、施工、建设管理等方面的研究成果，上海青草沙投资建设发展有限公司和上海市住房和城乡建设管理委员会科学技术委员会组织相关单位继《上海长江口青草沙水源地原水工程论文集》后，编写了《长江口青草沙水源地原水工程规划与研究》《长江口江心大型避咸蓄淡水库建设关键技术研究与应用》《城市供水大型输水工程关键技术研究与应用》。丛书以翔实的资料，系统阐述了青草沙水源地原水工程十多年来的重要研究成果和重大技术方案，凝聚着广大建设者的智慧。希望本丛书的出版，为关注沿海河口城市淡水资源开发利用的研究者和决策者提供有价值的参考，为推进行业科技进步、解决城市供水问题、保障城市可持续发展做出贡献。

中国工程院院士、上海交通大学教授
上海市中国工程院院士咨询与学术活动中心主任

前 言

  青草沙水源地水库位于上海市崇明区长兴岛西北侧、长江口南支下段南北港分流口水域，水库总面积 66.15 km²，总库容 5.27 亿 m³，设计日供原水量达 719 万 m³，受益人口 1 300 万。

  长江口河床演变、水动力条件和工程地质条件极其复杂，气象、水文、主要建筑材料和施工作业条件等对工程建设限制颇多，青草沙水库建设具有涉及范围广、设计施工难度高、施工工期紧等特点，而且在长江口这样复杂的河口建设大型江心水库在国内外均属首次，在水库总体布局、规模确定及水质保障技术、大型潮汐龙口设置与截流技术、长距离江心水力充填堤坝结构与渗控技术、江心大型泵闸建筑技术等方面面临重大挑战，常规工程经验难以直接借鉴，亟须创新突破。

  针对水库建设的特点和难点，上海青草沙投资建设发展有限公司组织相关勘测设计、施工和科研单位，综合运用现场测验、数值模拟、物模试验等手段联合攻关，在长江口水、沙、盐和水库水质、水力充填堤坝渗流特性等自然规律的认识与把握，潮汐河口避咸蓄淡水库"泵闸联动、自流为主"的取水方式，河口长距离水力充填堤坝的结构与施工，特大水域圈围龙口布设与截流，河口沙洲新沉积土上的水工建筑物基坑围护、变形控制、水力控制及堤闸连接段协调变形控制等方面均取得了突出的创新成果，研究成果已在上海青草沙水库建设中得到了成功运用，有力地保障了水库的顺利建成，经济、社会和环境效益巨大。

  青草沙水源地的成功建设，实现了上海市水源地的战略转移，形成上海"两江并举、多源互补"的水源地格局，从根本上扭转了上海市合格水源严重短缺的局面，为沿海河口地区充分利用淡水资源、解决城市供水难题提供了一个有效的解决方案。在此，对所有参与、关心和支持长江口江心大型避咸蓄淡水库建设关键技术的研究者和决策者表示衷心的感谢!

希望本书的出版能对致力于解决城市水危机的决策者和研究者有所启迪和帮助,并对促进沿海河口地区结合河势控制开发利用淡水资源、满足城市供水需求起到积极的作用。

编 者

2017 年 10 月

目 录

4　长距离江心水力充填堤坝结构与实施技术　　124

1 绪论

1.1 长江口江心大型避咸蓄淡水库建设研究背景

上海北靠长江,南濒杭州湾,西连太湖,东邻东海。全市多年平均地表径流量为 24.15 亿 m³,人均本地水资源量仅 133 m³。但上海市具有丰富的过境水,太湖多年平均来水 106.6 亿 m³,长江干流多年平均过境水 9 004 亿 m³,总计 9 110.6 亿 m³。长江口南支全水域水质基本符合国家地表水Ⅱ类水质标准。然而由于地表水水质受污染严重,水环境质量得不到保证,上海其他地区的地表水水质却一般都达不到Ⅱ~Ⅲ类标准。上海被纳入全国 36 个水质型缺水城市之列,在 2000 年被联合国确定为 21 世纪全球饮用水严重缺乏的六大城市之一。

为了解决上海城市远景供水需求,自 20 世纪 90 年代初起,上海市有关部门就着手组织各方力量对长江青草沙等上海远景规划水源地进行长期系统的水文水质监测、研究和论证。

2002 年 12 月,上海市人民政府批准了《上海市供水专业规划》。规划明确指出,上海原水实施战略转移,大力开发长江水源地,提高长江原水供水份额,形成上海原水供应"两江并举、三足鼎立"的格局。

2006 年 8 月,上海城投(集团)有限公司组织编制了《青草沙水源地原水工程系统方案》,规划青草沙水源地 2020 年供水规模为 719 万 m³/d,供水范围为杨浦、虹口、浦东等 10 个中心城区全部以及宝山、普陀、青浦、闵行和崇明等 5 个区的部分地区,受益人口超过 1 000 万人。青草沙水源地原水工程系统主要由青草沙水库及取输水泵闸工程、长江过江管工程和陆域输水管线及增压泵站工程等 3 个项目组成,分别立项建设。

青草沙水库是我国第一座建于复杂潮汐河口江心的大型避咸蓄淡水库,可借鉴经验和资料较少,而长江口河床演变、潮流水动力、咸潮入侵规律、工程地质条件等极其复杂,存在诸如选址选线、避咸蓄淡、河势维稳、江心成库、深水筑堤、龙口设置及截流、堤坝渗流控制、低滩取输水泵闸建筑、水库水环境保护与运行调度等一系列技术难题和特点,主要体现在以下几个方面。

1) 复杂河口地区水库总体布局

长江口平面形态呈喇叭形,长江主流在徐六泾以下由崇明岛分为南支和北支,南支在吴淞口以下由长兴岛和横沙岛分为南港和北港,南港被江亚南沙和九段沙分为南槽和北槽,使长江口呈"三级分汊、四口入海(北支、北港、北槽和南槽)"的河势格局,河势十分复杂。特别是青草沙水库所在河段是长江口区近百年来滩槽变化频繁、河床冲淤较为剧烈的河段,河势演变规律十分复杂,在南北港分流口区域圈围建库,一方面需要考虑工程实施可能对河势产生的影响,另一方面要考虑河势的变化也会对工程本身安全带来影响,需要提出相应的工程应对措施。

2)咸潮入侵与水库规模及节能环保型运行方式

长江口受外海咸潮入侵影响,水库规模及蓄水运行时机取决于对咸潮入侵规律的掌握。不同于一般河口,长江口的咸潮入侵有来自外海的咸潮上溯,但在工程区附近出现的咸潮还有来自北支咸潮倒灌的。受北支喇叭口形态影响,咸潮倒灌南支,成为长江口咸潮入侵的一大特征。加上咸潮入侵受径流、潮汐和风对水流的影响共同作用,机理和规律十分复杂。

长江口水域水动力条件十分复杂,水质变化、咸潮入侵以及河势演变等直接影响避咸蓄淡水库取水的可靠性,取水口位置和取水方式的合理选择是直接影响水库供水安全、取水建筑物规模和水库运行成本的关键。

同时,长江水中营养盐浓度较高,水库具有浅水型湖泊的特点,水库建成后库区水流变缓,具有富营养化风险,易导致库区水质恶化,须通过库型优化、引排布局、优化水库调度并辅以建立良性生态系统等措施保持和改善库区水质。

3)长距离江心水力充填堤坝结构及深水筑堤与护滩防冲

青草沙水库地处长江口河口江心,南北港分流口、暗沙众多,河床泥沙可动性较强,并且受水流及潮流往复作用,水流流态复杂,互动因素较多。水库在北港江中的堤坝主要沿涨潮沟外侧江心沙脊布置,水域开敞,工程远离岸边、无掩护、堤线长、施工作业繁杂,施工环境恶劣,并穿越多个大型涨潮沟。

由于涨潮沟的形态是特有水动力条件作用下的一种不稳定平衡状态,流场、波浪或泥沙条件的改变,极易引起带状沙脊冲刷,而且一旦冲刷启动,冲刷的速度往往很快,可能引起大片沙脊消失。施工筑堤的阻水扰流也极易引起沙洲冲刷和河势调整。因此,研究合理的施工顺序,选择合理的堤坝施工作业面、进占速度以及适宜的防冲保滩结构,维护沙洲或沙脊稳定,避免施工过程中和施工后堤坝沿线滩地冲刷和河势急变,是水库建设面临的一大技术难点。

水库东堤滩面高程为 $-5.0\sim-10.5$ m,横穿涨潮沟深槽,全长约 3.0 km,属于深水筑堤。工程所在区域水深、浪大、流急、地基软弱,施工作业面窄,而且缺乏石料,缺乏陆上推进筑堤的条件。

4)深厚透水地基上的水力充填堤坝受双向水头作用的渗流控制

青草沙水库堤坝须承受库内外两侧高达 $7.0\sim8.0$ m 的双向水头作用,且水库环库堤坝采用充填管袋斜坡堤、抛填袋装砂斜坡堤结构,其特点是堤身两侧及下部主要由土工织物管袋充填砂土堆叠而成,堤身中上部由砂性土散吹形成,为非常规的土堤,其渗透规律不同于均质堤坝,受力条件及变形特征均不同于山区水库的大坝。因赶潮施工,填筑质量控制困难,加上地基土多为砂性土或粉性土,极易发生渗透破坏,危及堤坝安全。在潮汐河口以水力充填法建设水库堤坝的类似工程经验不多,其渗透特性、渗透稳定控制标准以及可大规模操作的、可靠的渗控措施是需要攻关研究的技术难点。

5)大型龙口设置与截流工艺

龙口设置与截流是水库施工建设的关键节点。青草沙库区的水域面积达 49.8 km^2,圈围堤坝的龙口受双向水流作用,龙口流速大,流态复杂。龙口受潮汐往复流作用,周期性的潮汐变化影响使得适宜的连续作业天数一般仅 $6\sim8$ d;工程区缺乏石料和陆上抛石作业条件;软土地基易冲难护,且一旦发生冲刷极难控制。截流作为水库建设的关键工序,不但关系到工程的成败,更关系到工程的经济效益、政治影响以及人身安全等多个方面,应从组织落实、计划安排、技术分析、后备方案的确定等方面进行周密分析、论证和落实。

6）江心新沉积沙土地基上建造取输水泵闸

水库的 3 处取输水枢纽建筑物规模大、结构复杂、基坑较深、水文气象条件复杂、施工环境恶劣。与工程建设密切相关的诸如江滩深水围堰构筑、深基坑围护、新沉积的软土地基处理、建筑物与堤坝的连接及相邻结构的变形协调、进出水口流态控制及消能防冲处理等问题，在平原河网地区取输水建筑物设计中就是关键点，在潮汐河口江心特殊的地质、水文、气象和施工条件下变得更为复杂，成为取输水建筑物设计的技术难题。

针对水库建设的特点和难点，上海青草沙投资建设发展有限公司组织上海勘测设计研究院有限公司、上海市水利工程设计研究院有限公司、中交上海航道局有限公司、河海大学、南京水利科学研究院、上海河口海岸科学研究中心、上海交通大学、华东师范大学、上海船舶运输科学研究所等勘测设计、施工和科研单位，综合运用现场测验、数值模拟、物模试验等手段，联合攻关，取得了一系列创新成果，为水库工程建设打下了坚实的基础。

1.2　长江口江心大型避咸蓄淡水库建设研究内容

研究内容主要是针对水库工程建设存在的选址选线、避咸蓄淡、河势维稳、江心建库、深水筑堤、龙口设置及截流、堤坝渗流控制、取输水建筑物安全、水库水质保障、水环境保护与运行节能等技术难题，开展水库建设关键技术研究，为工程设计及实施提供技术保证。研究内容主要包括以下 4 个部分。

1）潮汐河口江心避咸蓄淡水库总体布局及水质保障技术

研究掌握长江口青草沙及周边水域河势演变规律、咸潮入侵规律、水库水质变化与控制要求，是水库建设和运行的核心问题。具体内容包括：

（1）长江口咸潮入侵规律及青草沙水域典型盐度过程研究；

（2）长江口水、沙基本特征及河势演变规律；

（3）江心水库堤线选择及其工程影响预测；

（4）库内水力控制及水质保持机制研究；

（5）水库总体布局、取水方式及节能调度技术研究；

（6）生态环境影响及生态修复技术研究。

2）大型潮汐龙口设置及截流成套关键技术

龙口设置、保护和截流是河口水库施工建设最大的难点。具体内容包括：

（1）大型潮汐围区龙口布置与规模确定；

（2）大型潮汐龙口的水力特性与截流预报；

（3）大型潮汐龙口的保护结构与施工技术；

（4）大型潮汐龙口截流工艺与施工技术。

3）长距离江心水力充填堤坝结构与实施技术

堤坝建设顺序、防冲护滩和水力充填堤坝的渗控，是河口江心水库堤坝设计的关键。具体内容包括：

（1）长距离水上堤坝填筑实施顺序；

（2）双向挡水的水力充填砂袋堤坝结构及其施工工艺；

（3）水力充填堤坝渗流特性及渗流控制技术；

（4）易动沙洲上堤坝的防冲护滩技术。

4）江心新沉积土地基上泵闸建筑关键技术

水力控制、消能防冲、地基处理、深基坑围护、闸坝连接段变形协调控制等是大型泵闸建筑的技术难题，在河口江心新沉积土地基上问题尤为突出。具体内容包括：

（1）江心大型取输水泵闸侧向进出水布置与水力控制技术；

（2）新沉积土地基上泵闸建筑复杂结构变形协调控制技术；

（3）临江透水地基泵闸深基坑围护技术。

1.3 长江口江心大型避咸蓄淡水库建设研究技术与成果

1.3.1 潮汐河口江心避咸蓄淡水库总体布局及水质保障技术

1）问题提出

本节主要涉及咸潮入侵规律、水库总体布局、河势评估、水库运行调度、库区水质保障等相关研究问题。

（1）咸潮入侵。咸潮入侵是感潮河口的一个重要特征。对于河口咸潮入侵的研究始于20世纪50—60年代，经历了观测资料的基础分析阶段、数值模型基础研究阶段、以观测为基础通过数模和物模进行深入研究阶段。国内外对咸潮入侵均做了相当多的研究，其中咸潮入侵的原理、分析方法和手段具有一定的借鉴意义。但由于咸潮入侵除受径流和潮流相互作用外，还受到河口平面形态、河床冲淤、沙洲变迁、局部流态等影响，每个河口的咸潮入侵均有其特殊性。长江口北支咸潮倒灌，加剧了长江口咸潮入侵的复杂性，尤其是南北港分流口青草沙水域咸淡水运动规律的复杂性。历史上的观测资料、数值分析成果主要偏重于长江口南支南岸、北槽深水航道水域等"几个点"，没有覆盖青草沙水域。此外，还需要研究代表典型年盐度过程，得到最长连续不宜取水时间，以确定水库及取水建筑规模。

（2）河势评估与水库总体布局。长江口青草沙水库所在河段是长江口区近百年来滩槽变化频繁、河床冲淤较为剧烈的河段，河势演变规律十分复杂。在南北港分流口区域圈围建库，一方面需要考虑工程实施可能对河势产生的影响，另一方面要考虑河势的变化也会对工程本身安全带来影响，需要提出相应的工程应对措施。

目前针对潮汐河口河势评估及工程影响预测的分析方法主要有实测资料分析、数学模型研究和物理模型试验等。实测资料分析主要是依据河势演变历史资料分析河势的演变方向和发展规律，从而预测河势的未来发展趋势。随着科学技术的发展和计算方法的不断进步，数学模型研究和物理模型试验在潮汐河口河势评估及工程影响预测领域得到了迅猛发展。目前，数模和物模已经发展成开展潮汐河口河势评估及工程影响预测研究工作的两个重要手段。

青草沙水库地处南北港分流口，沙洲变动频繁，位置敏感，互动因素较多，演变规律与趋势预报困难，又直接影响到南北港分流分沙变化，工程位置又邻近上海长江大桥、一些重要企业和长江口深水航道，应综合分析，采用多种研究手段，并行研究，达成共识。

（3）运行调度。如何最大限度地发挥水库效益，一直是水库调度研究的主要方向之一。总的来说，水库调度运行的研究发展较快，其调度方式和模型不断发展完善，但其成果主要集中于为解决洪水问题而进行的防洪调度、为缓解库区水沙问题而进行的冲沙调度，以及水库的兴利调度，对于河口型水库的避咸、改善水质及节能调度研究和实践经验较少。

青草沙水库为河口避咸蓄淡型水库,主要工程任务是向上海市供应原水,工程特殊的取水环境使得其调度运行方式与国内外大多数水库的调度运行方式有很大的差别。长江口水域水动力条件十分复杂,水质变化、咸潮入侵以及河势演变等直接影响避咸蓄淡水库取水的可靠性,取水口位置和取水方式的合理选择是直接影响水库供水安全、取水建筑物规模和水库运行成本的关键。如何选择合理的调度形式、优化调度方案,则有待于根据青草沙水库具体环境,在借鉴已有的有限经验情况下,进行研究和分析。

(4) 库区水质保障。湖库富营养化的研究主要采用现场实测资料、室内试验、数值模拟分析等进行。防止富营养化手段主要有物理方法、化学方法、生态方法等。青草沙水库是供水水库,水量大,决定了防止水体富营养化的方法只能是合理调度、设计适宜库型,以增加水体流动,并辅以生态方法等。

长江口水体中营养盐浓度较高,水库具有浅水型湖泊的特点,水库建成后库区水流变缓,具有富营养化风险,易导致库区水质恶化。须通过库型优化、引排布局、优化水库调度并辅以建立良性生态系统等措施保持和改善库区水质。

2) 技术方法

(1) 咸潮入侵。

① 盐度监测系统建立:建立长江口盐度遥测系统。

② 全潮同步水文、盐度监测:针对长江上游来水量小、北支水沙盐倒灌较为严重的特殊时期,如1999 年、2002 年枯水季节,在长江口南北支等河段开展全潮同步水文、盐度监测。

③ 实测资料统计与分析:分析长江口咸潮入侵影响因素、咸潮入侵时空规律、北支咸潮倒灌的影响、青草沙水域咸潮入侵的特征。

④ 咸潮入侵过程分析:建立三维盐度数学模型,确定代表典型年盐度过程。

(2) 河势评估与水库总体布局。

① 水文测验、水下地形监测:在水库及周边区域开展水文监测、水下地形测量。

② 河势演变分析:在调研、总结已有成果的基础上,结合最新实测资料,系统分析南北港分流口河段的涨落潮特点,揭示相关河段水沙运动特性、水沙变化发展趋势。

在总结近百年来工程区域河床演变基本规律和收集历史上不同时期的海图和地形图的基础上,研究自 19 世纪中叶后期北港形成以后,南北港分流口通道随着分汊口沙洲的上延或下移出现的频繁演变过程及其发展趋势。

③ 数值模拟与物理模型试验:建立数学模型,并结合河演分析和长江口整体定床、动床物理模型试验等技术手段,进行河势影响评估。

(3) 运行调度。

① 取水口、排水口、输水口合理选址。

② 水库运行典型潮型分析。

③ 水库调度模型建立。

(4) 库区水质保障。

① 分析藻类过度繁殖的水库水力停留时间:总结已有成果,建立藻类生长概念模型,分析青草沙水库藻类过度繁殖的水力停留时间。

② 取排水建筑物合理布局与水体调活:取水建筑物、排水建筑物、输水建筑物在平面上合理布局和

库区疏浚,促进水体流动,减少水体在库区的停留时间。

③ 优化调度:根据藻类生长特点,增加水体流动,提高或降低水位运行。

3) 研究成果

(1) 长江口咸潮入侵受径流量、潮汐、平面形态、风应力、科里奥利力和口外陆架环流等的综合作用,具有显著的时空变化特点。其中上游流量和口外潮汐是长江口咸潮入侵最主要的影响因素。长江口北支咸潮倒灌增加了长江口咸潮入侵规律的复杂性。南支上游水域的盐度主要受北支倒灌影响,越向上游,盐度越高。南北港下游水域的盐度则主要受外海咸潮入侵的直接影响,越向外海,盐度越高。青草沙水域受北支咸潮倒灌与外海咸潮入侵的共同影响,位于长江口盐度马鞍形平面分布的低谷区,是建设避咸蓄淡水库的理想库址。

(2) 采用改进的三维 ECOM-si 数值模型,确定了在 97% 取水保证率下 1978—1979 年代表典型年的盐度过程,其中最长不宜取水时间出现在 1978 年 12 月 18 日至 1979 年 2 月 24 日,青草沙水库取水口水域最长连续不宜取水时间为 68 d。

(3) 根据河势演变分析、数学模型和物理模型综合研究成果,复演和预测了各特定水文条件下中央沙和青草沙水域水库堤坝工程实施后的流场和河床变化情况,认为 2007 年前后青草沙水域河势较为稳定,长江口南北港分流口正处于周期性的"冲淤进退、上提下移"中的"冲"与"下移"临界点,南北港分流口河势已向不稳定发展过渡,是建库和南北港分流口整治的较好时机。实施青草沙水库堤坝工程对长江口地区防洪排涝、南北港分流口河势、南北港河势、长江口深水航道、北港上海长江大桥主通航孔及长兴岛南岸重大工程无明显不利影响。工程固定了新桥通道的下边界,阻止了中央沙头的后退,为南北港分流口整治工程的实施创造了有利条件。青草沙水库坝线布置方案符合国务院批准的《长江口综合整治开发规划》。

(4) 结合水库工程特点,充分利用潮汐动力,研究实现了"泵闸联动、自流为主"的节能环保型取排水方式。发挥青草沙水库位于江心河口、水质优良、潮汐动能充足等优势,考虑咸潮入侵规律、水库富营养防治等因素,响应国家节能减排的战略方针,突破了以往已建避咸蓄淡水库单一泵站取水模式,加设水闸,充分利用潮汐动力,补充自流取、排(输)水方式。非咸潮期利用上、下游水闸联动自流引排水,咸潮期利用泵提蓄水,在咸潮间隙可补淡水时段采用泵闸联合运行抢补淡水,大大降低了水库运行能耗,减少了运行成本。同时,上、下游水闸规模和布置综合考虑了水库水质保持和提升需求,制定了水闸运行与增加库内水体流动性、增强抵御富营养化能力的调度运行策略。

(5) 通过疏浚引流、优化调度等措施,改善了库区流态,防止藻类过度繁殖。

1.3.2 大型潮汐龙口设置及截流成套关键技术

1) 问题提出

龙口是水利水电工程江河截流或围(填)海工程圈围造陆在建造实施过程中的一个临时构筑物,但又是十分重要和关键的构筑物,其设置是否合理、能否成功截流往往决定了整个工程建设的成败。与大江截流相比,长江口青草沙水库大型龙口的截流工艺与结构,因其软土地基、大库区、高流速往复流和船机作业等特点,而有很大不同。其龙口的设置、防护和截流主要涉及以下 4 个方面的关键技术问题:大库区长坝线上的龙口设置在何处合理;如何准确地预测设计标准下的龙口潮流周期过程动态水力参数;采用何种结构形式对设计水力参数下的龙口进行保护和截流;采取什么样的施工工艺和方法保证安全可靠地实施。

2）技术方法与成果

（1）大型潮汐围区龙口设置。已有研究表明，以围（填）海造地为目的的库区龙口设置一般结合地形和圈围面积，将整个围区分隔成若干个小围区，每个小围区单独设置一个规模适宜的龙口，便于施工组织和风险控制。目前国内小围区的面积一般为 $2\sim3$ km²，几乎不会大于 10 km²。小围区龙口位置选择堤线上地势相对较低、后期便于施工的地方。如上海南汇东滩圈围三期、四期、五期工程中均采用分仓的方式建设。青草沙库区面积大、地形起伏大、流态变化多、流场极其复杂，给围区分隔带来技术和经济挑战。

在对青草沙库区及堤坝沿线地形地貌特性细化分析的基础上，从水流水动力、施工组织和技术经济等角度，研究确定青草沙库区是否需要设置隔堤对库区进行分仓以及分仓方案。在确定的库区分仓方案下，比较分析适应不同地形且具有不同水力特性和风险特征的龙口选址方案，在此基础上进一步研究龙口不同施工阶段（保护期和截流过程）的适当龙口规模。研究的主要手段为数学模型和物理模型结合，多个数学模型并行工作，实现多种模型相互验证、数学模型为物理模型提边界条件的目的。其中库区分仓对龙口的影响研究主要利用数学模型，龙口不同阶段的规模研究主要利用数学模型和物理模型。

通过库区不同分仓（1 仓、2 仓和 3 仓）方案研究表明：库区不分仓方案对河势影响小，施工强度小，进度有保障；而分仓方案对龙口极值流速减小效果不明显，对河道水流影响大，施工交通条件也没有明显改善，而工程费用大幅增加。因此，采用库区不分仓的方案。

比较研究北堤多龙口、北堤双龙口和东堤深槽龙口等龙口布置方案，结果表明，在深槽中设单一大龙口，风险集中在深槽处，虽然施工难度大，但河势影响小，技术可以突破，因此确定采用大龙口方案。

（2）大型潮汐龙口的水力特性研究与截流预报。潮汐河口堤坝截流不同于大江大河截流。受潮汐影响，龙口水流是双向的，水流相对江河的截流更复杂，反映龙口水力特性的参数主要有龙口流速、流量、水位落差等，其中最主要的参数是龙口流速。龙口水力特性与截流设计标准密切相关，目前国内外还缺乏这方面可直接引用的规定。对于一般工程龙口水力特性，目前国内常用做法是用水量平衡作图法近似计算。随着数值模拟技术的不断发展，越来越多的圈围截流工程应用数值模型来研究龙口的水力特性。大型围海工程中，龙口的水力特性一般通过数学模型和物理模型两个手段互为验证。但如果围区过大，物理模型无法模拟整个围区，龙口上水位差（龙口上急流水位跌落、龙口内外的水位响应）控制是项目研究的难点之一。

研究主要通过二维、三维水动力数学模型，龙口局部水流物理模型试验和框笼波浪水池试验，水槽断面试验等各种手段，相互结合并互为补充。在此基础上综合施工条件等多方面因素评价对比，研究提出满足实施要求的龙口水力特性参数。针对施工过程的实际情况，根据潮汐与气象变化，提出开展短历时截流水力预报的技术研究并运用到实践中。

模拟计算揭示的流态表明：最大流速发生在平面上呈平行堤轴线的带状区域，并集中于涨潮期的内坡上部或落潮期的外坡上部；龙口流速受涨潮流控制，涨潮流速远大于落潮流速。立堵和平堵截流方式的龙口设计流速分别为 9.5 m/s 和 7.6 m/s。经技术经济比较，确定采用平堵截流方式。

研究提出短历时实时现场预报技术并进行了现场应用：在建设期通过收集工程现场最新工况，结合现场水位和流速观测资料，实时调整龙口形态（边界）和上、下游边界条件，每日晚间进行提前 12 h 的计算和预报，于次日早施工前向各相关方发送当日水动力预报成果，为现场方案提供依据。实践证明这一技术为龙口现场截流堵口方案提供了有力支撑。

（3）大型潮汐龙口的护底与截流工艺。已有研究表明，截流过程中随着龙口的缩窄、抬升，可能遭遇较大的水位落差和高流速。这时，通常会采取各种技术措施来保护龙口结构：一是减小龙口流速、落差以及改善流态等水力要素;二是增加基础抗冲能力;三是提高抛投料的抗滑稳定性。青草沙库区龙口设计标准下保护期流速可达 7.6 m/s,由于长江口区域为软土地基,河床在各种复杂的水动力条件下动荡多变,适用这样的地形地质条件的堤坝,包括龙口护底卜填高材料,均为土工织物水力充填砂袋。

针对水下结构船机施工作业特点,从大型土工织物充填砂袋(砂被)保护和平整两个方面着手,研究防止袋装砂被吸出、刺破的问题,控制护底结构物高流速下的稳定,构造可操作的可靠护底结构。借鉴传统的采用块石、框笼、框架、沉船等截流思路,研究便于水上船机作业、截流施工时间控制在一个小潮汛期内、截流材料抗水流稳定性好或能在龙口上易形成整体的截流工艺,以抵抗水头差和过流冲击。

针对水下结构船机施工作业的特点和龙口基础构筑材料的保护要求,研究提出了自下而上分别为大型土工织物充填砂袋(砂被)、高强砂肋软体排、混凝土块联锁排、60 t 网兜石或 30 t 混凝土块等构成的多层复合保护结构。通过综合比较抛网兜石截流方案、框架插板截流方案、框笼抛石截流方案、桩架截流方案以及桩式子堰方案的优缺点,推荐采用框笼抛石截流方案。结合龙口水力特性研究成果,开发了满足各种设计工况稳定和施工进度要求的无底、临水侧设置适当钢筋网、单个体积 900 m³ 的大型钢框笼及相应的框笼吊装安放和抛石截流施工工艺控制要求。

(4)大型潮汐龙口截流施工关键技术。快速高效地对高流速下的龙口底部进行护底结构保护并择机截流是龙口截流施工的难题。针对高流速、宽深潮汐龙口以及新型截流工艺和结构,研究采用可靠而高效的施工工艺,确保龙口在短时间内安全顺利地一次性合龙。

针对龙口在高流速状态下进行护底保护施工和快速合龙的难点,结合室内试验和现场试验,研究提出了 1 300 g/m² 高强土工织物软体排加工工艺、龙口护底保护结构施工工艺,并研制出了 60 t 尼龙网兜石和 30 t 混凝土块水下安放自动脱钩吊具;提出了主龙口截流施工的综合监测技术。

1.3.3　长距离江心水力充填堤坝结构与实施技术

1)问题提出

本节主要涉及深水筑堤结构与施工、江中堤坝填筑的施工顺序、保滩护底、渗流特性和渗控措施等相关问题研究。

(1)深水筑堤结构与施工技术。土工织物袋充填砂筑堤是近年来国内兴起的一种新的筑堤技术,目前在长江口地区以及沿海等地被广泛地应用于航道整治工程、围海造陆、护岸、路基等工程,主要用其做堤芯主体结构,其特点是施工速度快、结构整体稳定性好、适应软土地基、就地取材、成本低等。

目前国内袋装砂筑堤以浅滩和浅水袋装砂筑堤为主,由袋装砂专用充灌船进行充灌施工,充灌设备以泥浆泵为主,砂袋尺寸宽度在 20 m 以内,长度不超过 60 m,每个砂袋充灌量在 1 000 m³ 以下,适合在水深较浅(小于 3.0 m)、流速较小(小于 2 m/s)区域施工。1998 年上海长江口深水航道整治工程中首次大面积采用袋装砂棱体斜坡堤结构,初步形成了专用船舶充灌袋装砂施工工艺。在河北曹妃甸工业区围海造地工程中也大量采用了袋装砂堤芯斜坡堤,其施工主要为泥浆泵就地取砂充灌砂袋,袋体尺寸较小。天津滨海工业区围海造地工程大堤结构为袋装砂堤芯,其水上充灌袋体主要采用传统充灌船铺设工艺和对拉船铺设工艺。近些年来上海横沙、南汇、奉贤、金山等地区大量开工的圈围工程也都采用了袋装堤芯结构,大大提高了造地成陆速度,工程成本也大幅降低,在中低滩圈围工程中设计施工技术已日趋成熟。

随着近海滩涂的不断枯竭以及对环境保护的关注,圈围工程已开始逐步向远离海岸的外海深水区域延伸,大堤堤线布置已由早期的 0 m 线延伸至 -3.0 m 甚至 -5.0 m,部分工程深槽段甚至超过 -10.0 m。已有的常规水力充填法筑堤结构形式与施工技术已难以满足深水筑堤的需求。

（2）江中堤坝填筑的施工顺序研究。目前复杂的大型水利水电工程主要依靠数学模型和物理模型等科研手段为施工、设计和决策提供科学依据，其中施工顺序研究是潮汐河口水域冲淤易变淤泥质或砂质河床上筑堤建坝工程施工中一个重要的关键技术问题，合理的施工作业顺序是避免施工过程中滩地冲刷、顺利截流并避免河势急变的必要措施。

为保证堤坝建筑物的工程安全、顺利、高质量地实施，尽量减少工程实施过程中河势发生较大调整而对工程造成的不利影响，结合施工关键控制节点，根据施工区水动力特征，一般采用二维水动力数学模型和定床、动床物理模型对施工顺序进行研究，特别重要且有条件的工程采用三维水动力数学模型、定床和动床物理模型进行互补验证。

在施工顺序研究上，以往基本是根据施工区域水动力特征和施工关键控制节点，对总体施工顺序，即各阶段的先后顺序和各工序之间先后推进的顺序控制进行研究，而对各分项工序的施工顺序和推进方式、作业面选择等研究相对较少，研究体系和思路也不够完善，加之每个工程的特点和难点也不相同，研究过程和思路也难以套用。

（3）保滩护底技术。保滩护底方式通常有两类：一是通过在堤前设丁坝、顺坝、软体排加抛石等保滩护底；二是通过在堤前设桩基、沉井等保滩护底。

丁坝主要适用于以潮流影响为主的堤岸，它的保滩机理主要是通过将主流挑离河岸堤防，并尽量争取在坝田区形成淤积，从而解除堤岸承受冲刷的威胁。对受风浪剥蚀为主或波浪掀沙与水流冲刷同时起作用的岸滩，顺坝保滩或丁顺坝结合效果明显。

顺坝保滩主要适用于风浪剥滩作用为主，具有向岸流作用的岸段。此结构布置可以顺应水流方向，对保滩岸段的河势影响较小。对于工程前沿滩地低、堤脚处滩地坡度较陡的岸段，顺坝工程量较大，虽保滩效果较好，但投资大，建成后维修量也大。对于堤前滩地较高且坡度较缓的岸段，此结构形式投资省，较为合适。

软体排主要适用于堤前滩地低的岸段，护底结构受波浪作用力小，采用软体排平顺护底的方式具有施工快、适用滩地变形能力强、对河床边界条件改变较小、对近岸及周边水流的影响也较小的优点，对于低滩岸段是较为理想的保滩护底方式。软体排护底对堤前滩地的保护机理主要是利用抗冲材料——软体排直接铺敷在堤脚一定范围，形成连续的覆盖式护底，从而达到保护堤前滩地免受水流和波浪的冲刷。

长江口沿岸很多工程采用抛石软体排护底。长江口深水航道治理工程是大规模应用软体排护底的成功典范，不仅开发了软体排护底保护结构，而且研制出专用软体排铺设船及施工工艺，对青草沙水库工程有一定的指导和借鉴意义。

（4）渗流特性和渗控措施。目前国内外对采用碾压式土石堤坝的渗流特性和渗控措施研究较多，相应地设计、施工、检验和验收等方面的规程、规范和标准已相当完备和系统。但是青草沙水库新建堤坝建于江心沙脊上，采用砂土水力充填法构筑，承受库内外两侧 $7.0 \sim 8.0$ m 的双向水头作用，堤身两侧及水下部分主要由土工织物管袋充填砂土堆叠而成，堤身中上部由砂性土散吹形成，水下施工质量控制较难，地基土多为砂性土或者粉性土。

在潮汐河口以水力充填法建造水库堤坝的类似工程经验不多，尤其对于充砂管袋堤身以及抛填袋装砂斜坡堤堤基的综合渗透系数和土工布的抗渗作用，尚缺少研究。目前对其渗透特性、渗流计算和渗透稳定控制标准及检测验收标准尚难以把握，难以确定可大规模实施的可靠的渗控措施。

2）技术方法

（1）水力充填砂袋堤坝结构及工艺。根据青草沙水库工程自然条件、施工环境和施工强度等情况，调研水力充填堤坝深水堤型与施工技术，重点开展堤型结构与质量控制技术、涨落潮流作用下袋装砂筑堤分层施工顺序、深水抛填袋施工工艺、大尺度砂袋充灌及铺设工艺、抛填袋水下保护方案、专用施工船机设备等研究。

（2）实施顺序与防冲保滩技术。通过长江口河势的历史演变过程及近期河势变化情况，结合数学模型计算，研究青草沙区域涨潮沟河势特点与机理。根据总体建设进度安排结合施工组织，拟订主要筑堤工序方案，通过水流数学模型和物理模型试验，研究各施工进展状态工程区域的水动力特性，进而优化各阶段大堤进度控制和施工顺序。

研究区域滩势变化状况及影响因素，探讨潮汐河口往复流堤段保滩结构选型的理论基础；调查分析上海地区常用保滩结构适用性；研究适合潮汐河口滩地冲刷坑计算方法；研究探讨枊槎在潮汐河口应用的特性及机理；采用物理模型试验验证各种新型保滩形式的合理性及有效性。

（3）水力充填堤坝渗流特性及控制技术研究。根据室内渗透试验和现场注水试验成果，结合土层及水工物理模型试验，综合分析确定坝身坝基渗透系数、各种渗透变形的允许坡降及土工布的作用。了解并研究国内外目前的渗流数值模拟技术，比选相应的计算方法及计算软件。采用渗流有限元法分析最高水位差下水库堤坝的渗流场，判断发生渗透变形破坏的可能性。

针对水力充填堤坝的结构特点，研究最适合采取的渗流控制措施类型。初选三轴搅拌桩、高压旋喷桩、拉森钢板桩等垂直防渗体施工工艺进行综合技术经济比选，确定最优方案。根据水库大坝的沉降变形跟踪分析，确定合适的防渗体施工时机。通过防渗试验工程验证，确定垂直防渗体施工的主要控制参数及质量检测方法。

3）研究成果

（1）针对长距离江中堤坝沿线河床滩槽起伏、易冲多变的情况，通过对70多种实施顺序方案组合的数值模拟、物理模型验证和综合分析，提出"全面开工、多点作业、以点带线，低滩护底先行、深泓潜坝跟进，高滩轮廓先成，港汊依次封堵，大龙口截流"的堤坝总体实施顺序原则。

（2）针对水深流急、双向挡水要求，提出抛填砂袋和常规充填袋装砂斜坡堤有机结合、符合双向挡水要求的深水双棱体斜坡堤结构。同时，针对抛填砂袋的保砂性、波浪水流作用下的稳定性以及抛填坝身的密实性等关键技术和施工工艺，改进了抛填砂袋与水力充填管袋组合的水库堤坝结构，开发了水力充填抛袋船机作业成套工艺和装备。

（3）针对长距离筑坝河势和水力条件复杂多变的特点，研究揭示了不同坝段的冲刷及挑流、缓流、覆盖等不同护滩形式工作的机理，提出了因地制宜、动态实施、组合防冲护滩的布局和技术策略，发展了枊槎防冲护滩应用技术。

（4）针对水力充填坝身、粉砂淤泥互层复杂坝基和双向挡水要求，通过现场试验、堤坝断面水槽概化物理模型、相邻或类似堤坝渗流特性原位测试等手段，系统地揭示了长江口新沉积土及水力充填堤坝的渗透特性和渗透破坏机理；通过改进钻进工艺和切割方法，解决了抛填砂袋中三轴搅拌桩成桩和水力充填堤坝双向挡水的渗控难题；创新了钻-搅-喷相结合的"两列（三轴搅拌桩）一夹（高压旋喷桩）"防渗墙结构，攻克龙口段坝身夹有2 m厚抛石层的截渗难题；建立了防渗墙墙体物理力学指标评定标准和单位工程质量评定标准。

1.3.4　江心新沉积土地基上大型泵闸建筑关键技术

1）问题提出

水工建筑物的水力控制、消能防冲、地基处理、深基坑围护、堤闸连接段变形协调控制等是大型泵闸

建筑的技术难点,在江心河口新沉积土地基上问题尤为突出,主要有以下几个方面:

(1) 根据库内水体充分流动的需要,上游取水泵闸闸(站)址为水库头部新建北侧堤坝上段,处于南北港分流口段,下游水闸闸址为新建北侧堤坝下端,均受往复潮汐流影响,侧向90°进出水,流态极为复杂,需要采取整流措施使进水平顺,出水消能充分。

(2) 远离陆域、位于江心低滩透水地基的大型取水泵闸施工面临多种风险,为保证施工安全,节省工程费用,须采取围堰与深基坑支护相结合的围护结构体系。

(3) 输水闸井作为输水干线的头部,既要满足输水量的要求,同时又要满足盾构机械出洞与输水管检修的功能要求,结构复杂,进水井与输水管线及闸室之间的不均匀沉降要求高,为达到相邻结构间变形协调须采取特殊措施。

(4) 泵闸与堤坝连接堤的荷载不同,须采用不同地基处理方式使沉降值逐步变化、相邻结构变形保持协调。

2) 技术方法

(1) 江心大型取输水泵闸布置与水力控制技术。通过数学模型分析和水工物理模型试验等手段,研究取水泵闸总体布置与其相应进水口流态特征,优化确定取水建筑物合理平面布置方案。

针对泵闸侧向90°进出水的情况,提出延长导流墙和增加导流墩的措施,以改善流态和消能防冲,减少今后运行中对结构的安全影响。研究泵闸出水渠弯道段的流态,增加整流措施,调整流态,减少下游冲刷。

针对输水闸井与输水干线盾构接收井结合、结构复杂的特点,通过整体水工物理模型试验,研究进水井流道形态,优化进水池导流隔墩、消涡措施,以满足各种运行工况下的流态要求,使进入输水管道的水流不产生漩涡和吸气性漏斗,平顺进入输水管道。

(2) 新沉积土地基上泵闸建筑复杂结构变形协调控制技术。针对泵闸建筑与堤坝结构受力不同的条件,研究泵闸与堤坝连接堤地基处理采用梯级布置桩长,使沉降值逐步变化,相邻结构变形保持协调。根据泵闸须承受双向水头、地基透水性强的特点,研究延长渗径及垂直防渗墙相结合的方案,设置封闭的连续式旋喷桩,以解决闸基防渗和侧向防渗问题。

针对进水井与输水管及闸室之间的不均匀沉降小于 15 mm 的控制要求,采用三维仿真数值计算分析,研究复杂软土地基与上部结构的特点、进水井在施工及各种运行工况下的结构应力和变形,以确定科学合理的地基处理方案,减少盲目性。

(3) 透水地基泵闸深基坑复合围护技术。针对取水泵闸深基坑位于江心、地基透水的特殊条件,研究采用"围堰＋放坡开挖＋地下连续墙"的深基坑复合围护体系、基坑围护结构与泵站主体结构相结合的建造方案,以缩短工期、节省投资。

针对穿越较厚粉砂土层的基坑地连墙,研究搅拌桩护壁,以提高地连墙成槽施工中槽壁的稳定性,减少槽底沉渣,使槽壁平直,保证地连墙施工质量。

针对输水闸井基坑平面尺寸大、深度深、井壁孔洞多、兼作盾构接收井受力复杂等难点,通过数值模拟,科学确定内衬浇筑、支撑拆除及孔洞处地连墙拆除等施工参数等,以解决施工中的基坑围护和永久结构稳定问题。根据基坑布置特点,研究对地连墙位移、变形、支撑轴力、坑底隆起、地下水位的动态监测,为基坑施工提供保障。

3) 研究成果

(1) 通过综合分析和试验研究,提出了潮汐河口大型取水口建筑利用导流墩整流的侧向进水方式,在进口设置导流墩、延长隔流墙,在出口布置弯道整流槛(潜坝群)、导流坝等流态控制组合措施,调整改善了水闸与泵站进出口水流流态；利用消力墩、差动尾槛等消能措施，解决了水位频繁变动、低佛氏数、浅尾水的消能防冲难题。结合物理模型试验研究提出了输水闸井消涡结构和低水力损失的进水堰曲线，保障了输水口稳定节能运行。

（2）采用了"围堰＋放坡开挖＋地下连续墙"的深基坑复合围护体系、地连墙与泵站基础永久结构相结合的创新技术，有效地缩短了工期、节省了投资，极大地降低了工程建设风险。

（3）采用高压旋喷桩阶梯式布置的地基加固处理方案，使闸坝之间的连接段变形协调，消除了建筑物与堤坝连接处可能产生不均匀沉降引起漏水的隐患。通过泵闸结构及基坑土固耦合空间有限元多工况模拟分析研究，采用变形协调的地基处理措施，实现了输水闸井与输水干线盾构接收井共用、闸井内两侧 15 m 水位差下结构变形不大于 15 mm 的控制要求。

2 潮汐河口江心避咸蓄淡水库总体布局及水质保障技术

2.1 概述

2.1.1 研究背景

随着上海市经济的飞速发展,城市人口逐年增加,城市对水资源的需求及安全保障程度要求日益提高。由于黄浦江上游可供水量有限,水质相对较差且不稳定,而长江淡水资源十分丰富,水体自净能力较强,水质相对稳定,总体符合饮用水水源水质要求,因而,为满足上海市不断增长的供水需求,上海市原水水源地开始逐步由黄浦江向长江河口转移,20 世纪 90 年代在长江口建立了陈行水库,但由于陈行水库库容偏小,供水规模已不能满足特大城市社会经济发展的需要。在长江口江心长兴岛北侧建立青草沙水库,尽快扭转上海市合格饮用水水源严重短缺的局面,改善原水供水水质,提高上海市民的生活质量,就显得尤为重要。

青草沙水库位于长江口南北港分汊口河段,生态环境敏感度高,环境影响因子众多,污染物迁移转化规律以及河势变化与水库工程相互作用十分复杂,在水库工程建设总体布局及水质保障等方面,需要破解咸潮入侵、库区水质保障、水库取水及调度运行方式、河势影响及生态影响等以下相关技术难题。

1)咸潮入侵

河口是陆域淡水与外海咸水交汇的区域,咸潮入侵是河口地区比较常见的自然现象。咸潮入侵在我国长江三角洲和珠江三角洲枯水季节时有发生。例如 1978 年 11 月至 1979 年 4 月,长江口出现长时段、大范围的咸潮入侵,给上海市工农业生产和居民生活用水造成严重影响。研究表明,长江河口咸潮入侵强弱主要取决于上游径流量和外海潮汐两大影响因素的相互制约,径流量大则咸潮入侵相对较弱,潮汐强则咸潮入侵相对较强。同时,长江河口"三级分汊、四口入海"的平面分布格局,特别是北支咸潮倒灌南支加剧了长江口咸潮入侵规律的复杂性。揭示长江口特别是青草沙水域咸潮入侵规律对青草沙水库可供水量分析、工程规模确定以及运行调度方案研究等,具有十分重要的意义。

2)库区水质保障

湖库富营养化不仅会破坏水体生态环境,危害人体健康,导致水体经济价值下降,严重时可能会导致水源水质恶化。2007年春夏之交,太湖蓝藻暴发,从而导致无锡供水中断,社会影响巨大。根据长江口已建宝钢水库、陈行水库的运行经验来看,由于长江原水营养物质浓度较高,在夏季高温季节库区水体易发生富营养化,甚至有"水华"暴发现象,易导致局部库区水质恶化。如何保证青草沙水库供水水质优良,是青草沙水库建设必须解决的关键技术问题之一。

3) 水库取水及调度运行方式

长江口已建的宝钢水库、陈行水库取水方式主要采用泵站取水,运行能耗较大,运行成本较高。应结合工程水域自然条件和水库自身特点,研究青草沙水库科学的取水方式,以有效降低水库运行成本。另外,国内以往水库调度方面的研究主要集中在防洪、减淤和水库兴利等相关领域,河口型水库的避咸、改善水质及节能调度等相关领域研究基本上尚属空白。

4) 河势影响

青草沙水库处于多滩、多槽、河势多变的南北港分流口河段,自然河势变化对工程建设的影响及工程实施对上下游河势、周边工程的影响均十分复杂,且水库堤线方案还涉及长江口综合开发整治,河势评估和预测难度较大。

5) 生态影响及修复

青草沙水库位于长江口,水文环境复杂,生态问题高度敏感,必须考虑工程建设对生态环境的影响,从生态的角度出发进行水源工程建设,综合采取各项生态环境保护措施,在发挥工程经济效益的同时,改善优化水生态系统,从而实现人与自然和谐相处和社会可持续发展的目的。

2.1.2 主要研究内容

1) 长江口咸潮入侵规律及青草沙水域典型盐度过程研究

在对长江口实测资料全面分析的基础上,分析长江口特别是青草沙水域咸潮入侵主要入侵源、影响因素和咸潮入侵主要特征及变化规律,分析长江口南支水域氯度峰值纵向分布形态及特枯水情下青草沙水域取水保证程度。

根据工程水域的水文条件及供水的重要性,分析确定设计典型年,通过改进的三维盐度数学模型对工程水域不宜取水天数和咸潮入侵过程进行研究,计算确定考虑三峡水利枢纽工程、南水北调工程、长江干流沿江取水等各种影响因素情况下,工程水域最长不宜取水天数以及相应的咸潮入侵过程。

2) 长江口水沙基本特征及河势演变规律

总结分析历史已有研究资料和成果,结合近期水文泥沙、水下地形监测,通过大量实测资料分析,研究本河段涨落潮特点,揭示相关河段水沙运动特性、水沙变化发展趋势。在总结近百年来工程区域河床演变基本规律和收集历史上不同时期的海图和局部地形图的基础上,研究自19世纪中叶后期北港形成以后,南北港分流口通道随着分汊口沙洲的上提或下移的演变过程及其发展趋势。

3) 江心水库堤线选择及其工程影响预测

通过潮流数学模型和物理模型,研究青草沙水库围堤工程的合理布置方案,预测各方案实施后上下游及周边水域流场情况,分析工程实施对工程区域上下游河势的影响,对实施方案进行优化研究。研究青草沙水库工程实施对南支下段、南北港分流口、南港、北港的影响,分析水库及相关河势控制工程对航道、河势的影响,推荐实施方案。

4) 库内水力控制及水质保持机制研究

研究确定防治水库藻类过度繁殖的合理水力停留时间。建立三维藻类生长生态动力学模型系统,优化水库库型,提出不同水情下防止青草沙水库藻类过度繁殖的工程控制和优化运行、调度技术方案。

5) 水库总体布局、取水方式及节能调度技术研究

根据长江河口特别是库址自然条件、供水水质要求以及大型避咸蓄淡水库特点,提出青草沙水库总体布局和取水方式,提出青草沙水库满足供水水量、水质要求的节能型调度运行方式。

6) 生态环境影响及生态修复技术研究

根据工程区域生态环境调查和分析,评估工程建设对生态环境可能产生的影响,系统地提出青草沙水源地开发建设过程须关注的生态保护问题和生态环境保护措施。

2.1.3 研究目标及技术路线

2.1.3.1 研究目标

1) 避咸蓄淡,保障供水

根据长江口淡水资源开发利用研究工作的需要,一方面加强对现场原型观测资料的积累,在此基础上,对长江口咸潮入侵时空分布规律以及特枯水情下的青草沙水库供水保证程度等方面进行全面深入的分析研究;另一方面开发和建立能充分反映长江口北支咸潮倒灌规律的三维盐度数学模型,通过模拟计算,提出代表性水文条件下的水库取水口典型盐度过程线,以保障库区蓄水合理,并满足咸潮期的淡水供应。

2) 坝线选择,优化布置

根据工程区域的河势变化情况,通过实测资料分析、河演分析、物理模型、数学模型等综合研究,合理选择坝线位置,优化坝线布置,最大限度地减少工程实施对周边河势可能产生的影响以及河势变化可能对工程本身安全的影响。

3) 水质优良,控制污染

在已有的水质研究基础上,针对库区可能存在的水环境问题,通过库区水质监测以及水环境模型模拟,分析库区水环境现状,并通过库型优化、水库优化调度方式等手段,以改善库区水质,保证供水水质优良。

4) 调度最优,节能运行

在借鉴陈行水库、宝钢水库等河口型水库取水经验的情况下,充分考虑青草沙水库自身特点,在深入分析咸潮入侵规律、水质特性和潮汐特性的基础上,充分利用天然潮汐能,通过泵、闸相结合的运行方式,有效改善库区水动力条件,降低水库运行能耗。

5) 增殖放流,修复生态

针对工程建设对水生生态的影响,在现状调查与评估的基础上,以修复水域水生生态和恢复渔业资源为目标,通过重要资源增殖放流和构建新型鱼礁等措施,使濒危保护物种得到保护、渔业资源得到恢复。

2.1.3.2 技术路线

潮汐河口江心避咸蓄淡水库总体布局及水体保障技术采用的主要技术路线见图2-1。

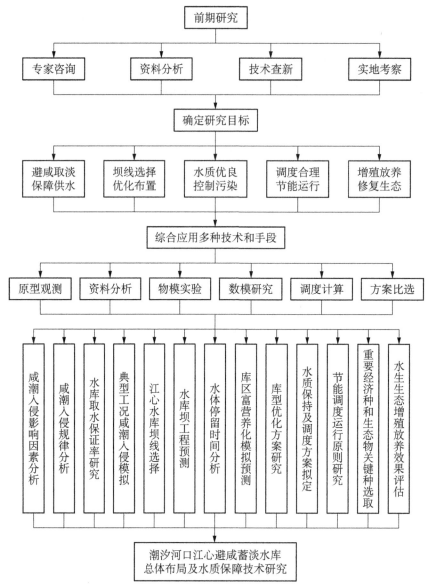

图 2-1　主要技术路线图

2.2　长江口咸潮入侵规律及青草沙水域典型盐度过程

2.2.1　长江口咸潮入侵原型观测

为了定性和定量掌握长江口南北支水域氯化物浓度时空分布及其规律,在长江口陈行水库和宝钢水库取水口近20年长系列连续观测的基础上,上海市原水股份有限公司自1995年起,自主开发并逐步建立了长江口氯度遥测系统(图2-2),并以此为基础,对长江河口北支、南支、南港、北港、南槽、北槽等主要区域的水文、氯度以及水质进行长时间的连续监测。

同时,针对长江上游来水量小、北支水沙盐倒灌较为严重的特殊时期,如1999年、2002年枯水季节,

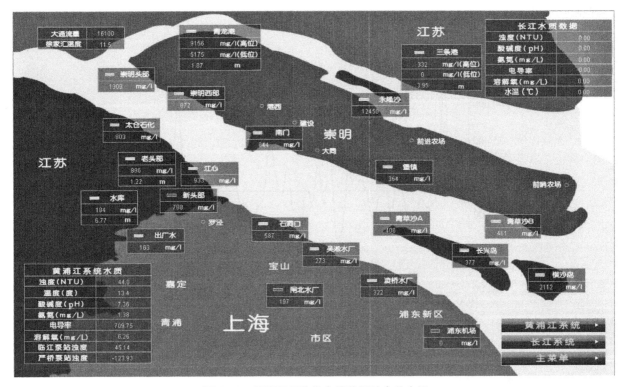

图 2-2　长江口氯化物在线监测站点分布图

上海市原水股份有限公司在长江水利委员会长江口水文水资源勘测局等单位的配合下,先后在长江口南北支等河段开展了全潮型同步水文、氯度观测。

长江口氯度遥测系统及相关同步水文、氯度测验工作为长江口咸潮入侵规律及青草沙水域避咸蓄淡机制研究积累了大量宝贵的原型监测资料。

2.2.2　长江口咸潮入侵影响因素分析

研究表明,影响长江口咸潮入侵的因素十分复杂,上游径流量、口外潮汐、风应力、混合、口外陆架环流和河势变化等均对咸潮入侵起着不同程度的作用。受大通径流量大小、外海潮动力强弱以及风力、风向、河势等因素的影响,长江河口咸潮入侵强弱以及不同区域水体氯化物浓度存在明显差异。长江河口枯季咸潮入侵强弱主要受上游径流量和外海潮汐强弱的影响,径流量大咸潮入侵弱,潮汐强咸潮入侵强。

2.2.2.1　长江径流的影响

1) 径流

长江发源于青藏高原唐古拉山主峰格拉丹东的西南侧,向东流经 11 个省、市、自治区,在上海市注入东海,全长超过 6 300 km,其流域总面积 180 万 km²。受季风气候影响,流域降雨多集中在夏季,而在冬季一般少雨有雪,长江河道径流在年内存在明显的季节性变化,而不同年份也存在一定的年际差异。根据大通站径流资料统计,径流量在年内存在明显的季节性变化:汛期 5—10 月,占全年的 70.9%,其中主汛期(7—9 月)占全年的 39.4%;枯季 11 月至次年 4 月占全年的 29.1%,其中 12 月至次年 3 月仅占全年的 15.6%;多年平均流量为 28 300 m³/s,多年平均年径流量为 9 004 亿 m³,最大年径流量为

13 590亿 m³(1954 年),而最小年径流量为 6 760 亿 m³(1978 年),两者之比约为 2.0∶1,径流年际变化情况见图 2-3。

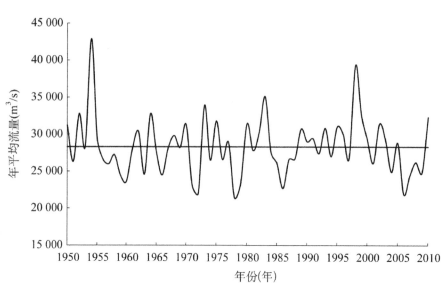

图 2-3 大通站年平均流量过程线

2) 径流对咸潮入侵的影响

长江口水体氯化物浓度的年内、年际变化与长江径流关系甚为密切。据资料综合分析,大通站流量在 10 000 m³/s 以下时,长江口各站的氯化物浓度都普遍较高,如 1978 年、1979 年、1984 年、1987 年、1993 年的非汛期;大通站流量在 13 000 m³/s 以上时,河口氯化物浓度普遍较低,如 1982 年、1983 年、1989 年等;大通站非汛期流量在 15 000 m³/s 以上时,吴淞口、高桥基本免遭咸潮侵袭,其余各站氯化物浓度也大幅度下降,如 1990 年、1991 年、1995 年。1978 年长江流域持续干旱,适逢太湖流域大旱,长江枯季径流量特枯,1979 年初大通站最小流量仅 4 620 m³/s(1 月 31 日),长江口咸潮严重入侵,崇明岛被盐水包围近 5 个月之久。图 2-4 为长江口高桥站氯化物浓度与长江径流关系情况。

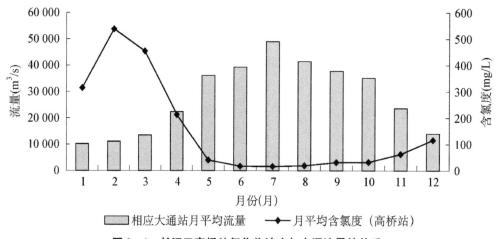

图 2-4 长江口高桥站氯化物浓度与大通流量的关系

研究成果表明,长江河口水体氯化物浓度(以吴淞水文站为例)与大通水文站的年径流量具有良好的相关关系,径流量大则咸潮入侵弱,径流量小则咸潮入侵强。统计资料表明,丰水年(平均流量大于20 000 m³/s)高桥以上河段氯化物浓度多在100 mg/L以下,咸潮入侵时间短而少;平水年(平均流量15 000~20 000 m³/s,占统计年份47%),咸潮入侵以1—3月较严重,但持续时间(连续不可取水天数)不太长。枯水年份长江口咸潮入侵强度增加,受咸历时延长,氯化物浓度超标次数及持续时间增加,如1998年冬至1999年春,陈行水库取水口、青草沙水域氯化物浓度大于250 mg/L(不宜取水连续)天数分别达25 d和38 d。

2.2.2.2　潮汐强度及河口地形的影响

潮汐是天体引力引起海面的升降运动,具有明显的日和半月周期性变化,日周期约为24 h 50 min,在一日内存在两涨两落。同时半月存在大小潮周期性变化,农历初一和十五为大潮,初八和二十三为小潮。此外,潮汐还有月(29.5 d)、年及多年(19.61年)的周期变化,但潮汐在月、年以及多年的周期变化差异不明显。

长江口为中等强度的潮汐河口,口外为正规半日潮,外海潮波进入长江口后,因水深变浅及径流作用的加大,潮波逐渐发生变形,浅水分潮明显增大,发展为非正规半日浅海潮,每天两涨两落,日潮不等现象较为明显。在一个太阴日(即24 h 50 min)内,有各不相等的两次高潮和两次低潮。本区域地处中纬度,潮汐日不等现象较明显,主要表现为高潮不等,从春分到秋分,一般夜潮大于日潮,从秋分到翌年春分,日潮大于夜潮。

潮流进入长江口以后受河岸的约束和长江径流的顶托,演变为每天两次的周期性涨落的往复水流。由于水位和流速均随时间变化,属于不恒定流。潮流在进入河口之前,潮位和流速的时间过程基本保持一致,即涨潮流最大流速出现在高潮附近,落潮流最大流速出现在低潮附近,进入河口后,相应的水位和流速随时间变化不再同步,存在相位差,一般分为4个阶段:涨潮落潮流、涨潮涨潮流、落潮涨潮流、落潮落潮流。

潮波变形程度越向上游越大,导致潮位、潮差和潮时沿程发生变化,潮位越往上游越高,潮波越往上游越小,潮时自河口向上游涨潮历时缩短,落潮历时延长。长江口沿程各站的潮差及历时充分体现了这一特征,见表2-1。

表2-1　长江口潮汐要素特征值

站名	南门港	石洞口	吴淞	堡镇	高桥	长兴	横沙	佘山
涨潮差	2.40	2.15	2.21	2.43	2.40	2.47	2.59	2.48
涨潮历时	4;24	4;31	4;33	4;38	4;50	4;54	5;10	5;43
落潮历时	8;01	7;52	7;52	7;48	7;34	7;31	7;15	6;42

注:潮差单位:m;涨落潮历时单位:h,min。

北支河段潮波变形较大,多年平均潮差大于南支。年最高潮位一般发生在8—10月,最低潮位出现在12月至翌年2月。北支河段潮差较大,一般下游潮差大于上游潮差,历史最高潮位均出现在1997年8月18—19日,其时11号台风引起的台风浪和风暴潮影响该地区。北支各潮位站中,青龙港站一个显著特点是涨潮历时短,瞬时潮差大。青龙港、三条港实测资料统计出的潮汐特征值见表2-2。

表 2-2　青龙港站、三条港站潮位特征值

项目	青龙港站	三条港站
历史最高潮位(m)	6.31(1997 年)	6.22(1997 年)
历史最低潮位(m)	−0.20(1961 年)	−0.46(1969 年)
平均最高潮位(m)	5.10	5.20
平均最低潮位(m)	0.41	0.15
平均高潮位(m)	3.81	3.82
平均低潮位(m)	1.13	0.80
最大潮差(m)	4.81	5.95
最小潮差(m)	0.05	0.06
平均潮差(m)	2.69	3.07
平均涨潮历时	3 h 09 min	4 h 55 min
平均落潮历时	9 h 16 min	7 h 31 min

北支是典型的喇叭形河口,下段口门处河宽达 13~16 km,而上段河宽仅 2.5 km 左右,导致口外传入的潮波发生强烈变形,潮汐运动具有如下特点:

(1) 自下向上,涨潮流历时与落潮流历时的差值不断增大。一般越向上游,涨潮历时越短,而落潮历时延长。

(2) 大、中潮期涨潮流速一般大于落潮流速。

(3) 由于北支的潮波变形远较南支激烈,南支、北支的潮波特性相差大。尤其在大、中潮期,北支的高潮位高于南支高潮位,低潮位低于南支低潮位。同时,北支的涨潮历时小于南支,而落潮历时大于南支,因此在高、中潮位时北支潮流流向南支,而在低平潮位时南支水流流向北支。

长江河口的进潮量巨大,在上游径流接近多年平均流量、口外潮差近于多年平均潮差的情况下,河口最大进潮流量达 266 000 m³/s,为年平均流量的 9 倍。潮汐强度与咸潮入侵的关系是显然的,潮差越大,咸潮入侵越强。实测资料和数学模型计算分析结果表明,非汛期大潮北支咸潮严重倒灌南支是导致南支上段水域氯化物浓度大幅升高的主要因素,并且对南支河段氯化物浓度分布有着十分重要的影响。吴淞以上水域的氯化物浓度的空间分布主要受北支咸潮倒灌的控制;吴淞以下南北港水域的氯化物浓度的空间分布则受北支咸潮倒灌和南支口外咸潮入侵的共同控制。

2.2.3　长江口咸潮入侵规律分析

2.2.3.1　入侵途径

长江河口格局为三级分汊、四口入海。在枯季由于上游径流量小,外海咸水随涨潮流进入长江河口,其咸潮入侵的途径主要包括南槽、北槽、北港和北支,如图 2-5 箭头所示的路径。由南槽和北槽入侵的盐水上溯至南北槽分流口段汇入南港后,咸潮入侵主要有 3 条线路:南港、北港和北支。3 条咸潮入侵路径中以一级分汊的北支最为严重。一般而言,北支的进潮量约占整个长江口进潮量的 25%,但是进

入北支的径流量目前只有不到 5%,所以,枯季北支口门连兴港断面处的氯化物浓度几乎与正常海水氯化物浓度相当。到北支上段青龙港处,枯季氯化物浓度仍然较高,这股高盐水随北支涨潮流上溯至崇头后被推出北支上口,然后绕过崇头倒灌侵入南支,使得南支水域出现氯化物浓度超标的现象。

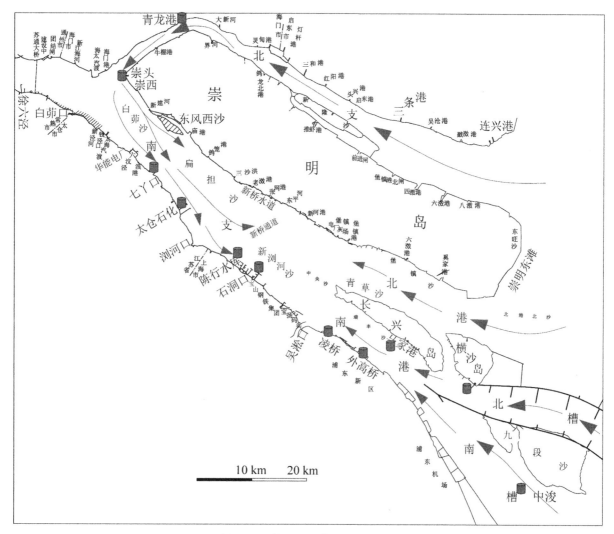

图 2-5　长江河口咸潮入侵示意图

2.2.3.2　咸潮入侵基本情况

北支倒灌南支的盐水,主要以盐水团的形式随南支落潮流下移,其主体进入南支后大体分为 3 路影响南支:一路漫过白茆沙进入白茆沙南水道;一路沿崇明南岸进入新桥水道,其影响可至庙港、南门,严重期甚至可及堡镇水域,这一路是影响东风西沙水域咸潮的直接来源;另外一路随落潮主流进入七丫口河段后与白茆沙南水道的盐水团汇合,因该段落潮流占优势,倒灌盐水净向下游移动,影响宝钢水库及陈行水库,这路盐水团所占比例较大,影响范围广。

根据 2002 年 3 月长江口大范围同步氯化物浓度实测资料,以 3 月 12 日 15 时大潮涨憩时刻为例,南支河段氯化物浓度总体上呈两头高、中间低的马鞍形分布(图 2-6)。这表明外高桥以下河段主要受外海盐水直接影响,越向外海,氯化物浓度越高;石洞口以上河段主要受北支咸潮倒灌影响,越向上游,氯

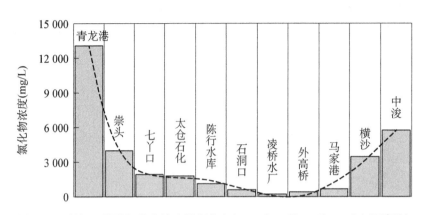

图 2-6　长江口枯季氯化物浓度沿程分布(2002 年 3 月 12 日 15 时大潮涨憩)

化物浓度越高。

　　根据陈行水库取水口的实测氯化物浓度资料分析,1982—1993 年,南支咸潮入侵次数最多为 5 次,平均为每年 1.6 次,咸潮入侵较弱(表 2-3)。1994—1998 年,咸潮入侵也相对较弱,每年均在 4 次以下,平均为每年 2.2 次;总天数每年均在 31 d(1996 年最高)以下,平均为每年 11.8 d。1998 年以后,总体表现为咸潮入侵有加剧的趋势,除 2003 年外,各年发生咸潮的次数均在 5 次以上,最多达 13 次(2001 年),平均为每年 8 次;年咸潮入侵经历总天数最多达 79 d(2002 年),平均为每年 53.8 d。由此可见,近年来南支河段咸潮入侵较严重,咸潮入侵次数多、经历时间长。

表 2-3　陈行水库历年咸潮发生的总次数及咸潮经历总天数统计

统计时段(年)	统计项	每年咸潮发生的总次数	每年咸潮经历总天数(d)
1982—1993	最大值	5	/
	最小值	0	
	平均值	1.6	
1994—1998	最大值	4	31
	最小值	0	0
	平均值	2.2	11.8
1999—2008	最大值	13	79
	最小值	3	15
	平均值	8	53.8

　　根据各月咸潮发生情况的统计,绘制各月咸潮入侵发生次数和经历总天数图(图 2-7)。由图可见,南支咸潮入侵主要发生在每年的 11—12 月至次年的 1—4 月;咸潮入侵发生次数较多的月份为 1—4 月,少数发生在 10 月和 5 月,极少数发生在 8—9 月;咸潮入侵最严重的时期为每年枯季的 2—3 月,在这段时间内,咸潮超标次数多、历时长。

2.2.3.3　咸潮入侵时空变化

　　长江河口段是咸淡水交混最为剧烈的水域,口门三级分岔、四口入海,河槽形态、过水能力、分流量和潮波特性各不相同。不同潮型和不同径流量的组合下,咸潮入侵的时空变化各具特点。

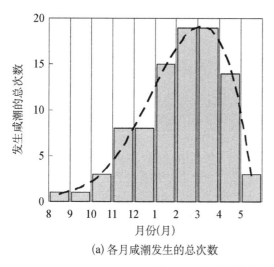

(a) 各月咸潮发生的总次数

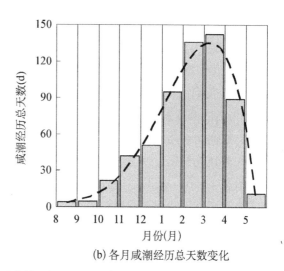

(b) 各月咸潮经历总天数变化

图 2-7　各月咸潮发生的总次数及经历总天数变化

1) 空间分布

浅海咸水潮波进入河口与河川淡水径流相会,两股水体由于密度不同而发生混合,造成河口区水体氯化物浓度纵向和横向的变化。

(1) 横向。在长江 4 个入海口门中,氯化物浓度以北支最高。同一河槽中,受科里奥利力的影响,北岸氯化物浓度比南岸高。

(2) 纵向。氯化物浓度纵向分布的特点是由下游向上游逐渐递增。南支河段受北支倒灌影响,纵向分布比较特殊,呈马鞍形分布。

(3) 垂向。氯化物浓度的垂向分布取决于盐淡水的混合类型。随径、潮流势力的消长,可出现高度分层、部分混合和均匀混合等类型。

2) 时间变化

(1) 年际变化。吴淞年最大氯化物系列离差系数为 0.87,表明年际变化较大,实际最大与最小年之比达 49。仅 2 年没有超 100 mg/L 标准,占 10%,超标天数平均为 28 d,最多 128 d,占全年的 35%。

(2) 季月变化。长江口氯化物浓度呈现季节变化,与长江径流的季节变化相应,呈负相关。高桥站月平均氯化物浓度显示,非汛期氯化物浓度明显高于汛期,两者平均含氯度之比为 10.6,平均含量最高为 2 月,最大最小月之比达到 33.6。月平均氯化物浓度分配见图 2-8。

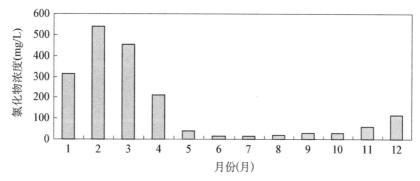

图 2-8　高桥站月平均氯化物浓度年内分配

（3）朔望变化。朔望变化也称半月变化，与潮汐相应，半月中出现一次大潮和一次小潮，长江口日平均盐度值也出现一个高值区和一个低值区。

（4）日变化。在南北港，咸潮入侵以口外涨潮流为主，氯化物浓度与潮汐关系密切，氯化物浓度峰谷值分别出现在涨憩和落憩附近。

3）南北支枯季咸潮时空变化

北支为涨潮槽性质的河槽，在长江口4条入海汊道中氯化物浓度最高。资料分析表明，枯季北支连兴港和三和港氯化物浓度一般在 10 000 mg/L 以上，最高达 17 000 mg/L。北支青龙港大、中潮期氯化物浓度一般在 12 000 mg/L 以上，峰值出现在大潮，小潮期氯化物浓度变幅在 2 700～14 000 mg/L，而同期南槽中浚全潮期的表层氯化物浓度为 1 009～9 929 mg/L，变幅远小于青龙港，峰值（9 929 mg/L）却出现在中潮。北支咸潮入侵氯化物浓度峰值分布见图 2-9。这一现象说明，南支氯化物浓度分布出现异常的主要原因是北支咸潮倒灌。

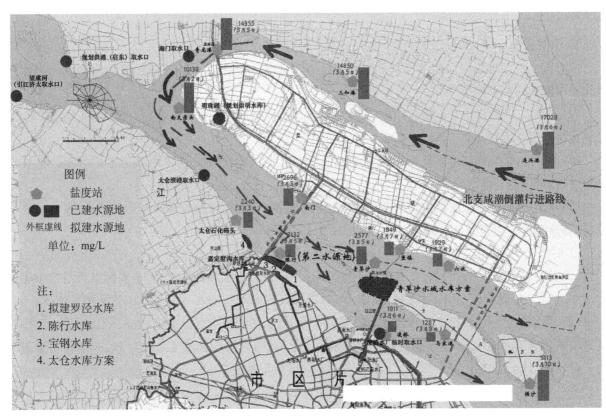

图 2-9 北支咸潮入侵氯化物浓度峰值分布示意图

南支水域表层氯化物浓度分布主要有以下特点：

（1）从纵向分布看，长江口南支水域表层氯化物浓度呈现两头高、中间低的马鞍形形态（图 2-10）。这种现象说明，南港、北港上段上游水域的氯化物浓度主要受北支倒灌下移的盐水团影响，而下游水域的氯化物浓度则主要受外海咸潮入侵的直接影响。

（2）北支咸潮倒灌是南支崇头高盐水的唯一来源。涨潮时段，北支进入南支的盐水团随涨潮流上溯侵入海太汽渡以上水域；落潮时段，盐水团随南支落潮流下泄，分别进入白茆沙北水道和南水道。

（3）由于白茆沙的阻隔作用，白茆沙北水道盐水团经白茆沙尾进入南支主槽水域后，直接侵入太仓

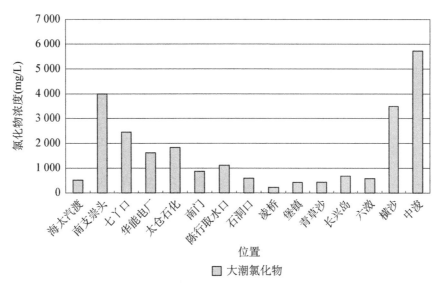

图2‑10　枯季大潮期长江口南支水域表层氯化物浓度分布特点

石化、陈行水库和宝钢水库前沿，致使陈行水库和宝钢水库前沿受到白茆沙南水道和北水道两股盐水团的双重影响。

（4）青草沙水域在枯季受北港咸潮入侵和北支咸潮倒灌南支的双重影响，即外海咸潮入侵影响和大潮时北支倒灌南支的高浓度盐水团自新桥水道、南支主槽下移青草沙水库前沿的影响。

2002年3月2日15时（农历正月十九），长江口南支氯度分布的观测结果见表2‑4。

表2‑4　枯季大潮期长江口南北支水域表层氯化物浓度分布　　　　　　　　（mg/L）

长江口北支北岸			长江口南支北岸和北港						
连兴港	三和港	青龙港	海太汽渡	南支新建	东风沙	南门	堡镇	青草沙	六滧
13 404	13 285	13 040	295	4 000	2 452	837	417	431	577

长江口南支南岸和南港									
太海汽渡	华能电厂	七丫口	太仓石化	陈行取水口	石洞口电厂	凌桥	高桥	马家港	横沙	中滧
530	1 616	1 954	1 832	1 117	593	220	384	684	>3 500	5 722

2.2.4　特枯水情下青草沙水库取水保证程度研究

长江河口枯季存在咸潮入侵，部分时段局部区域水体氯化物浓度可能会超过可饮用水标准，故需要通过水库调蓄来改善咸潮时期原水供应的可饮用水问题。青草沙水库取水口设置在水库西北端的新桥通道中南部，特枯水情下水库取水保证率是关系到青草沙水源工程供水目标能否实现的关键因素之一。在综合考虑三峡工程、南水北调工程及沿江引排水等对长江径流影响的基础上，研究长江来水与青草沙水域盐度的定量关系，预测特枯水情下青草沙水域逐月可取淡水概率。

2.2.4.1　青草沙水域枯季不同来水情况下取水保证程度

南支是长江入海的主通道，约95%的长江径流量经南支下泄。一般情况下，青草沙水库区域上游年来水量可达 3 640 亿～4 731 亿 m^3,青草沙水源地水量丰沛。

《地表水环境质量标准》(GB 3838)规定饮用水水源地氯化物浓度不能超过 250 mg/L,为保证青草沙水库水体中氯化物浓度达到可饮用水标准,长江水体氯化物浓度超过 250 mg/L 时认为青草沙无法从长江补充淡水(不宜取水)。青草沙水域的咸潮入侵既受北支潮倒灌南支的影响,也受北港口外咸潮直接上溯的影响。多年的观测资料表明,枯季不同年份青草沙水域取水保证程度不同,见表2-5。

表 2-5　枯季不同来水情况下青草沙取水保证程度

不同枯季年份	青草沙水域控制因素	青草沙取水保证程度
来水较丰年	长江径流	全年基本可以取到氯化物浓度低于 250 mg/L 的长江水
来水一般年	南港、北港外海咸潮入侵	咸潮一般可上溯到青草沙水库取水口附近,枯季时常出现氯度超标
来水特枯年	北支咸潮倒灌、外海咸潮入侵影响	青草沙水域连续不宜取水天数大大增加

2.2.4.2　长江沿江引排水变化趋势

长江河口咸潮入侵主要受外海潮汐强弱和上游径流量的影响。青草沙水库取水口上游来水水量主要受大通径流量、大通站下游沿江引水、南水北调东线工程取水、三峡工程调度的影响,分析大通站下游长江径流变化是预测青草沙取水保证率的基础。

长江大通以下沿江引水包括苏南片、苏北片、安徽片和江都抽水站 4 个区域。安徽省大通以下各支流河道下泄径流量很小,可不予考虑。净引江水量的大小取决于长江大通以下沿江两岸(尤其苏北地区)降雨量的大小,图 2-11 为 1973—1987 年长江沿岸的引水、排水和净引排水量。由图可见,长江大通以下沿江最大年引水量和净引水量分别为 193.92 亿 m^3 和 185.27 亿 m^3,出现在 1978 年;最小年引水量为 42.98 亿 m^3,出现在 1987 年,当年净排水量为 51.87 亿 m^3;多年平均引水量为 95.43 亿 m^3。

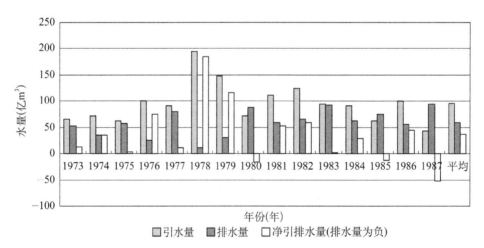

图 2-11　长江大通站以下年引排水量统计(1973—1987 年)

20 世纪 90 年代以来,长江大通以下又新建了不少引水工程,引江水量持续增长。根据以往研究成果,长江流域在遭遇 1978—1979 年的特枯年时,年净引江量约为 20 世纪 80 年代的 150%,即为 277.91 亿 m^3,年平均引江流量为 881 m^3/s。根据沿江自来水原水引江量情况,设定未来一定时期自来水原水引江量为 63 m^3/s。

三峡水库建成后,枯水年(如1978—1979年)10月和11月大通站流量分别减少32.4%和18.2%,大通站流量降至11 349 m³/s和13 332 m³/s,将对长江口咸潮入侵产生不利影响;1—3月大通站流量有所增加,对减轻长江口咸潮入侵有利;12月和4月流量变化不大,对长江口咸潮入侵的影响不显著。

南水北调东线工程在长江下游江都抽水站取水,三期工程的取水量按规划为800 m³/s。东线调水特别是枯季调水将直接引起长江口入海水量变化。

2.2.4.3 青草沙水域淡水百分比分析及预测

1) 淡水百分比最小值研究

根据青草沙水域2002年12月至2005年10月实测资料分析,青草沙实测氯化物浓度与大通流量存在良好的相关关系。

氯化物浓度丰枯季变化较为明显,一般是1—4月氯化物浓度相对较高,淡水出现概率相对较低;其他月份氯化物浓度相对较低,淡水出现概率相对较高,特别是在进入5—10月洪季时,月平均氯化物浓度等于或接近0,淡水出现概率接近100%,见表2-6。实测资料关系显示,大通站月平均流量大于30 000 m³/s时,青草沙月平均氯化物浓度接近或等于0;月平均流量小于20 000 m³/s时,平均氯化物浓度增加较快。2003年为平水年(大通站年平均流量29 397 m³/s),青草沙水域5—12月出现淡水概率为98.8%,洪季5—10月达到100%;2004年为偏枯年(大通站年平均流量24 998 m³/s),青草沙水域全年淡水出现概率为93.3%,洪季5—10月为99.2%。

表2-6 青草沙洪枯季淡水出现概率变化

年份 \ 季节		1—4月	5—10月	11—12月
2003年	淡水出现概率	/	100%	95.5%
	大通流量(m³/s)	/	40 263	14 145
2004年	淡水出现概率	89.52%	99.2%	82.19%
	大通流量(m³/s)	12 934	36 085	15 866
2005年	淡水出现概率	74.89%	97.53	/
	大通流量(m³/s)	17 301	39 617	/

青草沙水库月出现淡水的概率或者月出现淡水百分比,与大通月平均流量之间呈对数关系(图2-12)。

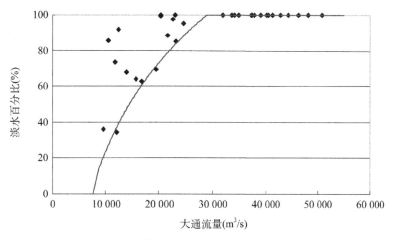

图2-12 青草沙淡水百分比与大通站流量关系

青草沙每月出现淡水百分比最小值公式为

$$Q_{大通} < 7\,200\ \mathrm{m^3/s}\ 时,R_{最小} = 0 \tag{2-1}$$

$$Q_{大通} > 7\,200\ \mathrm{m^3/s}\ 时,R_{最小} = 0.720\,1\ln(Q_{大通}) - 6.398\,6 \tag{2-2}$$

式中 $Q_{大通}$——大通站流量;

$R_{最小}$——出现淡水的最小百分比。

根据实测资料,仅有4个月份出现淡水的百分比等于最小值公式的推算值,根据最小值公式推算的月份出现淡水百分比是安全的。

2) 特枯年青草沙水域淡水百分比预测

以1978—1979年为特枯典型年,特枯年淡水百分比计算条件为:东线南水北调的调水流量特枯年枯季为400 m³/s,其他月份为800 m³/s;特枯年沿江净引水流量944 m³/s,三峡水库建成后大通站流量变化见表2-7。

表2-7　三峡水库建成后大通站流量变化(特枯年)

月份	流量增减(%)	月份	流量增减(%)
5月	0	11月	−18.2
6月	0	12月	0
7月	0	1月	16.7
8月	0	2月	24.3
9月	0	3月	12.2
10月	−32.4	4月	4.8

根据式(2-1)和式(2-2)计算的未来出现特枯年时青草沙水域各月淡水百分比见表2-8和图2-13。计算结果表明,未来即使重现1978—1979年的特枯水年,青草沙水域洪季5—10月也有充足的淡水,各月淡水出现概率为44.4%~100%,淡水出现概率最小月份为10月,其淡水百分比为44.4%,淡水出现概率最大月份为6月、7月,其最大百分比为100%;而对于枯季11—12月和1—4月,其淡水出现概率均低于45%,其最小月份为2月,淡水百分比为0,最大月份为4月,淡水百分比为43%。

表2-8　未来出现特枯年青草沙水域淡水百分比

月份	淡水百分比(%)	月份	淡水百分比(%)
5月	77.3	11月	28.8
6月	100	12月	39.1
7月	100	1月	4.3
8月	97.9	2月	0
9月	91.9	3月	11.2
10月	44.4	4月	43

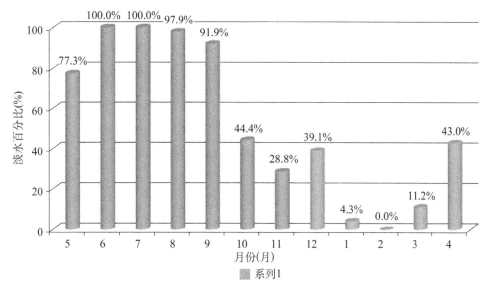

图 2-13 未来特枯年青草沙水域淡水百分比

2.2.5 代表性水文条件与典型盐度过程

青草沙水库为潮汐河口避咸蓄淡型水库,如何选取设计典型年的氯化物浓度过程和最长不宜取水时间是分析青草沙水库及取输水泵闸工程规模的关键问题之一。由于水库区域缺乏代表典型年的氯化物浓度资料,因此不可能通过代表典型年的实测资料,分析典型年青草沙水库取水口附近的咸潮入侵情况。因此采用实测资料相关分析和数学模型计算分析的技术手段,研究代表典型年最长不宜取水天数与代表典型年的氯化物浓度过程。

2.2.5.1 典型年选取

长江河口咸潮入侵主要受外海潮汐和上游径流量共同影响。外海潮汐的强弱年际差异较小,年内的周期性日变化和月季变化虽然差异较大,但规律性较为明显,预测难度不大。而上游径流量的大小,由于受到降雨、汇流、引调水等多方面影响,其年际和年内差异大,长序列的预测较难,但上游径流量影响到长江河口咸潮入侵存在一定的滞后时间,可以通过这之间的时间差对长江河口的咸潮入侵强弱进行短期预测。对长江河口咸潮入侵分析的上游径流量一般采用大通水文站的数据,一方面是因为该站具有长期的实测资料,另一方面是该站远位于潮流界之上,为潮区界,实测径流量受潮汐影响较小。大通水文站位于安徽省池州市梅龙镇,距离长江河口 640 km,是长江下游干流的一个重要水文站,分析大通站长江径流变化能够在一定程度上预测青草沙取水保证率。

据大通站 1950—2006 年资料统计,多年平均年径流量为 9 004 亿 m³,最大年径流量(1954 年 13 590 亿 m³)约为最小年径流量(1978 年 6 760 亿 m³)的 2 倍,因此长江径流量的年际变化不大,即长江上游每年保证一定的来水。但径流量在年内分配不均,存在明显季节性变化,见图 2-14。汛期 5—10 月,占全年的 70.9%,其中主汛期(7—9 月)占全年的 39.4%;枯季 11 月至次年 4 月占全年的 29.1%,其中 12 月至次年 3 月仅占全年的 15.5%,径流量的年内季节性变化使得青草沙水库在年内可取到淡水的概率存在差异。

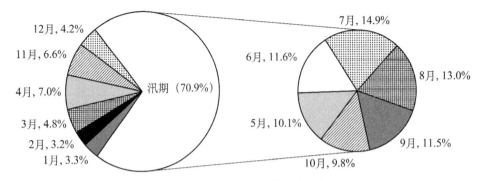

图 2-14 长江径流量的年内变化

青草沙水域咸潮入侵发生在枯季，其中 11 月至次年 3 月咸潮入侵最严重，因此重点分析 11 月至次年 3 月来水情况。根据大通站长系列枯季 11 月至次年 3 月径流量资料，采用 P-Ⅲ型曲线进行频率分析，见图 2-15。

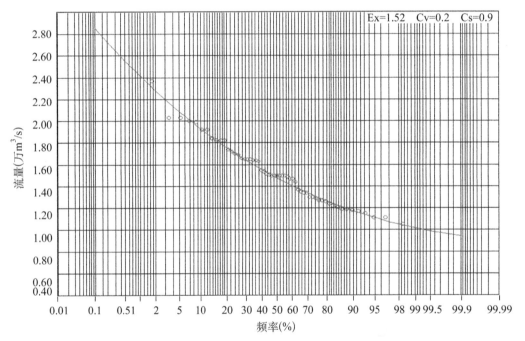

图 2-15 大通站 11 月至次年 3 月平均流量频率曲线

根据《城市给水工程规划规范》(GB 50282)，城市给水水源的枯水流量保证率可采用 90%～97%。考虑到上海为国际型大都市，枯水流量保证率取为 ≥97%。采用系列较长的长江大通站枯季径流量(11 月至次年 3 月)的统计值，根据分析，1978 年 11 月至 1979 年 3 月枯水期平均径流量为 10 500 m³/s，是系列中最枯的时段，保证率约为 97.9%，因此，选取 1978—1979 年枯水期作为代表典型特枯年。

2.2.5.2 代表典型年枯水流量过程分析

1978 年 9 月 20 日至 1979 年 5 月 31 日，大通站实测长江径流量逐日变化见图 2-16 中粗实线。9 月 20 日长江径流量达 28 000 m³/s 左右，至该月底下降为 25 000 m³/s 左右。10 月径流量下降很快，至月底为 14 000 m³/s 左右。11 月径流量为 14 000～17 000 m³/s。12 月径流量又快速下降，从月初的 17 000 m³/s 下降到月底的 8 000 m³/s 左右。1979 年 1 月径流量继续下降，至月底仅为 6 000 m³/s 左右。2月和3月中上旬径流量略微上升,但仍保持在很低的水平。3月中下旬径流量快速上升,至月底达到15 000 m³/s左右。4月径流量比较稳定,为14 000～16 000 m³/s。5月径流量快速上升,至20日达到了32 000 m³/s左右,至下旬径流量下降,但仍达到24 000 m³/s左右。可见,从1978年12月中下旬至1979年3月中旬的3个月时间内,长江径流量小于10 000 m³/s持续时间长,尤其是1—2月大部分时间径流量小于8 000 m³/s,为特枯的时段。

针对代表典型年1978—1979年特枯年份,在综合考虑三峡工程、南水北调和沿江取水等影响因素之后的逐日径流量变化过程,如图2-16中虚线所示。

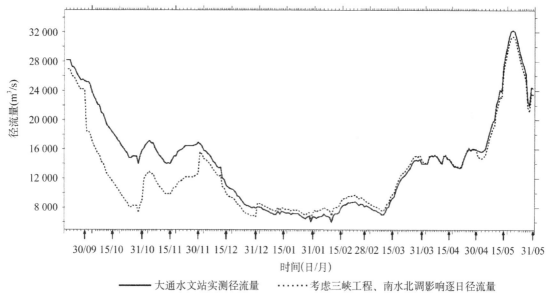

图2-16　1978年9月20日至1979年5月31日大通流量逐日变化

2.2.5.3　代表典型年最长不宜取水天数与盐度过程

鉴于工程水域缺乏代表典型年1978—1979年的实测氯化物浓度资料,在规划研究阶段采用实测资料相关分析和数学模型计算分析的技术手段,研究代表典型年最长不宜取水天数与代表典型年的氯化物浓度过程。"青草沙水源地盐水入侵规律分析研究"专题(1996年)得出以下主要结论:

(1)青草沙水域(广义)的含氯度既受南北港盐水入侵的影响,同时也受北支咸潮倒灌的影响。

(2)中央沙、瑞丰沙、青草沙(垦区附近)各点不同水文条件下最大连续不可取水天数见表2-9。

表2-9　研究水域最大连续不可取水天数统计　　　　　　　　　　　　　　　　　　　(d)

水文条件	1979年		1987年	
分析方法	相关分析	数学模型	相关分析	数学模型
中央沙南侧	62	67	10	11
瑞丰沙	82	76	47	40
青草沙垦区	84	77	46	41
中央沙北侧		68		12

（3）研究水域含氯度纵向变化较大，梯度明显，故取水口位置在工程布置许可的条件下适当上移较为有利。

在设计阶段，根据长江口水流运动和咸潮入侵基本规律，采用改进的三维数值模型对工程区域咸潮入侵情况进行模拟，推求青草沙水库取水口的氯化物浓度过程和最长不宜取水时间。

1）三维氯化物浓度数学模型建立

（1）三维数学模型改进。在河口数值模拟计算工作中，过去一般采用 POM 模式，该模式在计算连续性方程时采用分裂算子和时间滤波方法，由于受 CFL 判据的限制，一般计算时间步长较小，计算时间较长。本研究的三维数学模型在计算连续性方程时采用时间上前差格式以及半隐格式，消除 CFL 判据的限制，可大大增加模式计算时间步长；在水平方向上采用非正交曲线网格，能够较好地拟合岸线。此外，该模型在水平项采用显式差分，而对垂向湍流黏滞和扩散项则采用隐式差分，不仅可有效减少计算时间，同时也可保证在垂向上具有较高的分辨率和稳定性。

该三维数学模型相对早期模式有以下优化改进：

① 为了有效避免数值计算的频散，在计算物质输运方程平流项时采用欧拉-拉格朗日方法。

② 采用预估修正法计算科里奥利力项，解决了模式在涡动黏滞系数较小的情况下存在的弱不稳定性。

③ 通过采用三阶精度的 HSIMT-TVD 数值格式求解物质输运方程中平流项，消除了数值频散，降低了数值耗散，大大提高了氯化物浓度计算的精度。

（2）三维数学模型设置。

① 计算范围和网格。计算区域包括整个长江河口、杭州湾及其邻近海区，上游至江阴以上 150 km 处（图 2-17）。采用非正交曲线网格，较好地拟合长江河口及长江河道岸线，对局部区域如深水航道等

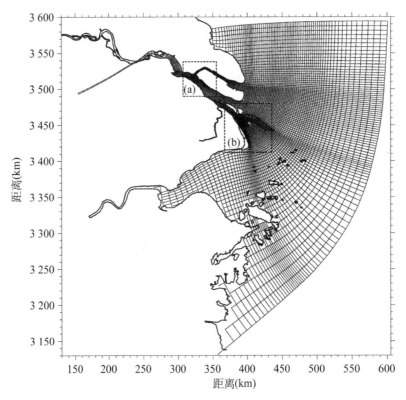

图 2-17　模型计算范围及网格（a、b 对应见图 2-18）

区域作加密处理,并具有良好的正交性和光滑性。在长江口南北支分汊口区域对计算网格适当加密,在北支上端区域横向分辨率为 75 m 左右;在长江口深水航道区域对网格加密且拟合导堤、丁坝,航道区域的分辨率为 100 m 左右;南槽沿岸附近对网格适当加密,网格横向分辨率为 70 m 左右;长江口内其他区域分辨率一般为 100～500 m;口外网格较疏,最大为 7 km 左右。从放大了的深水航道和南北支分汊口区域网格图(图 2-18),可以看到网格的正交性、平滑性、岸线拟合度以及局部加密要求均得到了很好体现,有利于提高计算模型的稳定性和计算精度。

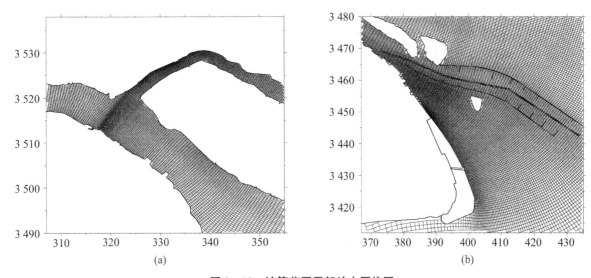

图 2-18　计算范围局部放大网格图

② 上游边界条件。上边界设置在江阴以上 150 km 处。径流量由实测资料给出,盐度设置为零。

③ 外海开边界。外海开边界条件考虑陆架环流和潮流,陆架环流以余水位的形式给出,由渤海、黄海、东海大区域数值模型进行模拟计算提供,外海开边界由潮位驱动,潮流考虑 8 个主要分潮 M2、S2、N2、K2、K1、O1、P1 和 Q1,由各分潮调和常数合成得到,即 $\zeta = \zeta_0 + \sum_{i=1}^{8} f_i H_i \cos[\omega_i t + (V_i + u_i) - g_i]$。式中,$\zeta$ 为潮位;ζ_0 为余水位;f 为节点因子;H_i 为振幅;ω_i 为角频率;g_i 为迟角;$V_i + u_i$ 为订正角,它可由具体的年、月、日求得。

外海的盐度开边界条件由多年月平均的实测资料给出,每个计算时间步长进行线性插值边界盐度,再根据边界处水体流进和流出情况,最终由辐射边界条件确定边界盐度。

④ 海表面边界条件。计算过程中考虑海表面风应力的作用。海表面风场由实测资料给出。长江口外冬季以北风和西北风为主。不考虑海表面蒸发和降雨对盐度的影响。

⑤ 潮滩动边界。潮滩动边界问题常常是河口海岸数值模型需要考虑的重要问题。长江河段洲滩较多,涨落潮期间交替淹没和露出。洲滩的淹没和露出准确与否对数值模拟计算精度具有重要影响。在数值模型的计算过程中,对于干湿过程主要是通过网格的移除与否来处理的。目前对于水流潮滩动边界的处理方法有很多,如冻结法、切削法、窄缝法、干湿法、开挖法、阻塞函数法等。根据长江口自然条件,在本模型计算过程中,主要采用干湿法进行判断。干湿法的基本思路为:先设定一个临界水深,当单元格水深小于临界水深时,则该单元格为干,并将其从计算域移除,反之则为湿,并参与模式计算。

(3)模型的初始条件。对水动力场初始水位和流速,因水动力过程反应的时间短,一般均给为零。初始盐度因热力过程反应的时间长,必须给出初始的空间分布。本次研究依据模型起算月份对应的众多历史实测资料,经综合分析后给出盐度初始场。

2)三维盐度数学模型验证

改进后的数学模型已在长江河口进行了大量的率定验证,计算模拟的水位、流速流向和盐度过程与实测资料均吻合良好。采用 2004 年 4 月、2005 年 4 月、2004 年 12 月至 2005 年 1 月和 1999 年 1 月长江河口现场观测资料,对计算模型进行验证。4 次观测资料验证结果表明,模型计算结果与实测资料吻合良好,说明采用的计算模型选取的计算参数合理,计算结果能够较好地体现长江下游河道潮波传播特性以及河口盐度输运的时空分布规律。

3)代表典型年盐度过程

采用三维长江河口咸潮入侵数值模型,以代表典型年 1978—1979 年修正后的特枯径流过程作为上游边界条件,模拟代表典型年长江口及水库水域的咸潮入侵过程。

计算分析结果表明,在 1978—1979 年代表典型年枯季,水库水域受多次咸潮入侵影响而导致水体氯化物浓度超标(图 2-19)。其中最长不宜取水时间出现在 1978 年 12 月 18 日至 1979 年 2 月 24 日,在长达约 68 d 时间内,青草沙水库取水口水域盐度均高于饮用水标准,不宜取水。

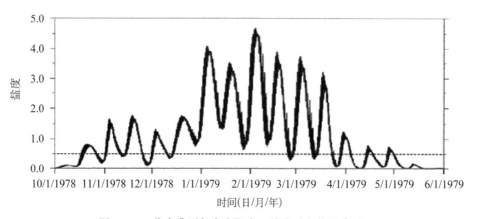

图 2-19 代表典型年水库取水口盐度过程线拟合结果

2.3 长江口水沙基本特征及河势演变

长江口分流口河段的水沙运动特征和河势演变特征及其发展趋势,对青草沙水库的选址选线具有重要的影响。由于长江口径流、潮流运动复杂,并受北支倒灌南支的影响,分流口河段水道和沙体冲淤交替,在总演变过程中又存在着不同的变化,各水道、各沙体的演变又相互影响、相互制约,增加了演变规律和趋势分析的复杂性。在总结近百年来水库工程区域河床演变基本规律和收集历史上不同时期的海图和局部地形图的基础上,结合近期水文泥沙、水下地形监测,通过大量实测资料分析,分析本河段涨落潮特点,揭示相关河段水沙运动特性、水沙变化发展趋势,研究自 19 世纪中叶后期北港形成以后,南北港分流口通道随着分汊口沙洲的上延或下移出现频繁的演变过程及其发展趋势,得出了以下主要研究分析成果。

(1)长江口分流口各主要水道以落潮为优势流和优势沙,但涨潮流在演变过程中也起着重要作用。

(2)近年来,受上游水土保持及三峡水库工程运行影响,长江口来沙量明显减少,水体含沙量降低。

（3）上游来水来沙条件的变化将对长江口的河势演变产生显著影响,岸滩、洲滩发生冲刷的可能性增加。

（4）南北港分流口的新浏河沙、中央沙、扁担沙的三沙互动分合对南北港分汊口河段的河势演变产生重大影响,分流口显示出"周期性的冲淤进退与上提下移"的摆动规律。

（5）南支河段的演变规律是:白茆沙北水道发展,有利于南港进流;南水道发展,则有利于北港进流。目前的发展趋势不利于南支下段河势的稳定。

（6）北港微弯型河势格局得到发展,在弯道环流的作用下,北侧的堡镇小沙上冲下淤,北港主槽呈现上段主流偏北、下段偏南的微弯型河势,北港总体河势趋于稳定,青草沙水库工程的实施,可加快北港微弯型优良河势的实现。

（7）青草沙水库水域演变总体平稳,但是存在局部变化。青草沙水库北堤堤线,从1993年至2007年7月长系列来看,除北堤堤线中段有所淤积外,北堤堤线上段及下段总体表现为微冲;2004年至2007年7月,北堤堤线上段的冲刷有所加剧,中段堤线外侧的水下沙体内侧淤高、外侧受冲严重。因此,建议对北堤上段及下段冲刷岸段的堤线进行适当调整,采取适当的保滩工程措施。

（8）当前,南北港分流口形态良好,但已朝不利方向变化,处于"周期性的冲淤进退与上提下移"中的"冲"与"下移"临界点,而且发展势头在加快。因此,应抓住当前南北港分流口还处于相对优良的形态,尽快实施青草沙水库工程,鉴于中央沙头部及两侧处于持续冲刷状态,特别是近年来速度还有所加快,应尽快实施护底保滩工程,以确保水库工程的安全。

2.3.1　长江口来水来沙条件

长江入海径流在南北支分流口作第一次分流,在南北港分流口作第二次分流,在南北槽分流口作第三次分流。目前,北支的分流量较小,一般不足5%;南支是长江入海的主流通道,约95%以上的长江径流量经南支下泄。

一般用大通水文站资料反映长江下游及河口段的径流泥沙特征。大通—江阴区间流域集水面积仅占大通水文站控制流域面积的3%左右,因此大通水文站的流量、泥沙特征基本可代表长江口来水、来沙的基本特征。大通水文站多年的流量、泥沙特征值见表2-10,流量、泥沙的年内分配见表2-11。

根据1950—2006年的资料统计,大通站多年平均径流量为9 004亿 m^3 ,多年平均流量28 300 m^3/s ,历年最大流量92 600 m^3/s (1954年8月1日),历年最小流量4 620 m^3/s (1979年1月31日)。径流量年内分配不均,多年月平均径流量以7月最大,1月最小。其中7月多年平均径流量占全年水量的14.6%;1月径流量占全年的3.27%。全年水量主要集中在5—10月洪季,占全年的70.9%;枯季11月至次年4月的水量占全年的29.1%。长江径流年际变幅相对较小,且无明显的趋势变化。除1954年和1998年特大洪水年外,一般年际径流量变幅在20%以内。

大通站平均每年向下游输送3.93亿 t泥沙,年平均含沙量为0.442 kg/m^3 ,输沙量年内分配不均,5—10月输沙量占全年的87.24%,12月至次年3月仅占4.74%。7月平均输沙率达34.5 t/s,1月仅1.10 t/s。

近年来,受上游水土保持及三峡水库工程运行影响,大通站输沙量明显减少,三峡蓄水前多年平均输沙量为4.27亿 t/a,三峡蓄水后多年平均输沙量仅为1.48亿 t/a,其中2006年只有0.85亿 t/a(注:2011年输沙量为0.718亿 t)。上游来水来沙条件的变化将对长江口的河势演变产生持续和潜在的影响。

表 2-10　大通水文站流量、泥沙特征统计

项　目		特征值	发生日期
流量(m³/s)	历年最大	92 600	19540801
	历年最小	4 620	19790131
	多年平均	28 300	
含沙量(kg/m³)	历年最大	3.24	19590806
	历年最小	0.016	19990303
	多年平均(三峡蓄水前)	0.48	
	多年平均(三峡蓄水后)	0.18	
输沙量(亿 t)	历年最大	6.78	1964
	历年最小	0.848	2006
	多年平均(三峡蓄水前)	4.27	
	多年平均(三峡蓄水后)	1.48	

表 2-11　大通水文站来水来沙年内分配统计

月份	流　量		多年平均输沙率		多年平均含沙量(kg/m³)
	多年平均(m³/s)	年内分配(%)	多年平均(kg/s)	年内分配(%)	
1	11 100	3.27	1 110	0.74	0.096
2	11 900	3.51	1 170	0.78	0.092
3	16 300	4.81	2 430	1.63	0.139
4	23 800	7.02	5 590	3.74	0.223
5	33 300	9.82	11 200	7.49	0.306
6	39 900	11.77	15 900	10.64	0.380
7	49 500	14.60	34 500	23.08	0.696
8	43 700	12.89	28 400	19.00	0.667
9	40 000	11.80	25 100	16.79	0.636
10	32 500	9.59	15 300	10.24	0.463
11	22 800	6.73	6 400	4.28	0.277
12	14 200	4.19	2 380	1.59	0.163
5—10 月平均	39 800	70.47	21 700	87.24	0.525
年平均	28 300	/	12 500	/	0.442

注：流量根据 1950—2009 年资料统计；输沙率、含沙量根据 1951 年、1953—2009 年资料统计。2011 年输沙量 0.718 亿 t。

2.3.2 长江口南北港分流口水域水沙基本特性

利用现代测量技术,分别于 2002 年 9 月、2004 年 4 月、2005 年 8 月和 2005 年 10 月对长江口南北港分流口各主要水道进行了现场观测。图 2-20 为各水道测点布置示意图。

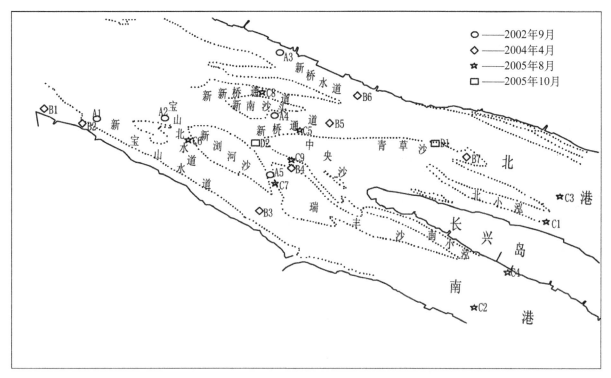

图 2-20 南北港分流口河段水文测点位置图

2.3.2.1 新宝山水道

新宝山水道是南支分流南港的主要通道之一,20 世纪 90 年代白茆沙河道主流出七丫口断面后北偏,而进入新宝山水道的水流有所减弱,随着新浏河沙包和新浏河沙下移、南压,水道上口缩窄变浅。根据 2002 年 9 月测点(A1)和 2004 年 2 月测点(B2)的统计表明,该通道具有以下水沙主要特征:

(1)该通道落潮流时明显长于涨潮流时,一般涨潮流时仅为 4.5 h 左右,落潮流时为 8 h 左右,小潮汛落潮流时可超过 8.5 h。

(2)该通道水流流向受河槽地形走向的控制,大、中、小潮的涨、落潮流向基本与深槽方向一致,涨潮流向在 WNW 方向,落潮流向为 ESE 方向。

(3)就优势流来看,洪、枯季的优势流基本上指向河口下游,为落潮优势流,优势流计算值超过 65%。

(4)该水道水体含沙量普遍较小,平均含沙量均小于 $0.230\ kg/m^3$,一般洪季含沙量大于枯季,大潮含沙量大于小潮,垂向上由表层向底层含沙量逐渐增大。

(5)优势沙与优势流计算值相近,悬沙基本上向河口下游输运,呈落潮优势沙,优势沙计算值一般在 65% 以上。

2.3.2.2 宝山北水道

宝山北水道是在新浏河沙体上切出的一条通道。2002年9月和2005年8月(中、小潮)及10月(大潮)实测潮流和悬沙统计表明:

(1) 就涨落潮流时看,落潮流时较长,为7~9 h,涨潮流时短,仅为落潮流时的一半。2005年测站的落潮流时与2002年相比较,约延长1 h,如2005年大潮落潮流时为8.72 h,2002年落潮时为7.78 h。

(2) 2002年和2005年的实测涨潮流方向基本一致,呈333°左右的NNW方向,与通道走向较一致,但落潮流方向有较大差异,2002年实测落潮流方向为122°~136°,其中大潮和中潮水流方向一致(122°),与宝山北水道走向成30°的夹角,但2005年实测落潮流方向为158°~174°,其中大潮落潮流方向为160°,与宝山北水道走向基本一致,这与通道两侧浅滩随时间不均匀冲刷下移引起通道形态调整和落潮浅滩不均匀下泄水流的影响有关。

(3) 相比之下,宝山北水道流速比新宝山水道大,就垂线平均流速来看,实测大潮落潮垂线平均流速为1.00 m/s左右,最大流速达2.00 m/s左右,小潮最大流速可达1.00 m/s左右,而2002年大潮涨、落的垂线平均流速则比2005年的大,证明该水道水流强度略有减弱。

(4) 优势流均呈落潮流方向,但2005年测站的大、中、小潮优势流计算值比2002年大,2005年的优势流计算值在80%以上,而2002年约为73%左右,说明该水道涨潮流在减弱,水道仍然处在调整过程中。

(5) 该水道悬沙特性与宝山南水道相似,水体含沙量普遍较小,平均含沙量均小于0.36 kg/m³,垂向上由表层向底层含沙量逐渐增大。

(6) 优势沙与优势流性质基本一致,落潮占绝对优势,优势计算值为72%~90%。

2.3.2.3 南沙头通道下段

南沙头通道下段是南支连接南港通道之一,由于新浏河沙下移,该通道形成后按顺时针向偏转,河道水流不顺。实测涨落潮流向呈NNW—SSE,尽管实测涨落潮流向与通道走向一致,但实测涨落潮流向与河口潮流长轴方向有一定的夹角。南沙头通道以落潮流为主,落潮流时为8 h左右。由于近两年南沙头通道水深有所增大,2005年实测流速比2002年增大。

2.3.2.4 新桥通道

新桥通道是南支通往北港的主要通道。该通道自形成20余年来,走向基本未发生大的偏转,但由于新新桥通道切割扁担沙尾形成的新南沙头正向东偏南方向移动,致使新桥通道中部出现淤积,断面积略有缩小。2005年8月、2005年10月、2004年2月和2002年9月多次实测潮流和悬沙特性统计表明:

(1) 新桥通道的落潮流时,大潮汛为8.2~9.7 h,小潮可达10 h,在分汊口河段各通道中落潮流时为最长,而涨潮流时就相对较短。

(2) 3个不同年份的涨、落潮流向与新桥通道的走向一致,涨、落潮流向呈WNW—ESE,表明近几年来新桥通道的走向仍旧变化不大。

(3) 由于新新桥通道切割扁担沙尾形成的新南沙头目前正向东偏南方向移动,新桥通道过水断面有所缩小,导致落潮流速的垂线平均流速和最大流速有所增大,而涨潮流速略有减小。

(4) 由于新桥通道流时最长,落潮流速大,为落潮优势流,其中2005年优势流计算值高达90%以上。

（5）新桥通道悬沙含量略比新宝山水道、宝山北水道高，一般最大含沙量也均小于 0.60 kg/m³，小潮汛含沙量为 0.20 kg/m³。

（6）优势沙与优势流一致，落潮占绝对优势，2005 年大、中、小潮优势沙计算值在 90％以上。

2.3.2.5 新新桥通道

新新桥通道切割扁担沙体后有所发展，走向为 90°左右，目前通道宽深且顺直。2005 年 8 月的水文观测表明，该通道水流以落潮流为主，落潮流时在中、小潮期间分别为 8.7 h 和 9.5 h；涨、落潮流向与通道走向一致；中潮汛涨潮垂线平均流速为 0.65 m/s，落潮为 0.93 m/s；水体含沙量较低，最大含沙量均小于 0.60 kg/m³，中、小潮的优势流和优势沙的计算值在中、小潮期间分别为 81％、87％。

2.3.3 长江口总体河势及影响长江口南支下段河势变化的因素

2.3.3.1 长江口总体河势

长江口上起徐六泾，下迄口外原 50 号灯标，全长约 181.8 km。经过长期的历史演变，徐六泾以下由崇明岛将长江口分为北支和南支，在吴淞口附近，由长兴岛将南支分成北港和南港，在川沙附近，由九段沙将南港分成北槽和南槽，形成了目前三级分汊、四口入海的河口平面形势，主要的入海汊道自北至南为北支、北港、北槽和南槽。

1）第一级分汊：崇明岛将长江河口分为南支和北支

长江口北支的落潮分流比不足 7％，为涨潮流占优势的涨潮槽，并逐渐淤浅，主槽水深不足 5 m。

南支是排泄长江径流的主要通道，河面宽阔，多水下沙洲和浅滩。南支徐六泾至浏河口段河势相对稳定。南支浏河口至吴淞口段为南北港分流口河段，分布有四滩五槽，是南支河段变化最复杂、最不稳定的河段，历史上南北港分流口经历了多次下移和上提的周期性演变过程。

徐六泾节点未形成前，江面宽达 13 km，上游通州沙水道河势变化、主流摆动直接影响白茆沙各水道的交替变化，白茆沙南北水道始终未能形成稳定的分流格局，从而引起南支下段滩槽频繁变迁，南北港分流口和分流通道"周期性的冲淤进退与上提下移"。1958 年后徐六泾节点形成，使该河段主流摆幅大为减小，从而使白茆沙南北水道分流格局处于相对稳定阶段。

受 20 世纪 90 年代连续大水的冲刷作用，白茆沙头持续后退，导致白茆沙北水道进一步弯曲。同时，由于北支水沙倒灌南支又有所加重，白茆沙北水道出现了衰退迹象，白茆沙南水道发展。此外，白茆沙头出现了沙体分裂的迹象。根据南支河段的演变规律，白茆沙北水道发展，有利于南港进流，南水道发展，则有利于北港进流。目前的发展趋势不利于南支下段河势的稳定。南支河段 2007 年河势见图 2-21。

2）第二级分汊：长兴岛、横沙岛将南支分为南港和北港

北港为一条微弯型河道，河势的变化与上游的来水来沙及南北港分流口通道的变化密切相关。百余年来，北港进口段通道多次变迁，北港河势也经历了较大调整。

南港长期以来河势格局相对稳定，南港中下段被瑞丰沙分割为南港主槽和长兴岛涨潮沟，成为"W"形复式河槽。但 2000 年后，由于南港中段落潮主流部分北偏，加上瑞丰沙中部无序采砂，瑞丰沙下沙体冲刷殆尽，使得南港中下段由复式河槽逐渐向单一河槽转变，主槽深泓明显北移，南港主槽和南岸淤积。

3）第三级分汊：九段沙将南港分为南槽和北槽

北槽主要受长江口深水航道治理工程影响，河槽断面形态从宽浅型向窄深型转变，河床深泓形态呈

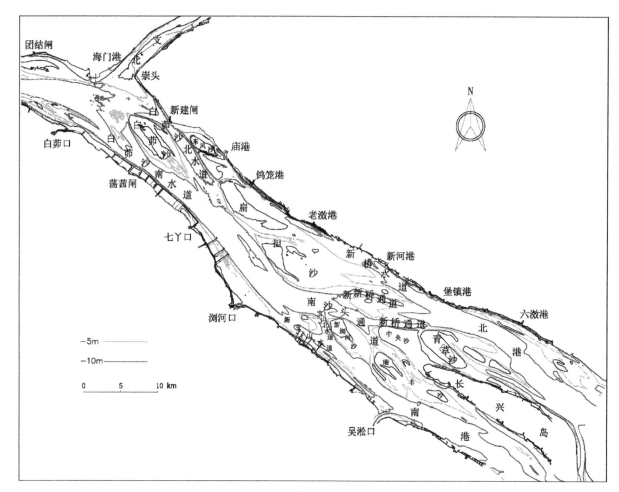

图 2 - 21　南支河段 2007 年河势

"S"形。

南槽为单一主槽,基本保持自然河槽状态。长江口深水航道治理工程实施以后,南槽进口段水流集中,分流分沙比增加,主要表现为南槽上段冲刷,冲刷下泄泥沙在口门段和南汇东滩淤积,水下三角洲前沿略呈冲刷状态,河势变化逐步趋于稳定。

2.3.3.2　影响长江口南支下段河势变化的因素

影响长江口南支下段河势变化的因素十分复杂,主要有3种因素:一是南支上段河势变化的影响,二是长江特大洪水的影响,三是南支河槽及水沙条件的影响。

1) 南支上段河势变化的影响

1958 年前,徐六泾节点尚未形成,1861—1958 年,上游澄通河段的通州沙东、西水道出现了 3 次大摆动,相应南支上段的白茆沙南北水道也发生了 3 次大变动。南支上段主流的往复大摆动,导致出七丫口后进入南支下段长江主流的不稳定,直接影响通往南北港流路及分流量的变化。该时期扁担沙滩面难以淤高,而且滩面上还存在多条往北的串沟,水流分散。同时,南支上段的白茆沙体严重受冲,大量泥沙下泄进入南支下段,引起南支下段航槽的淤浅及河势大的调整。

1958 年徐六泾节点形成,1973 年老白茆沙围垦并岸。此后,白茆沙北水道摆动幅度显著减小,平面最大摆幅约 2.4 km,出七丫口长江主流也相对稳定,特别是 20 世纪 80 年代以来,白茆沙北水道逐步恢复发展,十分有利于出七丫口后的长江主流分泄进入南支偏南侧,南支下段的河势保持了较长时间的相对稳定。但近年来,白茆沙河段河势又开始朝着不利方向发展,主要表现在白茆沙体不断后退,大量受冲的底沙下泄进入南支下段。白茆沙南水道自 1992 年−10 m 槽贯通以来,过流量一直呈持续增大,而相应地白茆沙北水道的过流量持续减少,到 1999 年汛后白茆沙北水道上下口−10 m 槽同时中断,2001年重新贯通,从 2002 年 9 月开始,白茆沙北水道−10 m 槽上下同时中断并持续至今。近年来,北水道上口逐年淤积,−10 m 槽中断距离变长,2005 年 5 月,北水道上口−10 m 线中断距离达 8.3 km,2007 年 2月仍中断 6.0 km。

2) 长江特大洪水的影响

长江特大洪水是影响南支河段河床演变的主要动力因素之一,由于洪水的取直作用,水流顶冲滩面,加速底沙下泄和暗沙向下游移动,加快河势变化的进程,导致河势大变化。

徐六泾节点形成以前,江面宽阔,难以对洪水起到控制作用。因此,长江洪水对南支河段河势的稳定威胁也特别大。如 1920—1921 年大洪水,形成白茆沙中水道,白茆沙体被切开,沙体一分为二,导致1861—1920 年白茆沙北水道优良的河势遭到了破坏,相应地南支下段形成浏河沙嘴并不断发展。又如1954 年发生的特大洪水,白茆沙体冲刷殆尽,白茆沙北水道完全萎缩消亡,同时大量底沙下泄进入南支下段加速浏河沙嘴的淤涨,造成宝山水道上口严重堵塞,1958 年形成新崇明水道,1963 年形成新宝山水道,以后被切割下来的老浏河沙沿南岸下移,影响南支南岸一带航槽达 10 年之久。1958 年徐六泾节点形成和 1973 年通海沙围垦并岸后,由于徐六泾节点的束流、导流作用,削弱了长江洪水对南支河段河床的破坏作用。1998 年和 1999 年长江相继发生了大通站最大洪峰流量为 82 300 m³/s 和 84 500 m³/s 的大洪水,大洪水后,白茆沙头下移速度加快,白茆沙南水道持续扩大,北水道持续淤浅萎缩,但白茆沙河段仍保持南北水道分流的河势格局。在南支下段,河势的影响主要为出七丫口后北偏的主流动力得到增强,导致新浏河沙串沟持续发展,到 2000 年 9 月新浏河沙串沟−10 m 槽贯通,现宝山北水道已发展为通南港的主通道,而新宝山水道上口则持续淤浅缩窄,−10 m 槽宽和长度不断减少,但总体上南支下段未发生大的河势变化。

因此,徐六泾节点的形成使长江特大洪水对河势的影响程度明显减小,但在徐六泾节点控制作用尚不充分的条件下,长江大洪水仍然是影响当前南支下段河势变化的重要因素。

3) 南支河槽及水沙条件的影响

南支河段河道宽阔,放宽率大,七丫口至浏河口放宽率为 0.43,浏河口至吴淞口放宽率为 0.13。一方面,由于河道放宽,水面比降平缓,流速减小,泥沙易于沉积,形成边滩和暗沙;另一方面,由于河道宽阔,在科里奥利力的作用下,涨落潮流流路分离,同时南支下段的暗沙两侧之间存在相位差,并由此在暗沙滩面上产生横向漫滩流,涨潮期横向流速向南,落潮期横向流速向北。由于泥沙粒径组成易于起动,因此南支下段暗沙频繁迁移,河势多变。

2.3.4　南北港分流口及分流通道基本演变规律

南北港分流口是长江口的第二级分汊口,它上承南支下段,下接南北港河段。南北港分流口附近暗沙罗列,变动频繁,特别是新浏河沙、中央沙、扁担沙互动分合对南、北港分汊口河段的河势演变产生较大影响,分流口显示出"周期性的冲淤进退与上提下移"的摆动规律。

长江口南北港分流口的位置和分流通道的演变是不稳定的。1861 年至 2007 年 2 月,南北港分流口位置下移和上提各 3 次,分流口的位置在石头沙至浏河口附近上下摆动。由于水流切滩产生新的通南北港分流通道各有 5 次,见表 2-12,其中北港通道为老崇明水道、中央沙北水道、南门通道、新桥通道、新新桥通道;南港通道为宝山直水道、新崇明水道、新宝山水道、南沙头通道下段、宝山北水道。

表 2-12　南北港分流通道变化

南北港通道	通道名称	产生时间	消亡时间	存在时间	备注
北港通道	老崇明水道	1861 年	1926 年	66 年	
	中央沙北水道	1920—1921 年	1981 年	61 年	
	南门通道	1976 年	1982 年	7 年	
	新桥通道	1982 年			目前继续在演变
	新新桥通道	2001 年			目前继续在演变
南港通道	宝山直水道	1861 年	1963 年	103 年	
	新崇明水道	1958 年	1966 年	9 年	
	新宝山水道	1963 年			目前继续在演变
	南沙头通道下段	1979 年			目前继续在演变
	宝山北水道	1993 年			目前继续在演变

由于南支下段暗沙不断冲刷下移,通往南北港的分流通道呈逐步偏转、扭曲、泄流不畅。分析表明,当南北港分流口位置距石头沙钢标距离小于 6.0 km 时,分流通道开始萎缩,直至消亡,最终通过切滩形成新的分流通道取代老通道。新桥通道形成之初,中央沙沙嘴-5 m 线距石头沙钢标的距离为 16.3 km,其后沙嘴-5 m 线逐年后退,至 2007 年 2 月,沙嘴-5 m 线距石头沙钢标 10.4 km。由于中央沙圈围工程已实施,将彻底扭转中央沙头的持续冲刷后退,有利于新桥通道的稳定,并有效遏制新南沙头并靠中央沙的可能。

南北港分流口和分流通道的频繁变迁,不仅直接影响南支下段的河势稳定,同时每一次新通道的产生,大量的切滩泥沙向下游南北港搬运,加速南北港的淤积。因此,根据南支下段河床演变的基本规律,抓住相对有利的河势条件,稳定南北港分流口和分流通道,是保证南支下段和中央沙、青草沙及南北港河势的关键所在。

2.3.5　北港河势演变分析

北港河段上承新桥通道、新桥水道,下接北港拦门沙河段,北港主槽现位于河道北侧,南侧为中央沙和青草沙沙体。北港形成初期,河道顺直,后因崇明岛右缘崩坍而演变为向北微弯的河段。由于上游河势的变化以及南北港分流口上提下移等因素的作用,分流北港的通道频繁变迁,引起底沙下移,导致北港河槽在单一河槽与复式河槽之间交替变化。

2.3.5.1　主槽的变化

在北港新分流通道形成的初期,通道走向从原东北向逐渐转为东略偏北向,落潮流偏南下泄并顶冲、切割南侧凸岸,北岸江中暗沙淤涨,北港演变为落潮流偏南、涨潮流偏北的复式河槽。1982 年新桥通道形成后,北港的演变情况亦是如此。在这期间,北港主槽内的底沙向下游拦门沙河段输移,拦门沙段水深变浅。

北港分流通道相对稳定后,通道走向由东略偏北逆时针方向转为接近东北向,落潮流沿北港北侧凹岸下泄,涨落潮流流路逐渐归一,北港恢复为单一河槽,深槽偏北,如1958—1982年时的河道情况。此时,偏北下泄的落潮流不断冲蚀北侧岸滩,大量底沙沿六滧以下边滩输移出崇明岛后堆积,使团结沙不断向南淤长。

北港主槽在单一河槽和复式河槽间交替转化的过程中,河床地形也随之发生变化。一是主泓大幅度摆动,1965—2003年,北港奚家港断面主泓最大摆动幅度约5 km,六滧断面最大摆动幅度约4 km;二是上口下泄的泥沙在落潮流的作用下,逐步向下输移,北港河床随之调整。

20世纪90年代以来,新桥通道与新桥水道在堡镇前沿与北港主槽顺畅相连。进口落潮主流偏北下泄,北港主槽呈现微弯态势,北港主槽不断冲深向下延伸,1990—2000年−10 m主槽下延7 km以上,已全线贯通。这一时期,堡镇—八滧上段主槽北冲南淤,−10 m槽向北偏移500~1 000 m,凸岸的青草沙逐步淤涨。1998—2000年,北港主槽北侧冲刷幅度达1~3 m,相应地青草沙头部及中部淤积幅度为2~3 m。上段冲刷泥沙堆积在北岸的奚家港附近,导致下段主槽向南偏移,北港下段(八滧以东)呈现主槽南冲北淤、主流南移之势。随着北港上段主槽不断冲刷并向下延伸,堆积在中段的泥沙逐步推移出海,北港将恢复为上段深槽偏北、下段深槽偏南的微弯河道形态。

2.3.5.2　北港代表断面变化

1)堡镇港断面

1997—2007年,断面形态相近,基本呈现为滩淤槽冲,北港主槽缩窄加深。变化最大处在滩槽结合部,由于青草沙体向北淤涨,迫使北港主槽缩窄增深,滩槽结合部地形不稳定。

2)北港中部断面

1997—2007年,四滧港和六滧港断面形态基本相近,滩槽结合部平面位移和垂向冲淤幅度大,四滧港断面主槽深槽逐步北移,北小泓有所发展。六滧港断面北港主槽深槽1997—2000年北移幅度大,2000—2006年北移幅度小,主深槽渐趋稳定。

3)八滧港上断面

1997—2007年,断面形态相似,平面位移和垂向冲淤幅度小,河床稳定。

2.3.5.3　青草沙演变分析

青草沙南依长兴岛,北侧为北港主槽,青草沙的演变主要决定于北港上口分流通道的变化,同时受新桥水道、北港主槽和南门(堡镇)小沙演变的影响。1963年−5 m串沟沿长兴岛北侧岸线切割青草沙。1965年−5 m串沟贯通,青草沙被切割,与中央沙和长兴岛脱离,青草沙−5 m面积仅61.2 km²(理论基面,下同)。但随着中央沙北水道的逆时针偏转、萎缩,被切割的青草沙体并未整体下移,并呈逐渐淤涨态势。1972年,中央沙又与青草沙−5 m相连,青草沙−5 m串沟中断,演变成断头的涨潮沟(又称北小泓),青草沙−5 m面积84.03 km²,其后沙体持续淤涨。1978年,青草沙−5 m面积达到最大,为94.78 km²。

1981年,因堡镇沙嘴尾部下移至堡镇港下游4 km,进入北港主槽的落潮流受堡镇沙嘴的避流挤压作用,水流顶冲并切割青草沙体,到1982年形成−5 m槽串沟,切割的沙体脱离母体,并整体向东北方向移动。随后在落潮流作用下,切割体部分被冲刷随流下泄,部分则并入堡镇沙,为堡镇沙不断发展提供了沙源。青草沙母体在落潮流的作用下,面积逐步减小,从1983年的59.55 km²减小至2006年的49.70 km²,见表2-13。1997—2007年,青草沙沙体总体面积减小,但青草沙呈上段向北淤涨、下段向南冲刷的态势。

表 2-13　青草沙−5 m 线面积变化

年份(年)	1963	1965	1972	1978	1983	1986	1990	1993	1997	2002	2006
−5 m 面积(km²)	60.43	61.20	84.03	94.78	59.55	59.10	55.75	57.71	54.70	48.30	49.70

1994 年以来青草沙演变最显著的特点是:中央沙北侧冲刷,泥沙向下游迁移,在青草沙北侧淤积,青草沙沙体向北扩张,但在青草沙下游的北小沙淤积不明显,平面摆动幅度很小。所以上冲(中央沙北侧)下淤(仅在青草沙北侧)是青草沙平面变化的最大特点。

2.3.5.4　横沙通道演变分析

横沙通道位于长兴岛与横沙岛之间,呈西北—东南向,全长约 7 km 左右,上口通道与北港形成 70°交角,下口通道与南港垂直相交。落潮水流顶冲横沙岛嘴,涨潮流顶冲长兴岛尾,横沙通道中段为过渡段,形成反"S"形,水深两头深中间浅。横沙通道的演变主要决定于北港和南北槽的河势演变,而横沙通道两侧的长兴岛和横沙岛的围垦和堤岸的稳定,对通道起到缩窄河宽、集中水流的作用,有利于通道的发展和稳定。

横沙通道进口断面长期维持着较好的水深条件,特别是长江口深水航道工程的实施,由于北导堤封堵了横沙东滩串沟及横沙东滩滩面的漫滩流,水流发生结构性调整,该落潮流已被部分调整至横沙通道下泄,使横沙通道的落潮流不断加强,加之到 2002 年北港堡镇小沙淤涨下移,北港主槽下弯顶在横沙通道上口,横沙通道落潮流进一步加强。至 2003 年,通道−10 m 线贯通;2005 年,上口断面−5 m 宽 800 m,最大水深达 19.5 m;中断面−5 m 宽 800 m,最大水深 11.2 m;下口断面−5 m 宽 1 070 m,最大水深 12.1 m,是横沙通道历史上最好的河势。

2.3.6　南港河势演变分析

2.3.6.1　南港主槽

南港河段上承南支下段,下接南北槽。其上口分流通道历史上多次变迁,现为新宝山水道、宝山北水道和南沙头通道下段。南港为一顺直河段,河道为以瑞丰沙带为中心沙的复式河槽,南侧为主槽,北侧为长兴岛涨潮沟。

南港原为单一河槽,主槽偏靠南岸。南港主槽是交替冲淤变化的,从 1842 年至今的 100 多年间,出现过两次大淤积。第一次是在 1860 年左右,河槽全线淤积,约 10 年后淤积体被推移入南槽,南港水深恢复。第二次是在 20 世纪 60 年代初至 70 年代初,10 年间南港淤积了近 4 亿 m³ 泥沙,河槽缩窄,−10 m 等深线在南港下段一度中断。到 1980 年淤积在南港的泥沙被全部推移出境,主槽水深及槽宽全面恢复。在历史演变中,无论是在稳定期还是在淤积期,南港主槽位置较为稳定,一直靠近南岸,−10 m 槽的南边线较为稳定,只是靠近瑞丰沙侧的北边线有所摆动,相应的主槽槽宽和水深发生变化。

1954 年长江特大洪水后,南支下段浏河沙沙嘴封堵了南港上口,落潮流大部分经北港下泄。受北港泄流能力的制约,堡镇以上发生壅水,南北港之间产生横比降,在长兴岛头部石头沙西沿水流切滩,形成水深大于−10 m 由北往南分流南港的新崇明水道。1963 年新崇明水道发生扭曲和萎缩,南港上口进流不畅,水流在中央沙与浏河沙的结合部切滩,形成新宝山水道。

由于新宝山水道的走向与落潮主流方向的交角较小,因此在其形成的最初几年中,不断地冲深发展,水深达到−10 m 以上。在其形成和发展期间大量底沙冲刷下移,导致南港河段发生大幅度淤积,

1960—1971 年−10 m 深槽缩短 10 km。1973 年后,上游下泄的沙量明显减少,南港开始了恢复性的冲刷,水深亦相应逐步恢复,至 1980 年左右,南港河段的水深基本全面恢复,南港南侧主槽的平均水深达−14 m 左右。

进入 20 世纪 90 年代,长江主流在新浏河沙上又冲出落潮潮沟,并逐渐冲深和发展,由于其与主流的交角较小,因此在 1998 年特大洪水作用下得到迅速发展,水深增加较快,宝山北水道的水深与过水断面已超过新宝山水道。与此同时,冲刷下来的底沙进入南港,导致南港主槽淤浅。2001 年 2 月至 2005 年 2 月,南港河槽容积持续减小,水深也逐渐变浅;2005 年 2 月至 2006 年 2 月,河槽容积迅速扩大,水深增大;2007 年以后,南港河槽容积总体相对稳定。

2.3.6.2　瑞丰沙及其串沟

20 世纪 50 年代末至 60 年代初,在新崇明水道和新宝山水道形成发展过程中,冲刷下来大量的泥沙在新崇明水道与南港汇流点下方形成缓流区,下泄底沙在此落淤,形成和发展成瑞丰沙嘴。之后,南北港分流口中央沙头受冲后退,为瑞丰沙的淤涨下延提供了丰富的沙源。部分冲刷下来的泥沙沿南港主槽北侧下移淤积到瑞丰沙,瑞丰沙发展下延。1973 年后,南港主槽从上至下逐渐由淤积转为冲刷,主槽水深逐渐恢复,河槽向北展宽,故瑞丰沙的南沿受水流的侧向淘刷,滩面由此变窄,被淘刷的泥沙沿着沙体的南沿输移,并在沙尾处停积,使沙体在此向下淤涨,并基本达到平衡。

从瑞丰沙沙体−5 m 线历年变化情况分析得到,瑞丰沙在形成初期沙体面积逐年增大,至 1984 年沙体面积达到最大,以后沙体面积逐步减少。由于受 1998 年、1999 年两次大洪水的影响,南港上口宝山北水道发展,引起南港落潮主流轴向南偏,行至吴淞口—外高桥一线,又受沿岸工程岸线外伸影响而北挑,使−10 m 线向东北方向移动了约 1 km 以上(2000—2002 年),并指向瑞丰沙沙嘴中部,造成偏东北向冲刷带。与此同时,1998 年以后,无序取沙对瑞丰沙沙嘴的人为破坏十分严重,在水流冲刷和人工开挖两者共同作用下,2001 年 8 月瑞丰沙沙嘴脊部−5 m 线在沙嘴中部断开,形成缺口,从而加大了南港主槽与瑞丰沙沙嘴内侧的长兴岛涨潮沟内的水体交换,影响长兴岛涨潮沟内冲淤。2001 年 2 月至 2006 年 2 月,瑞丰沙沙嘴中部−5 m 线之间的间隔距离不断扩大,至 2006 年 2 月已扩大了 4 600 m。

瑞丰沙沙嘴断开处间距的扩大、加深,造成瑞丰沙沙嘴分裂为上下两个沙体,上段仍保持了沙嘴形态,下段沙嘴遭到冲刷后,形态上已成为相对独立的水下沙脊。此后在南港主槽水流和涨潮槽内水流共同作用下,加上人工挖沙,瑞丰沙沙嘴上下沙体日益缩小,尤其是下沙体−5 m 以浅的面积明显缩小,由 2001 年 8 月的 4.08 km² 减小为 2006 年 2 月的 0.26 km²,其中相当部分沙体被人为开挖后运走,部分进入下游园园沙航槽及北槽上口区域造成局部淤积。到 2007 年,下沙体−5 m 线完全消失。自 2008 年以来,瑞丰沙上沙体变化较小。

2.3.6.3　长兴岛涨潮沟

1963 年新崇明水道萎缩,南港上口形成新宝山水道,冲刷下来的泥沙落淤于南槽上口,江亚边滩得以发展并淤涨北偏,迫使南槽涨潮流北偏与北槽涨潮流汇合向南港北侧上溯。因此瑞丰沙难以北靠与长兴岛连成一体,只能形成一个中心沙带,从而在南港北侧形成一涨潮槽即长兴岛涨潮沟。该槽属于典型的涨潮槽,河槽上窄下宽、上浅下深,在其上段−5 m 槽时有消失,中、下段的水深在−10 m 以上。

长兴岛涨潮沟形成后,由于涨潮动力的不断作用,其头部不断上溯。1973 年长兴岛涨潮沟−10 m 槽的头部跨越马家港;至 20 世纪 80 年代初期,其−10 m 槽头部上溯了约 4.5 km;而到 90 年代后,长兴岛涨潮沟的－10 m槽头部再次上溯3.0 km,其头部基本稳定在马家港上游约3.5 km的位置。出七丫口后进入南支下段的水流持续淘刷新浏河沙北侧的沙体,在造成中央沙头持续后退的同时,南沙头通道下段的落潮水流进入长兴岛涨潮沟较为顺畅,使长兴岛涨潮沟串沟不断发展。1999年,长兴岛涨潮沟－2 m线全线贯通,并形成－5 m串沟,串沟形成后仍呈冲刷扩大之势。近两年长兴岛涨潮沟有所南移,中央沙南堤滩地向外淤涨。

据2005年的实测资料,在马家港以下的长兴水道内水流以落潮流为主,河槽性质已由涨潮槽转为落潮槽。在马家港以上受瑞丰沙沙嘴上段沙体掩护,槽内潮流流速和含沙量均是涨潮大于落潮,涨潮流受上游地形的顶托作用,泥沙以进沙为主,同时在上游南沙头通道下段及其支汊中央沙南小泓的冲刷泥沙随潮流下泄影响下,普遍发生淤积,潘石港断面平均水深1998年为－9.3 m,至2004年已减少为－6.6 m,淤积了近3 m。槽内沉积以细砂、砂质粉砂为主,与上游沙体及瑞丰沙沙体沉积物一致,说明泥沙来源于就近的上游南沙头通道和瑞丰沙的旁蚀冲刷泥沙。

自2002年以来,南沙头通道下段通南港的支汊淤积萎缩,而通长兴水道的支汊冲刷发展。至2008年南沙头通道下段－4 m槽与长兴水道连通,－5 m槽有对接的趋势。

2.3.7　水库坝线沿线滩势分析

水库北侧堤坝位于中央沙、青草沙临北港侧滩面,滩面高程为－2.8～1.30 m(吴淞基面,下同)。其中,北侧堤坝上段滩面高程为－2.0～1.30 m,坝线外侧水下沙体坡度较陡,北侧堤坝中下段基本上沿青草沙垦区沙洲北侧水下沙体沙脊线布置,穿越两条小冲沟,滩面高程为－2.8～1.0 m,坝前滩面较宽、坡比较缓。

分析表明:1993年至2007年7月,北侧堤坝线中段有所淤积,－2 m线年最大淤积外移为59 m,北侧堤坝线上段及下段总体表现为冲刷,但冲刷的幅度较小,年最大冲刷内移仅为28 m。北侧堤坝线上段的冲刷在近年有所加剧,2004年至2007年7月,年均后退距离为34～58 m;北小泓涨潮沟头部,外侧有一长条形沙体,虽坝线外侧水下沙体内侧淤高,但沙体外侧受冲较为严重。

2.3.8　河势演变趋势预测

(1)受上游水土保持及三峡水库工程运行影响,大通站输沙量大幅减少。上游来水来沙条件的变化将对长江口的河势演变产生显著影响,岸滩、洲滩发生冲刷的可能性增加。

(2)随着上游澄通河段河势及通州沙水道的逐渐稳定,主流在徐六泾节点的控制下,白茆沙将保持白茆沙南北水道并存的河势格局。但影响白茆沙北水道发展的因素较多,因此白茆沙北水道的发展将受到制约,由此将影响南支下段的河势演变。根据南支河段的演变规律,白茆沙北水道发展,有利于南港进流;南水道发展,则有利于北港进流。目前的发展趋势不利于南支下段河势的稳定。

(3)南北港分流口是长江口的二级分汊口,它上承南支下段,下接南北港河段。南北港分流口的新浏河沙、中央沙、扁担沙的三沙互动分合对南北港分汊口河段的河势演变产生重大影响,分流口显示出"周期性的冲淤进退与上提下移"的摆动规律。

(4)南港上口各通道:新宝山水道,2007年－10 m槽恢复贯通并有所展宽,河槽顺畅,断面比较稳定,仍具生命力;宝山北水道,断面积扩大,已成为南支通南港的重要汊道,但不稳定,该通道稳定依赖新浏河沙护滩工程和南沙头通道限流工程的实施;南沙头通道(下段),2001年后,断面水深和过流量恢复发展,－5 m槽贯通,仍然是分流入南港的重要通道。

(5) 北港上口新桥通道,20多年来随同中央沙一起下移,通道轴线方位角没有发生大的变化,汊道平顺,水流通畅,仍有生命力。新新桥通道形成之初,新南沙头逐渐下移,新桥通道过流断面减小,但2005年后,新桥通道过流断面和河槽容积还有所扩大。随着中央沙圈围工程及有关工程的实施,新桥通道的下边界将得到固定,特别是新浏河沙护滩工程和南沙头通道限流工程的实施,将稳定进入北港的南沙头通道—新桥通道主流轴线,有效遏制新南沙头下移并靠中央沙的可能。新桥通道仍具有很强生命力,近期仍不会改变其作为入北港的主通道地位,可保障水库取水口的安全运行。

(6) 南支下段江面宽阔,暗沙众多,河势演变呈周期性变化,目前仍处于演变之中。新浏河沙在水流的作用下,天然情况下仍继续下移,沙体的稳定有赖新浏河沙护滩工程的实施。

(7) 北港微弯型河势格局得到发展,在弯道环流的作用下,北侧的堡镇小沙上冲下淤,北港主槽呈现上段主流偏北、下段偏南的微弯型河势,北港总体河势趋于稳定,青草沙水库工程的实施,可加快北港微弯型优良河势的实现。

青草沙是中央沙的下延沙体,中央沙北侧冲刷,下泄泥沙直接在青草沙北侧淤积,冲淤部位随沙体下移而下移。这种局部泥沙堆积体影响是局部的,对其下游的北小沙影响已经甚微,因此北港优良微弯河势将得到进一步发展。

(8) 青草沙水库北侧堤坝线处,从1993年至2007年7月长系列来看,除北侧堤坝线中段有所淤积外,北侧堤坝线上段及下段总体表现为微冲。2004年至2007年7月,北侧堤坝线上段的冲刷有所加剧,中段坝线外侧的水下沙体内侧淤高、外侧受冲严重。因此,建议对北侧堤坝上段及下段冲刷岸段的坝线进行适当调整,采取适当的保滩工程措施。

(9) 当前,南北港分流口形态良好,但已朝不利方向变化,处于"周期性的冲淤进退与上提下移"中的"冲"与"下移"临界点,而且发展势头在加快。良好和不利主要表现在:一方面,南北港分流格局良好,南北港分流比和主要分流通道分流比处于缓慢变化中,且均以落潮为明显优势流,各分流通道顺畅、分流角较小;另一方面,新浏河沙包沙体、新浏河沙头和中央沙头仍在持续后退,中央沙沙头距石头沙钢标仅10.4 km,距河势调整的位置空间有限,沙头持续后退,新桥通道轴线处于不断偏转态势,先后形成了通北港的新桥通道和南门通道,且呈扩大之势。因此,应抓住当前南北港分流口还处于相对优良的形态,尽快实施青草沙水库工程,鉴于中央沙头部及两侧处于持续冲刷状态,特别是近年来速度还有所加快,应尽快实施护底保滩工程,以确保水库工程的安全。

2.4 江心水库选线及其工程影响预测

水库坝线应与河势控制规划相协调,应有利于南北港分流口整治,有利于北港河势控制,满足长江口河势控制的总体要求;圈围面积足够大,尽可能增大有效库容,满足上海市未来供水需求;坝线布置在可稳定筑坝且尽可能高的沙洲或河床上,水库建成后不影响整体河势稳定;充分考虑工程区现有工程设施,并合理衔接。根据河势滩势演变特性,结合最新河势、水下地形、水环境保护等方面要求,并通过数学模型和物理模型,对水库选址选线方案的合理性及对河势滩势的影响进行研究论证,综合选定合理坝线布置方案。水库选线选址的关键点是在不影响河势总体格局的前提下,充分考虑工程区域的河床的稳定性和工程安全性,尽可能增大有效库容。

数学模型分别采用二维、三维数学模型。物理模型试验分别在上海长江口模型和南京长江口模型上完成。

模型分别模拟了上游来水条件为枯季平均流量(11 000 m³/s左右)、洪季平均流量(38 600～30 600 m³/s)、丰水年洪季平均流量(43 000 m³/s左右)、多年平均流量(30 000 m³/s左右)及特大洪水(90 000 m³/s左右)等条件下流场的变化。在不同的水文条件下,模型分别计算了自然条件下、中央沙圈围工程、中央沙和青草沙圈围工程等3个方案。

为掌握水库东侧堤坝和北侧堤坝连接段的水动力特征,进行了青草沙水库护滩防冲三维数值模拟和绕流物理模型试验,确定了东侧堤坝和北侧堤坝连接段布置平面形态和防冲措施。

不同区域、不同断面和不同代表点上各特征量的定量统计和对比分析表明:目前青草沙水域河势较为稳定,南北港分流口河势已向不稳定发展过渡,是建库和南北港分流口整治的较好时机,否则自然河势将继续向不利方向发展;实施青草沙水库工程对长江口地区防洪排涝、南北港分流口河势、南北港河势、长江口深水航道、北港长江大桥主通航孔及长兴岛南岸重大工程无明显不利影响;工程固定了新桥通道的下边界,阻止了中央沙头的后退,为南北港分流口整治工程的实施创造有利条件。

2.4.1 水库坝线布置的原则

(1) 青草沙水库坝线布置应与长江口综合整治开发规划中的河势控制规划相协调。坝线布置应有利于南北港分流口整治,有利于北港河势控制,满足长江口河势控制的总体要求。

(2) 以不影响周边河势和涉水工程为前提,尽可能增大有效库容,满足上海市未来用水的需求。

(3) 充分考虑并避免周边工程对水源地供水安全的潜在威胁。

(4) 坝线布置尽量利用地势较高、较为稳定的滩地和沙脊,降低工程造价。

(5) 坝线布置应考虑工程区现有工程设施,并合理衔接,避免造成废弃工程。

2.4.2 研究论证技术

在对已有研究成果进行归纳和总结的基础上,根据水库坝线布置的原则,结合最新河势、水下地形、水环境保护等方面要求,并进一步采用多年实测水下地形资料,通过河势演变分析、数学模型计算和物理模型试验相结合的方法,对水库坝线布置方案进行研究论证。

1) 数学模型研究

利用上海勘测设计研究院、上海市水利工程设计研究院等4家单位的水动力数学模型对水库坝线布置方案进行研究。从4家单位模型的率定和验证的结果看,计算潮位与流速、流向与实测值总体上基本吻合,能较真实地模拟长江口南支区域的流场,模型可以为工程研究提供基本的背景流场、评估工程对河势的影响。

2) 物理模型研究

在上海、南京长江口模型上同步开展青草沙水库工程河势影响定床物理模型、清水动床物理模型试验研究工作,两个物理模型的比尺分别为平面1:1 000、垂直1:125和平面1:2 000、垂直1:150。

(1) 定床物理模型验证。为提高试验精度,根据2005年4月长江口地形测图对模型进行局部修改。为检验模型的相似性,采用2005年8月长江口大潮水文测验资料进行模型验证。

① 水位验证。模型共验证了中浚、北槽中、横沙、共青圩、石洞口、六溆、南门、白茆、徐六泾、天生港等10个水位站的同步潮位资料。根据验证结果,各潮位站的高、低潮位及整个涨落潮过程符合程度良好,高、低潮极值偏差基本都在10%以内,时间的相位偏差在0.5 h内,说明模型潮波传播相似性

较好。

② 流速验证。流速验证结果表明,各测点的流速过程线形态与天然基本相符,憩流时间和涨、落急流速出现的时间偏差基本都在 0.5 h 内,涨、落潮平均流速偏差也基本都在 10% 以内。

从潮位、流速验证结果来看,物理模型总体上能较好地反映天然河段的潮流运动,符合《海岸与河口潮流泥沙模拟技术规程》(JTS/T 231-2)的基本要求。

(2) 动床物理模型验证。从两个模型试验验证情况看,可以从平面形态变化和敏感部位模拟出动床模型范围内地形变化的主要特征,模型与原型的误差控制在 25%～30%。

(3) 试验方案。

无工程方案:将不实施工程的河床变化情况作为分析比较的本底。

方案 1:青草沙水库工程方案,即将中央沙和青草沙区域一体圈围成库的方案。

方案 2:仅实施中央沙圈围工程方案。

2.4.3 研究论证主要成果

2.4.3.1 数学模型模拟研究成果

数学模型计算结果表明,高低潮位影响范围仅局限在北港区域,且变化不超过 0.04 m,所以方案实施对长江口的防洪、排涝不会产生明显影响。

中央沙和青草沙水域实施水库坝工程后,北港的涨落潮分流比均有所降低,南港的涨落潮分流比有所增加,但变化都不超过 1.3%,北槽基本没有影响。仅实施中央沙对南北港、南北槽分流比几乎没有影响。因此青草沙水库坝工程的实施没有改变南北港分流口分流格局,也不影响长江口深水航道。

中央沙和青草沙水域水库坝工程实施后,南支上段、南港、北槽区域的涨落急流速变化较小,工程的实施不会对现有南北港分流口河势稳定产生明显不利影响。但工程实施后,北港涨落急流速变化较大,落急流速增加最大幅度为北港,增加 0.07～0.20 m/s,变幅在 15% 以内;涨急流速增加最大幅度为北港上段,增加 0.18～0.30 m/s,变幅在 18% 以内。以上流速变化是由于青草沙水库工程坝线封堵了长兴岛的北小泓,使北港过水断面缩小,北港工程段的落急流速增加,但主流轴线位置仍基本保持稳定,所以工程对上海长江大桥主通航孔的位置影响不大。

若仅实施中央沙圈围,工程对分流口区域的河势几乎没有影响,但新桥通道的下边界仍未得到固定,仍将延续冲刷态势。因此,中央沙和青草沙水域宜同步实施圈围,这既有利于水库的建设,也可为南北港分流口整治创造条件。

2.4.3.2 定床物理模型试验研究分析成果

定床物理模型试验结果与数学模型模拟计算分析成果总体上基本一致。

试验表明:宝山北水道、新宝山水道、南沙头通道下段、新新桥通道、新桥水道的涨落潮流速基本不变或稍有增加,变化幅度在 0.03 m/s 以内;新桥通道涨落潮流速略有减小,减小幅度在 0.05 m/s 以内;南港主槽、长兴涨潮沟、北槽流速基本不变。因此,青草沙水库工程的实施不会对现有的南北港分流口河势的稳定产生不利影响,而且工程实施可起到固定中央沙沙头作用,有利于分流口河势稳定。

青草沙水库工程缩小了北港的河宽,减小了北港河床的过水断面面积。工程实施后,北港中下段涨落急流速有明显增加,落急流速增加 0.08～0.2 m/s,最大增幅 16%;涨急流速增加 0.2～0.29 m/s,最大增幅 19%,但落急主流线基本保持不变。因此,各方案的实施对上海长江大桥主通航孔影响不大。

青草沙水库工程实施后,横沙通道水流动力有所减弱,落急流速减少 0.07 m/s,涨急流速减少 0.18 m/s,横沙通道会有所淤积。

仅实施中央沙圈围工程,南北港分流口、南港、北港及横沙通道的潮位与流速基本没有变化,仅青草沙上段坝线流速略有增加,中央沙圈围工程的实施对青草沙水库的建设影响不大。

取水口附近:工程实施后由于北港上段缩窄、涨潮流向南偏,以及沿北小泓上溯的一股水流被切断,造成取水口附近的涨急流速在工程实施后明显增加,增加幅度为 0.27 m/s,落急流速流向北偏,流速略有减小,减小约 0.05 m/s。从取水口处附近的流速变化来看,落急流速略有减小,落潮动力没有明显减弱,涨潮动力有较大加强,因此取水口附近工程后发生明显淤积的可能性不大,拟定的取水口位置是合适的。

北港落急主流线:仅实施中央沙圈围工程,北港落急主流线基本没有变化。实施青草沙水库工程后,不同水文条件下北港落急主流线的位置总体变化不大,在洪峰流量下,北港六滧断面附近北港落急主流线北偏最大幅度约 260 m。而在上海长江大桥处落急主流线则基本保持不变。

2.4.3.3 动床物理模型试验研究分析成果

(1)仅实施中央沙圈围工程。5 年后河势变化与无工程情况基本相似,只是中央沙沙头附近受工程保护冲刷后退速度受到抑制,但青草沙上段靠新桥通道侧仍然出现较大冲刷,冲刷泥沙部分淤在青草沙下段,也有部分淤在长兴岛北小泓,将造成拟建青草沙水库库容的损失。从总体上看,长兴岛涨潮沟河床变化趋势与无工程情况基本相同。

(2)同时实施中央沙圈围和青草沙水库工程。中央沙、扁担沙、新浏河沙、新浏河沙沙包、南港、长兴岛涨潮沟等处河势演变与仅实施中央沙圈围工程情况相似,主要差异在于对北港河床变化影响的不同。由于北港过流断面缩窄,北港主槽普遍刷深 2 m 左右,河床宽深比变小,断面形态从宽浅向窄深方向变化,有利于北港河势保持稳定。从北港长江大桥轴线断面地形图来看,主通航孔范围内水深均有增加,而且完全满足通航标准需要(−10 m 水深)。横沙通道出现一定的淤积,淤积厚度约为 0.5 m。

拟建取水口位于新桥通道中段南侧,工程后该处没有发现明显的淤积现象,取水口位置的设置基本可行。

2.4.3.4 青草沙水库护滩防冲三维数值模拟研究成果

东北围堤自 P～S 点,将青草沙与北港分割(图 2 - 22)。东堤将靠长兴岛一侧的深槽阻断,而东侧堤坝与北侧堤坝连接点处于两条深槽的分汊口。

对涨落急时刻工程前后的底层流速及床面应力比较可见:

(1)涨落急时刻北侧堤坝与东侧堤坝连接点附近流速及床面应力有所增加,高流速区逼近堤坝。

(2)P 点附近工程后涨急时刻流速增加,400 m 范围内增幅 0.1 m/s;落急时刻流速增大,400 m 范围内增幅 0.15 m/s,但工程后却有所降低。

(3)Q 点附近工程后涨急时刻流速增加,400 m 范围内增幅 0.2 m/s;落急时刻流速增大,400 m 范围内增幅 0.25 m/s,但工程后却有所降低。

(4)R 点附近工程后涨急时刻流速减小,400 m 范围内增减 0.35 m/s;落急时刻流速减小,400 m 范围内减幅 0.45 m/s。

东侧堤坝将北港两条深槽阻断,北侧堤坝与东侧堤坝连接点工程后流速增大,不利于岸滩保护及围堤安全。北侧堤坝近连接点(P～Q)段工程后靠围堤流速有所降低,但远离堤坝流速增加,堤坝致使部分水流归槽。

由此可见,北侧堤坝与东侧堤坝连接点附近的流场变化剧烈,有必要对该连接段采取必要的工程措施,以确保大坝的安全。

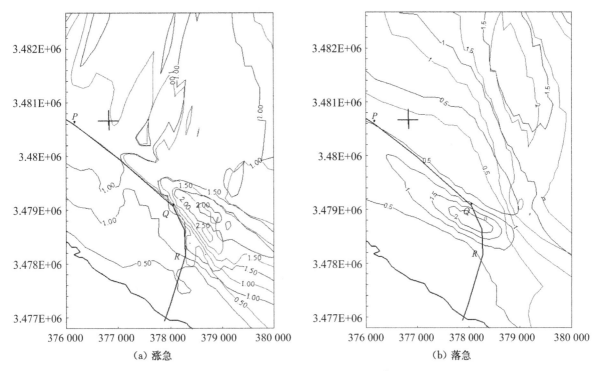

(a) 涨急 (b) 落急

图 2-22 涨、落急时刻底层流速示意图

2.4.3.5 绕流物理模型试验主要成果

根据东侧堤坝和北侧堤坝连接段的水动力特征,导致其产生绕流及冲刷影响滩地、大坝安全的主要原因是涨潮流动力,尤其涨急时作用十分明显,因此,防护措施的基本思路是将涨潮流动力调离堤身。为此,在连接段靠北处设置一条桩石坝,坝长 400 m,坝顶高程由坝根 4.0 m 渐变至坝头 −2.0 m。

根据物理模型试验成果,通过对东侧堤坝有桩石坝与无桩石坝方案情况下,各典型断面局部冲刷坑的对比分析发现,东侧堤坝桩石坝建设后,在桩石坝的南北两侧靠近大坝附近都形成了较大的掩护区,泥沙在桩石坝的两侧均有较大幅度的淤积,但是在坝头形成了 7~8 m 的冲刷坑。

由于桩石坝的建设,减小了东侧堤坝附近的局部冲刷坑。作用最为明显的部位是东堤转弯段,在转弯段北侧护排外侧甚至出现淤积,可见加丁坝的效果明显。为了配合桩石坝实施,对东侧堤坝弯段进行调整,减小曲率半径,即曲率半径由原来的 800 m 减小为 300 m。

2.4.4 研究成果应用及坝线布置方案

河势演变分析,数学模型和定床、动床物理模型,复演和预测了各特定水文条件下中央沙和青草沙水域水库工程实施后的流场、冲淤变化。通过对不同区域、不同断面和不同代表点上各特征量的定量统计和对比分析表明:目前青草沙水域河势较为稳定,南北港分流口河势虽已向不利方向发展,但仍相对稳定,是建库和南北港分流口整治的较好时机;先行实施青草沙水库工程对南北港分流口河势、南北港河势、长江口深水航道、北港长江大桥主通航孔及长兴岛南岸重大工程无明显不利影响;工程固定了新桥通道的下边界,阻止了中央沙头的后退,为南北港分流口整治工程的实施创造有利条件。

青草沙水库工程、新浏河沙固滩工程及南沙头通道限流潜堤工程、南汇嘴控制工程三大工程实施后,总体上也不影响长江口河势,但三大工程同时实施较单独实施青草沙水库工程对南北港分流比的影响要小,其北港分流比由减小 1‰ 转为基本不变。因此,其他两大工程的实施不会影响青草沙水库堤线布置的合理性,而且新浏河沙固滩工程和南沙头通道限流潜堤工程的实施,不仅阻止新浏河沙持续冲刷下移,保证进入北港的新桥通道轴线的稳定,还十分有利于减少河势变化对水库工程不可预测的安全影响。

护滩防冲三维数学模型和物理模型试验表明,东侧堤坝和北侧堤坝连接段的桩石坝建设有利于调整局部水流,使涨潮流动力偏离坝身,有利于水库大堤安全。

2007 年 7 月与 2006 年 7 月水下地形对比表明:北堤上段和北堤下段出现冲刷态势。

(1) 北侧堤坝上段(先期护底段):外侧滩地冲刷后退,滩地冲刷变低。0 m 线后退了 28～83 m,−2 m 线后退了 22～59 m,−5 m 线后退了 35～82 m,堤前滩地变深变陡。1 m 以上滩地地形变化很小,2 m 以上滩地基本无变化。

(2) 北侧堤坝下段(光电缆段):−2 m 线后退了 11～124 m,−5 m 线后退了约 72 m,坝身滩面冲刷降低,沙脊线位置向内移动。

(3) 其他新建坝段滩地略有淤高或基本不变。

根据河演分析、数学模型、物理模型、最新水下地形分析研究成果,对北侧堤坝上段、北侧堤坝下段及东北侧堤坝连接段坝线适当调整,并采用相应的工程防护措施。具体调整是:北侧堤坝上段坝线向库区侧平移 15 m(I 点、L 点不变);东侧堤坝下段的 R 点向库区侧平移 75 m,S 点保持不变;北侧堤坝下段和东侧堤坝上段的 O～Q 段堤线向库区侧平移 50 m,然后以半径为 300 m 的圆弧与东侧堤坝下段坝线相接;北侧堤坝中段基本不变,并与上、下段平顺连接。其中,长兴岛海塘坝线选择关系到水库的库容和岛内侧的征地范围。坝线主要由老海塘加固位置来确定。根据公用岸段和专用岸段海塘加固方案比较成果,确定长兴岛海塘加固工程坝线设计长度为 15.957 km。

调整后坝线方案见图 2-23。

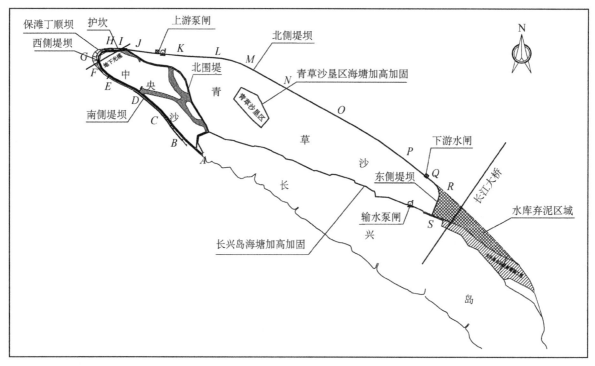

图 2-23　青草沙水库推荐坝线方案示意图

2.5 库内水力控制及水质保持机制

从长江口已建宝钢水库、陈行水库的运行经验来看,由于长江来水部分营养物质浓度较高,在夏季高温季节库区水体易发生富营养化,甚至有"水华"暴发现象,易导致库区水质恶化。为了降低青草沙水库库区大面积暴发"水华"的风险,拟通过库型优化、优化水库调度并辅以建立良性生态系统等措施,保持和改善库区水质。库型优化主要是通过消除库区可能存在的滞留区和缓流区,改善库区的水流条件,以期达到保持和改善库区水质的目的。通过优化水库调度方式,在保持水库自净功能的同时,让入库水体保持适宜的滞留时间,以抑制水库藻类的过度繁殖。通过建立良性的生态系统,通过食物链及营养级联作用,控制藻类,以防止库区大面积暴发"水华"的风险。

2.5.1 防止藻类过度繁殖的水库水力停留时间分析

2.5.1.1 水库藻类繁殖的影响因素分析

影响水体藻类繁殖的主要因素包括光照、水温、营养盐浓度、水动力(如停留时间 $T=V/Q$)、水体分层(密度、温度)、浮游动物捕食等。

(1) 一般研究认为,水库、湖泊等封闭水体发生富营养化的临界浓度为 $T_P \leqslant 0.025$ mg/L, $T_N \leqslant 0.5$ mg/L。

青草沙取水口处的总氮为 1.5~3.0 mg/L,无机氮为 1.4~2.6 mg/L,总磷为 0.06~0.13 mg/L,磷酸盐为 0.02~0.10 mg/L,氮磷比为 10~30。青草沙水库取水口附近水体的氮磷浓度已大大超过水库发生水体富营养的临界浓度。

(2) 一般情况下,只有水温超过 20 ℃时,水体才能因为藻类的过渡繁殖而导致水质恶化。如表 2-14所示,工程区域在 5—10 月平均最高气温都在 20 ℃以上,都具备发生水库富营养化的温度条件。

表 2-14 长江口多年平均气温 　　　　　　　　　　　　　　　　　(℃)

月份	1	2	3	4	5	6	7	8	9	10	11	12
平均最高气温	7.7	8.6	12.7	18.6	23.5	27.2	31.6	31.5	27.2	22.3	16.7	10.6
平均气温	3.7	4.6	8.5	14.2	19.2	23.4	27.8	27.7	23.6	18.3	12.4	6.1
平均最低气温	0.5	1.5	5.1	10.6	15.7	20.3	24.8	24.7	20.5	14.7	8.6	2.4

(3) 工程区域多年平均太阳辐射总量为 477.9 kJ/cm²,最多为 526.8 kJ/cm²,最少为 450.7 kJ/cm²,夏季强、冬季弱,与温度年变化基本一致。

根据在陈行水库开展的泥沙沉降实验以及有关研究成果,长江原水在水库中停留 30 h 左右,SS(悬浮物)含量可由 130 mg/L 左右降至 30 mg/L 左右,泥沙去除率达 60%~80%。光照将不再是水库发生水体富营养化的限值因子。

图 2-24 为水力停留时间与蓝藻生物量的关系图。由图可见,水库水力停留时间增加,意味着有毒藻类过度繁殖的可能性增加。通过控制水力停留时间,可以有效控制藻类过度繁殖。联合国环境规划署流域综合管理指南中建议水库水力停留时间不超过 30 d。

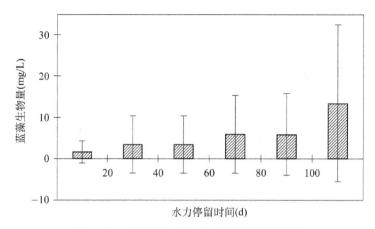

图 2 - 24   蓝藻生物量与水力停留时间的关系

2.5.1.2   藻类生长概念模型的建立

藻类生长速率表达为

$$\mu = \mu_{max} f(T) f(I) f(\mathrm{P, N, C, Si}) \tag{2-3}$$

式中　　μ——实际生长速率；

　　　　μ_{max}——最大生长速率；

　　　　$f(T)$——温度限制函数；

　　　　$f(I)$——光照限制函数；

$f(\mathrm{P, N, C, Si})$——营养盐限制函数。

如果水库藻类生长不受光照、营养盐限制，则

$$N_t = N_0 \exp(\mu t) \tag{2-4}$$

式中　N_0——藻类初始丰度；

　　　N_t——t 时刻后的藻类丰度。

如果已知水库入水藻类初始丰度 N_0、藻类"水华"安全预警值 N_t 和藻类生长速率，则可以利用上式反推水库水体最长停留时间 T：

$$T \leqslant \frac{\ln N_t - \ln N_0}{\mu} \tag{2-5}$$

2.5.1.3   防止藻类过度繁殖的水库停留时间分析

参考 Di Toro(1980)、K. Burge(2006)、Westwood(2004)、Reynolds(1984)、Coles 和 Jones(2000)等人的研究成果，各种藻类的生长速率和温度校正系数的取值见表 2 - 15、表 2 - 16。

表 2 - 15   各种藻类的生长速度及有关生长温度

藻类	$\mu_{max}(1/\mathrm{d})$	最佳生长温度 $T_{opt}(℃)$	最低生长温度 $T_{low}(℃)$
绿藻	1.2	25	2
硅藻	0.60	17	2
蓝藻	0.8	29	2

表 2-16 藻类生长速率的温度校正系数

温度范围(℃)	温度校正系数	温度范围(℃)	温度校正系数
10～20	1.05～1.11	15～25	1.12～1.15

由表 2-15 可见,硅藻比较适合在中低温度下生长繁殖,蓝绿藻在夏季中高温时繁殖速度最快,绿藻的最大生长速度远远高于蓝藻和硅藻。

(1) 藻类初始丰度 N_0。根据长江口青草沙水域浮游植物的调查结果(东海水产研究所,2005),叶绿素 a 的分布范围为 0.54～2.59 mg/m³,平均约 1.0 mg/m³。浮游植物平均总数量为 4 个/mL。共鉴定出浮游植物 43 种,其中硅藻占 79%,绿藻占 14%,蓝藻占 7.0%。

(2) 藻类"水华"安全预警值 N_t。理想条件下水温 20 ℃(实验室培养),蓝藻密度在 14～46 d 内可以达到"暴发"水平(27 000 个/mL),安全起见一般不高于 15 000 个/mL(K. Burge 和 P. Breen,2006;Melbourne Water,2005)。

不同水温下藻类生物量与水库水力停留时间的关系曲线见图 2-25,以 15 000 个/mL 作为藻类"水华"安全预警值,可以得到水温在 20～25 ℃时,防止青草沙水库水体发生水华的"最大水力停留时间"约为 20 d。

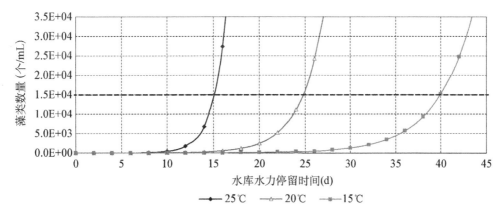

图 2-25 藻类生长曲线与温度和水力停留时间的关系

长江口非咸潮期(5—10 月)的平均气温为 18～28 ℃,青草沙水库的水力停留时间应控制在 20 d 左右。水库的实际水力停留时间大于上述"最佳水力停留时间"并不意味着水库一定发生"水华",但满足"最佳水力停留时间"的保证率应不小于 80%(Hart,1999;Anzeec,2000),因此水库仍存在暴发"水华"的风险。

2.5.2 青草沙水库生态动力学模型和富营养化趋势模拟预测

2.5.2.1 青草沙水库富营养化预测模型

富营养化模型主要模拟污染物的输入、排出和转化动力学,溶解氧、营养物质和浮游植物、浮游生物动态变化、磷循环、氮循环和溶解氧平衡,水体流动特性等对富营养化的影响,微生物、浮游植物的生长、死亡动力学,浮游植物沉积以及浓度分布,根据风速、阳光、温度等环境因子对系统的影响等,预测及评价水库的富营养化趋势。生态动力学模型模拟以下变量:浮游植物、叶绿素 a、浮游动物、碎屑碳、碎屑氮、碎屑磷、无机氮、无机磷、溶解氧、底栖植物。

1) 富营养化模型率定

青草沙水库 2009 年 2 月龙口截流，至 2009 年 9 月与长江口无水量交换。2009 年 4—9 月对青草沙库区进行水质实测（图 2-26），利用该资料进行富营养化模型关键参数率定，主要站位模拟结果和实测值比较见图 2-27。

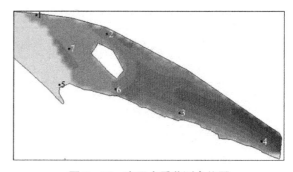

图 2-26　库区水质监测点位图

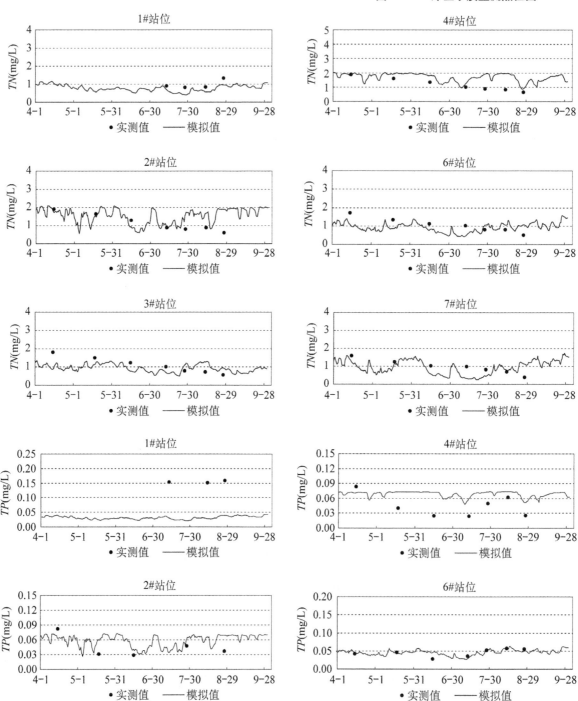

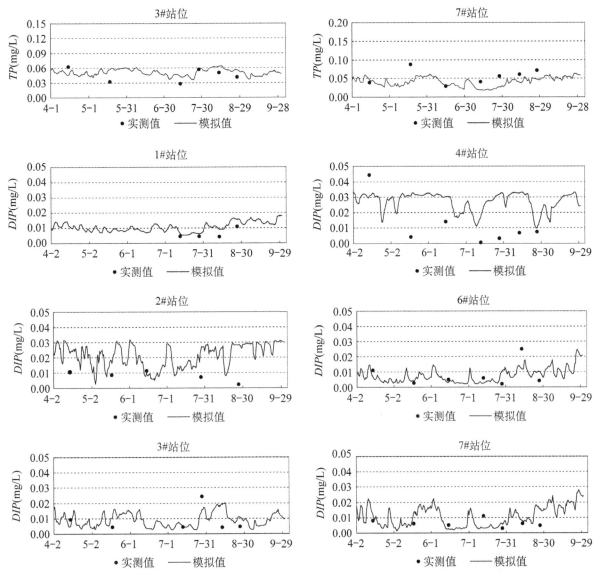

图 2‑27 主要水质指标模拟结果与实测结果比较图

2）模型关键参数取值

根据水质模型率定结果，并参考相关研究文献，主要参数取值见表 2‑17。

表 2‑17 模型关键参数取值

模型系数或常数	单位	取值
20 ℃的蜕变率	1/d	0.03
20 ℃的生长率	1/d	0.10
20 ℃的呼吸速率	1/d	0.07
蜕变率的温度校正系数	/	1.07
生长率的温度校正系数	/	1.05
氮碳比	g_N/g_C	0.17
磷碳比	g_P/g_C	0.025
硅藻类生长速率	1/d	0.6

（续表）

模型系数或常数	单位	取值
绿藻生长速率	1/d	1.2
藻类沉降速率（水深<2 m）	1/d	0.10
藻类沉降速率（水深>2 m）	m/d	0.15
最大补食速率	1/d	1.5
浮游植物死亡速率	1/d	0.05
浮游动物死亡速率（一阶）	1/d	0.1
浮游动物死亡速率（二阶）	1/d	10
碎屑的矿化速率	1/d	0.05
碎屑沉降速率（水深<2 m）	1/d	0.1
碎屑沉降速率（水深>2 m）	m/d	0.5
浮游植物的消光系数	m^2/g	20
消光系数的背景常数	m^2	0.35
碎屑的消光系数	m^2/g	0.1
大型藻类的消光系数	m^2/g	0.02
悬浮固体的消光系数	m^2/g	0.1
硅藻类生长速率的温度校正系数	/	1.05
绿藻类生长速率的温度校正系数	/	1.055
与藻类浓度相关的0阶捕食速率	/	3
与藻类浓度相关的1阶捕食速率	1/d	25
最大捕食速率的温度校正系数	/	1.05
绿藻成为优势物种的天数	/	30

3）施工期库区富营养化模拟分析

施工期（水库封闭期，4—9月）库区叶绿素 a 模拟结果见图 2-28、图 2-29。

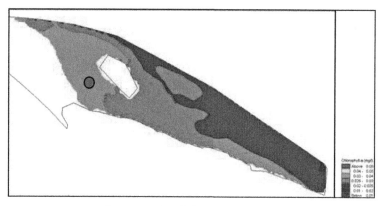

图 2-28　叶绿素最大值平面分布图

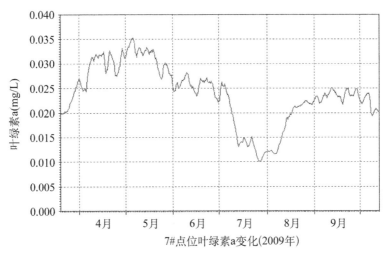

7#点位叶绿素a变化(2009年)

图 2 - 29　库区叶绿素 a 模拟结果

由于库区完全封闭,在合适气象条件下,库区藻类生长旺盛,分别在 5 月和 9 月形成两个峰值,5 月藻类以褐藻和绿藻为主,9 月以蓝藻和绿藻为主。夏季盛行东南风,在风生流的作用下,库首段水域藻类密度高于库尾,南部水域藻类密度高于北部水域,尤其集中在库首段的南水道水域。

4) 库区富营养化趋势预测分析

(1) 非咸潮期富营养化预测结果。根据非咸潮期水库正常调度工况,库区非咸潮期营养化模拟结果见图 2 - 30(主要给出叶绿素 a 模拟结果)。

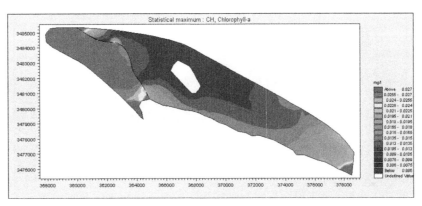

(a) 表层

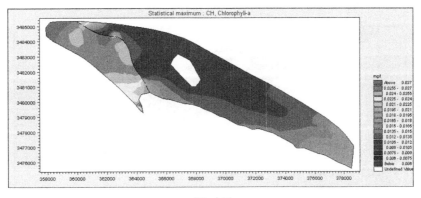

(b) 中层

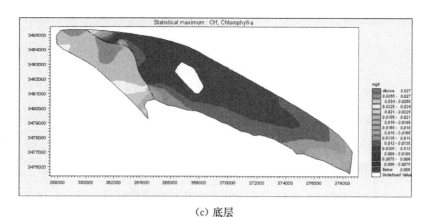

（c）底层

图 2‑30　非咸潮期无风工况下库区各层叶绿素 a 最大值

无风条件下，库区水体垂向混合程度较低，在整个中央沙库区和青草沙库区的头部、尾部等局部小范围水域存在滞留区，富营养化程度明显高于其他水域，达到富营养化水平，如图 2‑30 所示。以中央沙库区为例，库区表层水体叶绿素 a 浓度超过 0.03 mg/L，明显高于中层（最高值约 0.025 mg/L）和底层（最高值约 0.02 mg/L）。

在东南风情况下，在整个中央沙库区和青草沙库区的头部、尾部等局部小范围水域仍存在滞留区，富营养化程度明显高于其他水域，达到富营养化水平，见图 2‑31。在东南风作用下，库区水体垂向混合程度较高，以中央沙库区为例，库区表层、中层、底层水体富营养化指标浓度垂向分层不明显，叶绿素 a 平均浓度为 0.015～0.021 mg/L，TN 平均浓度为 2.20～2.30 mg/L，TP 平均浓度为 0.15～0.16 mg/L。

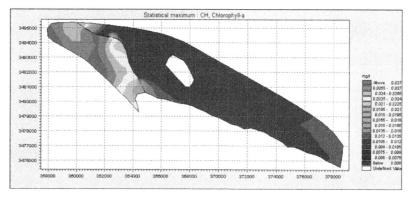

（a）表层

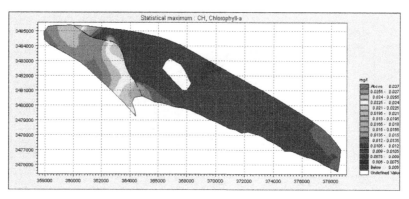

（b）中层

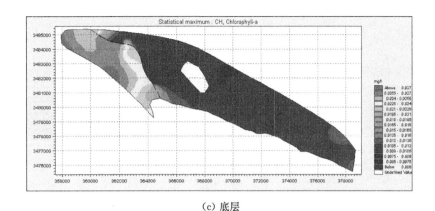

（c）底层

图 2-31 非咸潮期东南风条件下库区各层叶绿素 a 最大值

青草沙水库在非咸潮期（5—9 月）按正常调度方案进行调度,库区整体平均水力停留时间为 15～20 d。青草沙主库区整体上处于中营养水平,库区 TN 浓度范围为 1.7～2.6 mg/L,TP 浓度为 60～166 ug/L,叶绿素 a 的浓度范围为 6～50 ug/L。

由于受到长江口季风和库区地形的综合影响,中央沙等局部库区仍存在水体滞流区,由于水域水流不畅,尤其是在无风条件下,该水域水体整体混合程度较小,仍不可避免地存在局部范围的滞流区,藻类易聚集生长,可能发生局部“水华”。受到夏季东南风的作用,中央沙库区的藻类“水华”直接影响到的水库取水口的概率比较小,青草沙水库输水泵闸口的叶绿素 a 的浓度低于 0.015 mg/L,营养程度处于中-贫营养化水平。

为应对库区局部水体富营养化和中央沙库区“水华”风险,仍需要对库区局部水域采取生物控制、疏浚引流等措施,进行库区库型设计。

（2）咸潮期富营养化预测结果。为应对长江口咸潮入侵,避咸蓄淡,10 月初起,上、下游水闸只引不排,在水闸不能引水的时段启用水泵提水,将库内水位抬升至水泵设计运行水位 6.2 m,至 12 月 30 日 19时之前一直维持在该水位运行。

尽管此阶段水力停留时间很长,但由于 10 月至次年 4 月该区域平均温度一般不高于 20 ℃,因此根据藻类生长曲线与温度和水力停留时间的关系,气候正常时青草沙水库暴发大面积“水华”的可能性较小。

咸潮期（10 月初至次年 4 月底）的库区富营养化预测结果表明,推荐调度方案和季风共同作用下,青草沙库区在咸潮期的整体富营养化水平较低,见图 2-32。叶绿素 a 浓度最高的水域仍是在中央沙库区,但最大值一般不高于 0.015 mg/L,平均值一般不高于 0.005 mg/L,青草沙库区整体营养化程度处于中-贫营养化水平。

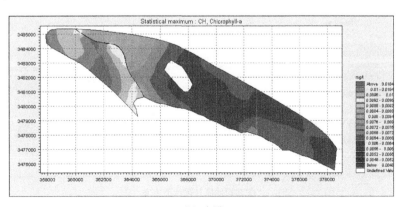

（a）表层

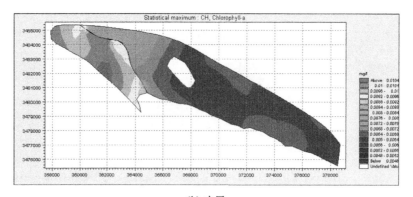

(b) 中层

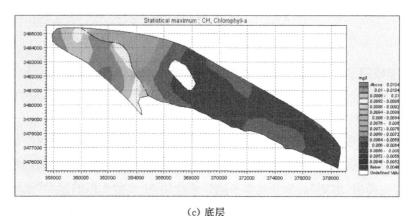

(c) 底层

图 2-32 咸潮期季风作用下库区各层叶绿素 a 模拟结果(最大值)

该区域 10 月份多年平均最高气温 22.3 ℃,平均气温 18.3 ℃。因此,从 10 月初青草沙水库开始蓄水,到 10 月 20 日左右蓄到设计水位 6.2 m,此时水库的平均水力停留时间较长,如果此时气温仍维持在 20 ℃以上并持续 1~2 周以上,青草沙水库仍可能面临暴发大面积"水华"的风险。

2.5.2.2 青草沙水库疏浚引流

初拟库区开挖库型方案见图 2-33a,优化库区开挖库型方案见图 2-33b。在对方案 EU2-1 和 EU2-2 的富营养化模拟分析的基础上,研究提出优化方案 EU2-3,开挖总土方量约为 1 050 万 m³,见表 2-18。

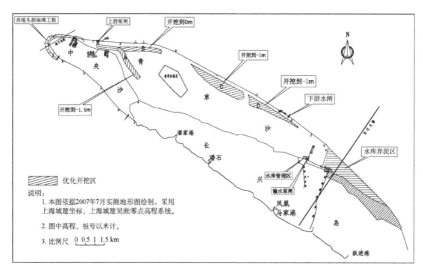

(a) 初拟库区开挖库型方案

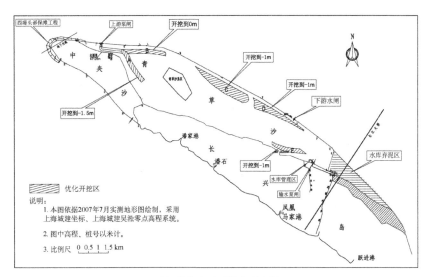

（b）优化库区开挖库型方案

图 2-33 库区开挖库型方案

表 2-18 库区开挖方案

模拟方案	中央沙库区	青草沙库区	水文条件	季风
EU2-1	不模拟	不开挖	非咸潮期	无风
EU2-2	不模拟	初拟开挖库型方案	非咸潮期	无风
EU2-3	不模拟	优化开挖库型方案	非咸潮期	无风

非咸潮期,在正常调度运行条件下(方案 EU2-1),见图 2-34,库区将出现 3 个明显的缓流区,缓流区水体同整个水库的混合稀释程度较小,利于藻类生长并于此富集,叶绿素 a 浓度明显高于其他水域,缓流水域达到富营养化水平。

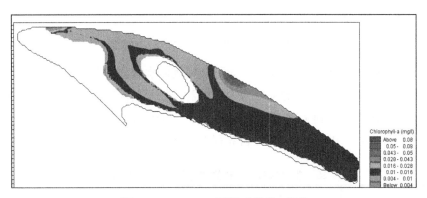

图 2-34 EU2-1 夏季叶绿素 a 均值

水库实施局部疏浚引流后(方案 EU2-2),见图 2-35,库区 3 个缓流区范围明显减少,夏季叶绿素 a 高于 16 ug/L 的面积为 3.34 km²,见表 2-19,整个水库的混合稀释程度相对较好,叶绿素 a 浓度明显低于方案 EU2-1,整个库区可以控制在中-富营养化水平。

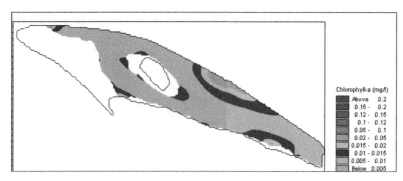

图 2-35　EU2-2 夏季叶绿素 a 均值

进一步实施疏浚引流优化方案后(方案 EU2-3),见图 2-36,水库原有的 3 个明显滞留区基本消失,夏季叶绿素 a 高于 16 ug/L 的面积仅为 0.9 km²,见表 2-19,无论面积和浓度值都远远低于前面两个方案,全库区整体可以控制在贫-中营养化水平。

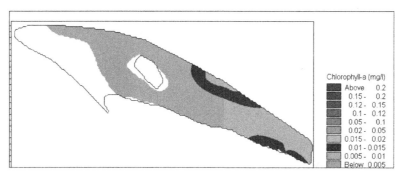

图 2-36　EU2-3 夏季叶绿素 a 均值

表 2-19　各方案叶绿素 a 平均值(夏季)统计结果

方案	Chl-a>43 ug/L 的面积(km²)	Chl-a>16 ug/L 的面积(km²)	Chl-a<16 ug/L 的面积(km²)
EU2-1	0.26	3.96	44.43
EU2-2	/	3.34	45.50
EU2-3	/	0.90	48.14

表 2-20 为方案 EU2-1、EU2-2、EU2-3 下非咸潮期水库整体营养化趋势预测及评估结果。对于 EU2-1 方案,以水库中总氮和总磷的浓度作为水库营养化评估标准,水库处于富营养化标准,而在该方案下水库中叶绿素 a 浓度也达到了中-富营养化程度。而对于 EU2-2 和 EU2-3 方案而言,其库区水体中叶绿素 a 浓度分别处于中营养和贫-中营养程度,均低于 EU2-1 方案。

表 2-20　非咸潮期水库整体营养化趋势预测及评价结果

方案		EU2-1	EU2-2	EU2-3
		非咸潮期	非咸潮期	非咸潮期
总氮 (mg/L)	均值	2.15	2.11	2.09
	范围	1.7~2.8	1.7~2.6	1.6~2.5
	评价	富营养型	富营养型	富营养型

（续表）

方案		EU2-1	EU2-2	EU2-3
		非咸潮期	非咸潮期	非咸潮期
总磷（ug/L）	均值	120	120	115
	范围	50~184	50~166	50~150
	评价	富营养型	富营养型	富营养型
叶绿素a（ug/L）	均值	11	8	6
	范围	2~188	1~36	1月30日
	评价	中-富营养	中营养	贫-中营养

根据以上叶绿素a浓度空间分布、叶绿素a浓度的阈值面积统计以及营养化趋势评估结果分析,可以得出EU2-3开挖方案之后,水库中叶绿素a浓度无论是在阈值面积,还是在营养化趋势评估结果上都优于其他两种方案,因此,青草沙水库疏浚引流方案采用EU2-3方案。

2.5.2.3 生物调控措施的水质改善效果分析

非咸潮期的富营养化模拟结果表明,正常调度方案和正常气象条件下,中央沙水域水力停留时间过长而导致水体富营养化程度远高于青草沙库区,因此,发生"水华"的风险也远远高于其他库区。借鉴陈行水库和宝钢水库的经验,通过构筑"浮游植物→浮游动物→鱼类→人工捕捞的食物链关系"的生物控制措施来防治中央沙库区和青草沙局部滞流水域的富营养化问题。

利用生态动力学模型,进行各种鱼类放养密度和沉水植物种植密度方案的模拟(表2-21),叶绿素a的模拟结果见图2-37、图2-38。

表2-21　中央沙库区和青草沙局部水域生物控制方案

模拟方案	鱼类放养密度(g/m²)	沉水植物种植密度(g/m²)	水文条件	季风
EU3-1	5	0	非咸潮期	东南季风
EU3-2	4	500	非咸潮期	东南季风

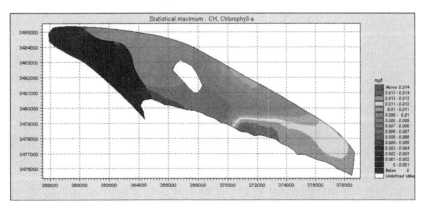

（a）最大值

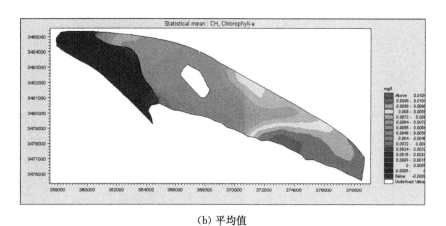

(b) 平均值

图 2 - 37　EU3 - 1 叶绿素 a 模拟结果

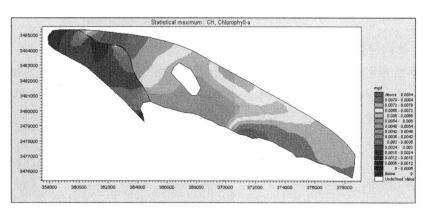

(a) 最大值

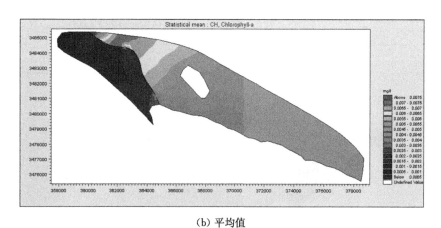

(b) 平均值

图 2 - 38　EU3 - 2 叶绿素 a 模拟结果

　　方案 EU3 - 1 和 EU3 - 2 中,库区的叶绿素 a 的最大浓度均不超过 0.010 mg/L,叶绿素 a 的平均浓度不超过 0.005 mg/L,两个方案都可以大大降低中央沙库区的富营养化水平,将库区的富营养程度控制在中营养水平,见表 2 - 22。

表 2-22 各方案中央沙水域主要指标模拟结果

指标 方案	无机氮		无机磷		叶绿素 a	
	最大值	平均值	最大值	平均值	最大值	平均值
EU1-2	2.0	1.8	0.11	0.06	0.035	0.015
EU3-1	2.14	2.0	0.13	0.10	0.007	0.003
EU3-2	0.9	0.7	0.02	0.01	0.006	0.003

2.6 水库总体布局、取水方式及节能调度运行方案

2.6.1 水库工程总体布局论证

青草沙水库工程总体布局主要涉及水库坝线布置和取(排)水口位置选择。

2.6.1.1 水库坝线布置

推荐的水库坝线布置见图 2-23。

2.6.1.2 取(排)水口位置选择

1) 取水口选址

水库取水口位置选择以能取到优质原水并保证取水口安全为主要原则。在确定取水口位置时,须综合分析工程水域河势、地形、水文、咸潮入侵与水质等多种因素,同时结合水库库型、输水口选址、库区流态等条件,考虑库内水质自净和水质保持的效果最佳。

(1) 取水口水域水质。青草沙水域水质优良,在水库库址确定的条件下,取水口应选址在水质更优的水域。长江口主流是一个天然屏障,阻隔了长江南岸的污水向北扩散,因此处于江心的青草沙水域水质明显优于长江口南岸边滩。根据 20 世纪 90 年代长江口有关水域和青草沙水域长期全面系统的水质监测及其评价结果,并通过 2004 年对青草沙水域主要水质指标验证,青草沙水域水质总体上属Ⅱ类,符合《地表水环境质量标准》(GB 3838)标准中城镇集中式饮用水水源地一级保护区的水质要求。依据 Ames 检验结果,致突变性在北港基本上均为阴性,南港阳性率为 87.5%。从其他水质指标来看,北港的水质一般也优于南港。因此就水质而言,水库取水口以布置在北港为优。

(2) 取水口咸潮入侵。根据长江口咸潮入侵规律研究成果,长江口南支水域氯化物浓度峰值纵向分布呈现两头高、中间低的马鞍形,石洞口至青草沙水域氯度最低。取水口位置一般选在咸潮入侵影响小的区域。研究表明,总体上南北港氯化物浓度相差不大,但工程水域氯化物浓度沿纵向分布变化较大,工程江段上游区域最长连续不宜取水天数明显要比下游区域小,因此取水口位置在工程许可条件下尽可能上移。

(3) 取水口河势稳定性。稳定的河势是取水口建筑物安全和可靠取水的基本条件。河床演变分析表明,在落潮水流作用下,南支下段各分流沙嘴和中央沙嘴的下移速度有准同步的关系,即中央沙嘴下移速度快,其他各分流沙嘴下移速度亦快;中央沙嘴下移速度慢,其他各分流沙嘴的下移速度亦慢。因此,稳定中央沙嘴,就可能遏制或减缓各沙嘴的下移速度。中央沙和青草沙水库实施后,中央沙头部得以固定。中央沙嘴稳定后,新桥通道也将稳定,新南沙头的下移同时受到限制。特别是实施新浏河沙护

滩工程和南沙头通道限流工程后,南北港各分流通道及沙体的稳定将得到有效保证,新桥通道稳定的优良河势将得到进一步巩固。

(4)取水口选择意见。鉴于北港上游进口江段新桥通道水质相对较优,且受咸潮入侵影响相对较小,同时根据河床演变分析,在实施青草沙水库工程后,可保障目前新桥通道河势的稳定,进一步实施新浏河沙护滩工程和南沙头通道限流工程后,南沙头通道—新桥通道良好轴线走向可得到根本保证,从而可确保取水口位置的河势稳定,取水口工程安全是有保证的。综合河势、水质和咸潮入侵等因素对取水口位置影响的分析,取水口位置设在青草沙水库西北端的新桥通道中部南侧(图2-39)。

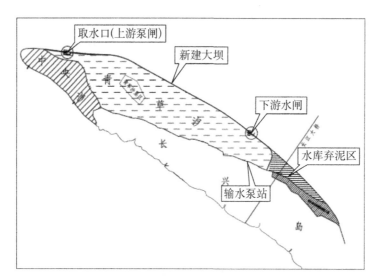

图2-39 青草沙水库泵闸工程位置图

2) 排水口选址

由于青草沙水库库容大,库型呈长条状,顺长江口方向长约20 km,如何维持入库水体不发生富营养化,是水库建设必须重点研究的关键课题。根据有关防治水库藻类过度繁殖库内水体合理停留时间的研究成果,同时考虑青草沙水库输水闸井位置选择等因素,拟定在水库的下游端设置另一个口门,与上游口门联合调度,一引一排,保证库内水体合理停留时间满足防治水库藻类过度繁殖的要求。由于水库下游段滩地低,为保证口门建筑物安全,节约工程投资,下游口门实际选址在水库坝线最下端以上约5 km处,见图2-39。数学模拟计算表明,取(排)水口位置及规模可以满足防治水库藻类过度繁殖库内水体合理停留时间的要求。

2.6.2 水库取水方式

目前,长江口南支南岸边滩建有3座避咸蓄淡水库,分别为陈行水库、宝钢水库、太仓水库,取水方式均采用取水头部与取水泵站相结合形式,在取水头部与泵站之间通过钢管连接。

宝钢水库于20世纪80年代兴建,供水规模20万 m³/d,水库有效库容为1 200万 m³;取水系统由蘑菇形全潜式取水头部及江中式取水泵房组成。为了避开近岸浅水污水带影响,取水头部设置在−5.0 m等深线外侧。陈行水库于20世纪90年代初建设,位于宝钢水库下侧,供水规模130万 m³/d,有效库容为860万 m³,取水工程布置与宝钢水库相似;太仓水库于2004年建成投产,供水规模30万 m³/d,水库有效库容为450万 m³,取水方式仍采用取水头部与取水泵站相结合形式,但与宝钢水库、陈行水库取水工程布置不同的是,取水泵房设于水库内,将库外取水和库内输水两种功能合二为一,采用垂直向上式喇叭管取水头部。取水头部位于长江-6 m 的等深线处。经调查,这些水库运行状况良好,取水水质均达到水质标准。

青草沙水库与上述 3 座水库不同,具有地理位置特殊、工程规模大等特点。青草沙水库设计总库容 5.24 亿 m³,水域面积 66.26 km²,库址处于江心,所在水域不受边滩污水排放影响。根据长江口水质与咸潮入侵规律分析成果,青草沙水域水质良好稳定,并且在长江丰、平水年全年以及枯水年汛期基本不受咸潮入侵影响。因此,针对不同的咸潮入侵期,可采取不同的取水方式。

1) 非咸潮期

由于青草沙水库水域水面存在周期性涨落的自然现象,在非咸潮期,水库可采用水闸自流引水方式,充分利用潮汐能,以达到节约大量电能、减少水库运行费用的目的。

2) 咸潮期

在咸潮入侵之前,采用泵站提水预蓄淡水满足咸潮入侵期间原水供应需求。因为长江口咸潮期咸潮实际上是以一波一波的形式入侵的,因此可在咸潮期氯化物浓度低于标准的可取水时间内用泵闸抢补淡水,充分利用淡水资源,确保咸潮期的供水安全。与前述 3 座水库水泵进水采用设置取水头部并通过钢管连接不同,经经济比选,青草沙水库水泵进水采用明渠引流的方式。

2.6.3 水库运行典型潮型分析

青草沙水域潮汐特性为非正规半日浅潮。受地形和长江径流影响,潮位、潮差和潮时沿程发生变化。潮位越往上游越高,潮波变形越向上游越大,因而潮差向上游递减,潮时自河口向上游涨潮历时缩短,落潮历时延长。日潮不等现象明显。根据青草沙水域附近堡镇站实测潮位资料统计,实测最高潮位为 6.03 m,实测最低潮位为-0.19 m,多年平均高潮位为 3.35 m,多年平均低潮位为 0.92 m,平均潮差为 2.43 m,平均涨潮历时 4 h 38 min,平均落潮历时 7 h 48 min。潮汐动力为水库的自流取水与换水提供了良好条件。潮汐潮位特征值见表 2-23。

表 2-23　潮汐潮位特征值

潮汐特征	石洞口站	堡镇站	高桥站
实测最高潮位(m)	6.05	6.03	5.99
多年平均高潮位(m)	3.33	3.35	3.29
实测最低潮位(m)	0.04	-0.19	-0.43
多年平均低潮位(m)	0.98	0.92	0.89
平均潮差(m)	2.15	2.43	2.40
最大潮差(m)		4.40	4.36
涨潮历时	4 h 31 min	4 h 38 min	4 h 50 min
落潮历时	7 h 52 min	7 h 48 min	7 h 34 min

注:潮位基面采用上海吴淞基面,下同。

根据工程区域潮汐特性以及调度研究的需要,调度研究的主要设计潮型有:汛期频率为 97%的连续 15 d 低潮位设计潮型;汛期频率为 50%的连续 15 d 低潮位设计潮型;非汛期频率为 97%的连续 15 d 平均低潮位潮型。

设计潮型以堡镇站为代表,根据堡镇站实测潮位资料系列,作频率分析,汛期频率为 97%的连续

15 d平均低潮位为 0.64 m;汛期频率为 50% 的连续 15 d平均低潮位为 0.83 m;非汛期频率为 97% 的 15 d平均低潮位为 0.41 m。设计潮型见图 2-40~图 2-42。

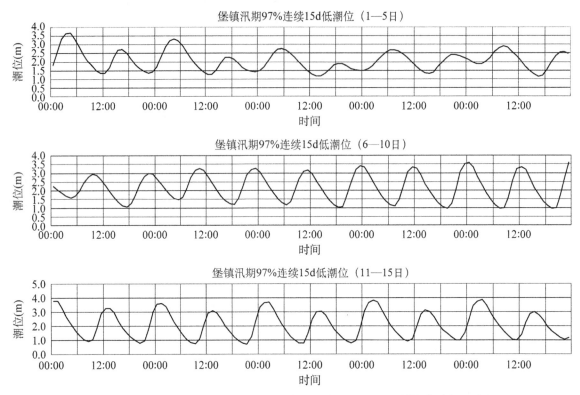

图 2-40　汛期(5—9 月)连续 15 d 平均低潮位出现频率为 97% 的典型潮位过程

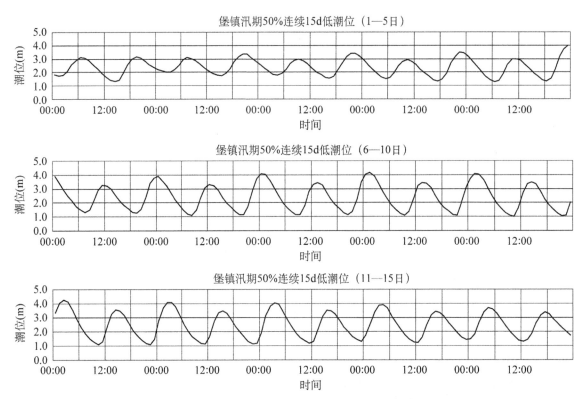

图 2-41　汛期(5—9 月)连续 15 d 平均低潮位出现频率为 50% 的设计潮位过程

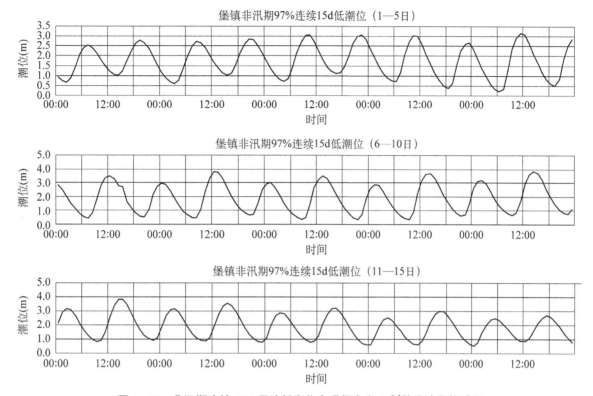

图 2-42 非汛期连续 15 d 平均低潮位出现频率为 97%的设计潮位过程

2.6.4 水库运行条件分析

1) 供水量及保证率

（1）正常工况供水。规划水平年 2020 年青草沙水源地受水区非咸潮期与咸潮期供水量分别为 719 万 m^3/d 和咸潮期 598 万 m^3/d，输水和制水损失率取 7%。根据规范要求，城市给水水源枯水流量保证率可采用 90%~97%。考虑到上海为特大型城市，设计保证率取上限 97%。

（2）应急工况供水。非咸潮期水库最小可供水量应满足长江遭受水污染等突发性事件时的供水需要。根据库外长江口水域水质模拟计算分析，库外长江口水域水污染事件发生后，约须经历 12 d 水质方可满足水库正常取水要求，即水库最小可供水量应满足长江遭受水污染等突发性事件时连续 12 d 供水要求。

2) 水质要求

青草沙水源地为上海市特大型城市饮用水水源地，出库水水质应满足《地表水环境质量标准》（GB 3838）Ⅱ类标准，出库水氯化物浓度不超过 250 mg/L。为防止非咸潮期库内水体富营养化，应控制非咸潮期水库水体换水周期。根据水质分析，为抑制水库藻类大量繁殖，将库区水体的叶绿素浓度控制在贫营养化或中营养化水平，非咸潮期水库水体的平均水力停留时间不宜大于 20 d。

3) 取水泵、闸功能定位

（1）泵站功能。咸潮来临前提水预蓄水避咸和咸潮期氯化物浓度低于标准的时段抢补淡水。

（2）上游水闸功能。以引水为主，在非咸潮期取引水和咸潮期氯化物浓度低于标准的时段抢引淡水，保证供水；同时在紧急情况下预降排水。

（3）下游水闸功能。以排水为主，在非咸潮期及咸潮末期进行排水，加快库内水体置换速度，改善水质；同时在汛末咸潮来临之前或咸潮期过后一段时间内，为加快蓄水，也可参与引水。

2.6.5 调度方案和数值模拟分析

2.6.5.1 背景分析

青草沙水库为避咸蓄淡型水库。根据分析，在10月至次年4月避咸蓄淡期间，青草沙水库大范围、长时间发生"水华"影响供水水质的概率较低。因此，青草沙水库在10月至次年4月期间高水位运行水质是有保证的。

根据宝钢（陈行）水库取水口1997—2007年实测氯化物浓度资料分析，见表2-24，枯水季节最早发生咸潮入侵时间在11月，其超标时间一般不大于8 d，咸潮入侵较严重时段主要发生在1—3月；根据青草沙水域1998—1999年、2002—2005年共4年枯水季节实测氯化物浓度资料分析，最早发生比较严重的咸潮入侵时间在12月8日（超标历时86 h），超标时间大于12 d咸潮入侵最早发生在12月19日（超标历时16 d 10 h），咸潮入侵较严重时段也主要发生在1—3月。

表 2-24 南支水源地枯水季节实测氯化物浓度资料统计

水源地	咸潮期	第一次氯化物浓度超标		超标次数	最长不宜取水天数(d)
		开始时间	持续时间(d)		
宝钢（陈行）水库	1997—1998	1997-11-19	2	2	2
	1998—1999	1998-12-6	6.5	8	25
	1999—2000	2000-1-25	2.5	6	5
	2000—2001	2001-1-12	7	7	7
	2001—2002	2002-1-3	6.5	9	9
	2003—2004	2003-11-27	5	9	10
	2004—2005	2004-11-16	3	8	5
	2005—2006	2006-2-4	4	3	6
	2006—2007	2006-11-7	7.5	9	8.5
青草沙水库	1998—1999	1999-1-6	27.5	5	38
	2002—2003	2002-12-8	4	7	4.5
	2003—2004	2003-11-30	0.5	12	13
	2004—2005	2004-12-7	1	9	16.5

由表2-24可见，除2006年枯季咸潮入侵最早发生在11月上旬，其余年份最早发生在11月中下旬。2006年枯季咸潮入侵最早出现时间较往年有所提前，主要与该年汛期来水较枯及三峡水库蓄水等有关。因此为保证供水安全，在遭遇特枯年份，水库预蓄水应在10月底以前完成。

为了预报咸潮入侵发生的可能起始时间及强度，有关部门根据长江口氯化物浓度实时遥测系统和大通水文站流量测报系统两大平台，初步建立了长江口咸潮入侵预报模型，分短、中、长期对咸潮入侵发生的可能时间和强度进行预报。短期预报一般可提前一周左右对咸潮入侵发生起始时间进行较为准确预报，如目前陈行水库、宝钢水库就是采用短期预报方式进行水库运行调度；中期预报是指提前1个月左右预报咸潮入侵可能发生起始时间;长期预报则是指在汛中末期预报枯季咸潮入侵的强弱可能程度。

长江口咸潮入侵涉及长江来水、潮汐、河势、风速风向和人类活动等多种因素,其变化规律极为复杂,考虑到长江口咸潮入侵预报模型的研究现状,以及青草沙水库调蓄库容较大、提水预蓄时间较长等综合因素,拟定水库预蓄方式为中、短期预报相结合的方式。即根据中期预报在汛末判断当年枯季长江来水情况,相应判断枯季咸潮入侵可能程度,将当年枯季来水划分为枯水年、平水年和丰水年,则相应将枯季咸潮入侵影响程度划分为强咸潮入侵年、中等咸潮入侵年和弱咸潮入侵年。若判断当年枯季咸潮入侵为强咸潮入侵年,则在10月底以前将水库蓄至特定高程并预留一周泵提至最高蓄水位库容,然后根据短期预报情况,决定是否要在未来一周内蓄满库;若判断当年枯季咸潮入侵为中等咸潮入侵年或弱咸潮入侵年,则在11月中旬或11月底以前将水库蓄至特定高程,然后根据短期预报情况,决定是否要在未来一周内蓄满库。

2.6.5.2　调度方案

基于以上分析,重点拟定强咸潮入侵年的水库及泵闸调度运行方案,其中中等咸潮入侵年和弱咸潮入侵年可根据强咸潮入侵年方案拟定的时间节点相应顺延15 d或30 d,即在10月中旬或10月底开始预蓄水。

1) 非咸潮期

(1) 5—9月。主要采用水闸引、排水:当库外潮位比库内水位高时,上游水闸开闸进水,反之关闭;当库外潮位比库内水位低时,下游水闸开闸放水,反之关闭。

(2) 10月。通过泵闸联动预蓄水。10月初起,上、下游水闸只引不排,在水闸不能引水的时段启用水泵提水,将库内水位抬升至水泵设计运行水位6.2 m,并一直维持在该水位。再结合短期预报结果,在咸潮来临一周前将水库蓄至最高蓄水位。当水库预蓄水到6.2 m水位且短期预报咸潮来临时,可直接将水库蓄到最高蓄水位。

2) 咸潮期

(1) 11月至次年3月。通过水泵提水控制库内水位不低于6.2 m,并及时根据咸潮入侵短期预报预警将水库蓄到7.0 m。在氯化物浓度低于标准时段的可取水时间内,充分利用泵闸补引淡水。

(2) 4月。根据青草沙水域1998—1999年、2002—2005年共4年枯水季节实测氯化物浓度资料,以及青草沙水库取水口1978—1979年枯季三维计算氯化物浓度成果综合分析,4月最长连续不宜取水天数为7 d,最长超标总天数为13 d。因此,4月水泵不再补水,将利用库内存水供水,直至转为水闸运行。考虑到5月初期可能出现零星氯化物浓度超标时段(超标连续最长时间不大于5 d),4月底库内水位控制在3.0 m左右。

在具体调度运用时要依据工程运用指标严格执行。根据长江原水氯化物浓度监测系统监测成果,采用咸潮入侵中短期预报模型及时预报,进行优化调度。同时根据水质监测成果,及时换水,避免水库富营养化,满足供水水质要求。

2.6.5.3　数值模拟分析

根据"水华"发生所需的条件,非咸潮期水温较高,水库出现"水华"的可能性较大。在10月至次年4月避咸蓄淡期间,水温较低,青草沙水库大范围、长时间发生"水华"影响供水水质的概率较低。在前述章节中已采用青草沙水库生态动力学模型对调度方案水库富营养化趋势进行了模拟研究,以下重点对非咸潮期调度方案有关换水周期20 d要求等进行数值模拟计算分析。

1) 换水周期 20 d 要求

根据非咸潮期 5—9 月水闸调度运行方案,选取能基本反映非咸潮期水闸运行平均水文条件的汛期平均潮型作为计算水文条件,受水区域供水规模为 719 万 m³/d,相应原水输送综合损失率为 7%,采用水动力数学模型分析调度方案条件下水库水体水质点运动变化情况。

表 2-25 为上游闸下水质点的运动历时情况统计,图 2-43 为库区水质点运动轨迹图。从表中可以看出,从下游闸运动出库的水质点的百分比均在 70% 以上,从输水泵闸运动的水质点的百分比在 30% 以下,表明从上游闸的进水大部分由下游闸流出。水质点进出平均运动时间在 20 d 之内,符合水库藻类预防控制技术研究中提出的防治水体富营养化水库平均水力停留时间的要求。

表 2-25 上游闸下水质点运动历时情况统计

项　　目	从下游闸出库水质点	从输水泵闸出库水质点
百分比	71.3%	28.7%
最短运动时间	6.8 d	12.4 d
最长运动时间	24.2 d	28.8 d
平均运动时间	12.3 d	16.8 d

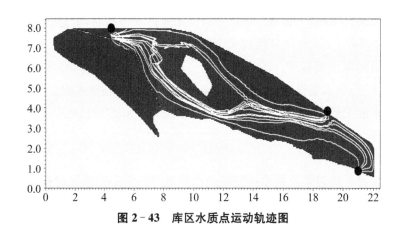

图 2-43 库区水质点运动轨迹图

2) 运行低水位和最少蓄水量要求

采用水动力数学模型对水库运行低水位进行分析,计算采用非咸潮期 5—9 月水闸调度运行方案,根据规范要求,选取频率为 97% 连续 15 d 低潮位引水设计潮型,作为分析水库最低蓄水位的计算水文条件。受水区域供水规模为 719 万 m³/d,相应原水输送综合损失率为 7%。计算表明,水库内最低水位为 2.07 m,可以满足当水污染等突发性事件发生后,非咸潮期水库库内最少蓄水量应满足 12 d 供水的要求。

2.6.6 节能调度运行原则研究

节能调度运行原则研究主要是针对不同咸潮入侵工况,在水库泵闸联合调度运行的基础上,在确保供水水量、水质安全情况下,根据工程区域的潮汐特性,分析取水方式,考虑高潮位、电价低谷期进行抢补水的可行性并拟定运行基本原则,以提高泵站取输水效率、节约运行成本。

2.6.6.1 咸潮入侵较弱工况节能调度

长江口南支南岸边滩目前已建陈行水库、宝钢水库、太仓水库等3座避咸蓄淡水库,由于咸潮入侵、边滩浅水区域水质等因素,这些已建水库取水方式均采用泵站取水形式。青草沙水库位于河口江心地区,根据大通水文站资料,多年平均径流总量为 9 004 亿 m^3,年平均流量为 28 500 m^3/s,最大年径流量为 1954 年的 13 590 亿 m^3,最小为 1978 年的 6 760 亿 m^3。即使在枯季,多年平均月流量也在10 000 m^3/s 以上。因此,长江口淡水资源量丰沛。根据工程区域水质分析,水体自净能力较强,水质相对稳定,水质一般能达到Ⅱ～Ⅲ类水标准,长江口南支全水域水质基本属于Ⅱ类,水质优良。

由于长江河口是感潮河段,在枯水季节易受咸潮入侵的影响,使局部河段的水体氯化物浓度超标,咸潮入侵是制约水库取水的主要因素。根据大通流量分析,2003 年属平水年,按工程区域咸潮入侵实测资料分析,2002 年 12 月至 2003 年 4 月取水口区域出现 5 次氯化物浓度大于 250 mg/L,出现时间相隔最短为 6.7 d,持续最长时间为 3.5 d,出现在 2 月,见图 2-44。据此分析,按日供水量 719 万 m^3 计算,氯化物浓度超标期间供水量为 2 516.5 万 m^3。青草沙水库最高水位按汛期平均潮位 2.20 m 计算,有效库容为 1.09 亿 m^3,能够满足氯化物浓度超标期间的供水需求。因此,青草沙水库在遭遇平水年的咸潮入侵较弱工况,根据潮汐特性,咸潮期亦采用水闸自流补引水入库具有可行性。

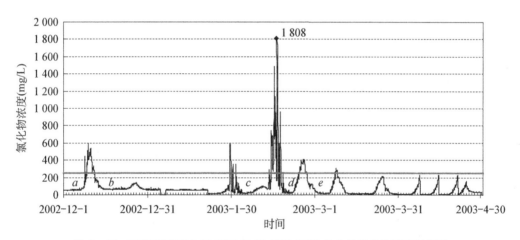

图 2-44 工程区域取水口 2002 年 12 月至 2003 年 4 月氯化物浓度过程线

青草沙水库最高水位按汛期平均潮位 2.20 m 计算,有效库容为 1.09 亿 m^3,按日供水量 719 万 m^3/d,可供水天数约为 15 d。按上游水闸净宽 70 m、闸底槛高程 -1.5 m,根据平均潮型计算,水库在正常供水情况下,通过水闸补水至 2.20 m,约需要 5 d。咸潮入侵较弱工况条件下,青草沙水库可利用潮汐特性,全年采用水闸自流入库的取水方式。非咸潮期水温较高,当取水闸外江潮位高于库内水位时开启上游水闸自流引水入库,当排水闸外江潮位低于库内水位时,开启下游水闸排水,以改善库内水体水质。咸潮期采用水闸自流引水,直接利用库内外水头差进行引水,有需要时可适当考虑开启下游水闸排水。

咸潮入侵较弱年份,采用水闸利用潮汐特性取水,相比已建项目相当于利用潮汐能代替水泵抽水,大大减少了运行能耗,节能效益显著。

根据非咸潮期频率为 50% 连续 15 d 平均低潮位设计潮型进行水库调节计算,采用拟定的取水方式与传统的泵抽水方式相比,非咸潮期可节约用电约 774 万 kW·h,折合可节约标准煤耗 2 624 tce(1 tce= 2.93×10^{11} J)。

2.6.6.2 咸潮入侵较为严重年份节能调度

根据工程区域实测氯化物浓度资料统计分析,1998年12月至1999年4月最长连续不宜取水大数达38 d,为有实测资料以来咸潮入侵最严重的年份。因此拟采用该年作为代表年,非咸潮期采取水闸补引,咸潮期在确保供水安全的前提下,分析泵高潮位抢补水和电价低谷期抢补水的可行性。

1) 高潮位补水

依据1998—1999年堡镇实测潮位及实测氯化物浓度资料计算,11月至次年3月平均潮位为2.01 m,在前述调度运行基本方案的基础上,限定泵站提水在外江潮位高于平均潮位情况下运行,计算表明该取水方案能满足水库用水要求。泵站平均运行潮位2.84 m。按供水量719×1.07万 m^3/d 计,则可节约用电约347万 kW·h,调节计算过程见图2-45。

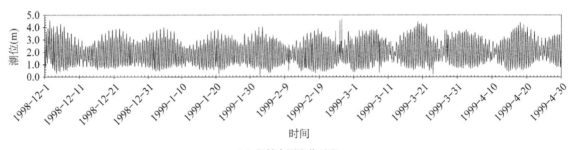

(a) 堡镇实测潮位过程

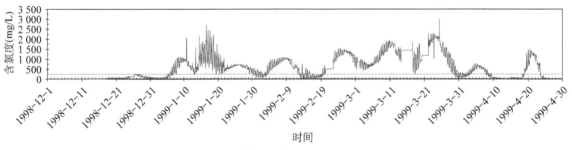

(b) 实测氯化物浓度变化过程

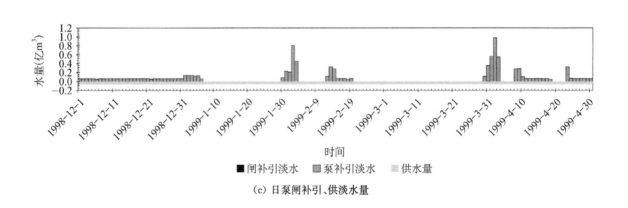

(c) 日泵闸补引、供淡水量

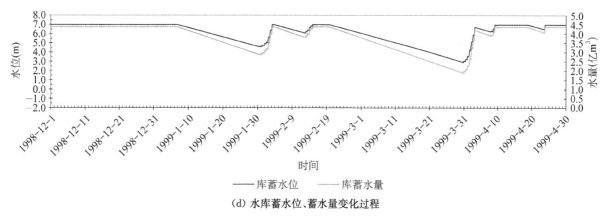

(d) 水库蓄水位、蓄水量变化过程

图 2 - 45 高潮位补水调节计算过程

2) 电价低谷期补水

根据上海电力规定,对居民小区、工商业及其他用电、农业用电等均按峰、平、谷三段制分时电价执行。峰、平、谷时段划分:峰时段(8—11 时、13—15 时、18—21 时),平时段(6—8 时、11—13 时、15—18 时、21—22 时),谷时段(22 时至次日 6 时)。

从减轻电网用电负荷高峰压力和节省运行费用角度,对青草沙水库错峰节能调度运行的可行性进行分析。主要考虑分析在咸潮期碰到咸潮入侵较为严重时期,泵站抢补水限定在用电低谷期的可行性和节能性。根据 1998 年 12 月至 1999 年 4 月实测潮位及氯化物浓度过程进行水库调节计算,计算结果表明(图 2 - 46),采用电价低谷期进行泵站提抢补水有一定的可行性。根据典型年计算结果,泵站引水量约 6.34 亿 m³,耗费时间 840.5 h,6 台泵(电机功率为 3 100 kW)耗电 260.56 万 kW·h,从峰谷电价差折算约节约费用 226.4 万元。

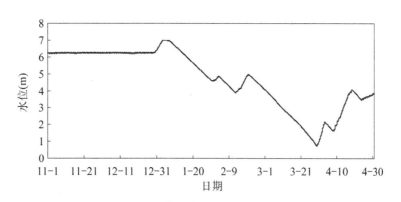

图 2 - 46 按用电低谷取水水库水位运行过程

以上分析表明,若遭遇咸潮入侵较为严重的年份,如 1998—1999 年咸潮入侵的情况,咸潮期在确保供水安全的情况下,采取高潮位补水或者用电低谷期进行抢补水,具有一定的可行性,节能效果也较为可观。鉴于咸潮入侵情况影响因素较多,目前技术水平无法较为准确地预测,因此,若是遭遇特枯水年(如设计典型年),咸潮入侵严重,建议调度过程一切以供水安全为先。

综合以上分析,"泵闸联动、自流为主"的节能调度运行方式与传统的水泵抽水方式相比,非咸潮期和咸潮期分别可节约用电约 774 万 kW·h、347 万 kW·h,年节电约 1 121 万 kW·h。此外,咸潮期水泵利用电网用电低谷抽水,还可节约运行成本。

2.7 水源地生态保护技术

2.7.1 生态环境调查与评估

1）工程建设前生态环境调查及影响评估

（1）水生生态。根据建库前开展的 2 期水生生态调查结果，工程水域水生生物多样性较高，水生生物群落结构较为复杂，物种丰富，水生生物生态类型主要以淡水性和趋淡水性为主，并混有近海低盐性、广温广盐性等生态类型。水域共有浮游植物 62 种、浮游动物 38 种、大型底栖生物 16 种和游泳生物（鱼类）24 种。同时工程及周边水域水产资源较丰富，是长江口凤鲚、前颌间银鱼等鱼类的产卵场、索饵场之一，也是经济鱼类（如刀鲚、鳗鲡苗等）和珍稀动物（如中华鲟等）的洄游通道。

青草沙水库的建设将束窄北港河宽，局部河槽加深、流速加快，从而束窄了中华鲟等种类的洄游通道，缩小了中华鲟幼鱼、凤鲚幼鱼等珍稀或经济水产种类的索饵场和产卵场面积，从而对这些水产种类幼鱼的生长和资源量的补充产生一定的影响，必须采取相应的生态修复措施，以补偿工程建设对水生生态的影响。

（2）陆生生态。工程建设区是长江口地区重要的鸟类栖息地之一。区域中共记录有鸟类 95 种，分属 11 目 22 科。其中列入《国家重点保护野生动物名录》的种类有 5 种，保护级别均为Ⅱ级；列入《中日候鸟保护协定》的有 62 种，列入《中澳候鸟保护协定》的有 33 种。

2）工程施工期生态环境调查及影响评估

施工期间在工程邻近水域开展了 3 期水生生态与渔业资源调查。根据调查结果，从种类数量上来看，工程建设施工期水生生物种类数量呈现下降趋势；从数量上来看，叶绿素 a 含量和浮游植物数量呈上升趋势，浮游动物数量、潮下带底栖生物和渔业资源呈下降趋势，由此可见，工程建设施工期对邻近水域的生态环境产生了一定的影响。为此，编制了《青草沙水库邻近水域生态修复专项》报告，制定了增殖放流、堤坝外侧水域生态修复实验研究、水生植物移植、渔业生产损失补偿、施工期以及运行期水生生态调查等工作。

3）工程建成后生态环境调查及影响评估

（1）水生生态。水库建成后开展的 2 期水生生态与渔业资源调查结果显示，水库周边水域浮游植物共 77 种，较工程建设前有所增加；浮游动物 29 种，较工程建设前略有减少；潮下带底栖生物 15 种，较工程建设前有所增加；鱼卵、仔鱼标本 2 目 3 科 3 种，较工程建设前有所增加；渔获物 16 种，较工程建设前略有减少。总体而言，工程建设前后水生生态环境基本保持一致，并未发生显著变化，水生生境略有改善。

根据水库库内水生生态调查结果，水生生物多样性较好，水库内藻类共 23 种、浮游动物 20 种、潮下带底栖生物 8 种、潮间带底栖生物 9 种、鱼类 29 种、鱼卵 21 个、虾类和蟹类各 2 种，表明水库已形成了比较完整的水生生态系统，结构稳定。

（2）陆生生态。水库建成后形成了中央沙、青草沙、北岸小岛和南岸西段等 4 块重要鸟类栖息地，同时水库建设增加了大面积明水面，从而增加了吸引雁形目等相对应鸟类群落的可能性。保滩工程的实施，可在库区周边尤其是北面大堤外侧形成新的湿地鸟类栖息地。根据观测，目前已经有新生沙洲发育，将吸引更多适合芦苇植被的鸟类以及鹭类等，假以时日将形成新的较佳的湿地鸟类栖息地。此外，由于水库的围绕,减少了人为干扰影响,更有利于鸟类的保护。

2.7.2 工程建设中的生态环境保护

1) 开展水生生态增殖放流,恢复水生生态

为了补偿工程建设对长江口水域水生生态系统和渔业资源的影响,制定了 5 年的增殖放流与养护计划。通过前期详细的调查与历史资料收集,初步掌握了青草沙水库邻近水域水生态环境及重要渔业资源的变化规律。同时针对刀鲚、凤鲚、暗纹东方鲀、中华绒螯蟹、安氏白虾等"五大鱼汛"开展了专项调查,查明了其种群结构、时空分布及生活史规律。在此基础上,建立了青草沙水库邻近水域生态修复信息技术社会服务平台,从而实现了长江口生态环境、重要渔业种质资源、生态修复措施及效果等的实时、动态监测和信息共享。通过对修复型物种的筛选,共选择包括种群恢复渔民增收、濒危物种补充和生态修复三大类 20 个品种,其中成熟放流品种超过 60%,放流苗种总数超过 2 亿尾(只),水域生物多样性得到提升。在中华绒螯蟹亲蟹放流中,运用了东海水产研究所发明的双标法(背部贴标和螯足套环)和自行研发的专用亲蟹放流装置,实现了我国首次采用专用装置实施亲蟹电动循环持续放流。

通过对增殖放流种类进行跟踪监测,了解增殖放流种类的生长状况和数量分布,评估增殖放流的效果,然后不断优化增殖放流方案。

2) 堤外水域生态修复

在水库堤外将高等水生植物或陆生植物栽植在生物浮床中,植物根系的吸收或吸附作用可以起到水体净化的目的。同时飘浮材料和植物可为鱼类产卵提供遮蔽物和附着基质,产卵基质和植物根系也可形成生物群落,为幼鱼索饵提供饵料生物,对鱼类,尤其是产黏性卵鱼类产卵、仔稚鱼索饵肥育具有重要作用。为配合鱼类人工产卵场建设,同时移植芦苇(10 t)、篦齿眼子菜(8 t)、狐尾藻(8 t)和菹草(5 t)等 4 种水生植物。

2012 年 4 月 27 日,进行了首批成熟鲫鱼亲本增殖放流,4 月 29 日检查发现鲫鱼亲本均已产卵且附着在棕片、水草根部等附着基质上。经统计,共产卵 500 余万粒,受精率和孵化率 60% 以上,孵出的仔鱼随后扩散到青草沙水库堤坝外邻近水域及长江大桥桩基附近,补充了该水域鱼卵及仔鱼数量。随后,分别于 5 月 9 日和 11 日实施了长吻鮠、黄颡鱼和鳊鱼亲本的增殖放流,均取得了良好的效果。

2.8 主要结论

(1) 长江口咸潮入侵受径流量、潮汐、地形、风应力、科里奥利力和口外陆架环流等的综合作用,具有显著的时空变化。其中上游淡水径流量和口外潮汐是长江口咸潮入侵最主要的影响因素。长江口南支水域氯化物浓度呈现两头高中间低的马鞍形平面分布形态。南港、北港上段上游水域(石洞口以上河段)的氯化物浓度主要受北支倒灌下移的盐水团影响,越向上游,氯化物浓度越高。而下游水域(外高桥以下河段)的氯化物浓度则主要受外海咸潮入侵的直接影响,越向外海,氯化物浓度越高。青草沙水域位于长江口南支氯化物浓度马鞍形平面分布的低谷区,是建设长江口避咸蓄淡水库的理想库址。

(2) 实测可取淡水概率分析结果表明,在丰水年和平水年,青草沙水域全年出现淡水概率接近 100%。在类似 2004 年的偏枯年,青草沙水域全年淡水出现概率为 81.6%,洪季 5—10 月为 99.2%。未来即使重现 1978—1979 年特枯年,青草沙水域洪季 5—10 月也有充足的淡水,各月淡水出现概率为 44.4%~100%;而对于枯季 11—12 月和 1—4 月,其淡水出现概率均低于 45%,最小月份为 2 月,淡水

百分比为 0。

(3) 青草沙水库设计采用系列较长的长江大通站枯季径流量(11月至次年3月)的统计频率作为枯水流量保证率。考虑到上海为国际型特大城市,青草沙水库枯水流量保证率取为≥97%。1978年11月至1979年3月枯水期平均径流量为 10 500 m³/s,是系列中最枯的时段,来水保证率约为 97.9%,因此选取 1978—1979 年枯水期为特枯年份代表典型年型。

(4) 鉴于工程水域缺乏代表典型年 1978—1979 年的实测氯化物浓度资料,因此采用实测资料相关分析和数学模型计算分析的技术手段,研究代表典型年最长不宜取水天数与代表典型年的氯化物浓度过程。青草沙水域的氯化物浓度既受南北港咸潮入侵的影响,同时也受北支咸潮倒灌的影响。青草沙水域氯化物浓度纵向变化较大,梯度明显,故取水口位置在工程布置许可的条件下适当上移较为有利。1978—1979 代表典型年枯季,水库水域受多次咸潮入侵影响而导致水体氯化物浓度超标。其中最长不宜取水时间出现在 1978 年 12 月 18 日至 1979 年 2 月 24 日,在长达约 68 d 时间内,青草沙水库取水口水域氯化物浓度均高于饮用水标准而不宜取水。

(5) 南北港分流口的新浏河沙、中央沙、扁担沙的三沙互动分合对南北港分汊口河段的河势演变产生重大影响,分流口显示出"周期性的冲淤进退与上提下移"的摆动规律。根据河势演变分析、数学模型和物理模型综合研究成果,复演和预测了各特定水文条件下中央沙和青草沙水域水库工程实施后的流场和河势变化情况,通过不同区域、不同断面和不同代表点上各特征量的定量统计和对比分析表明:目前南北港分流口形态良好,青草沙水域河势较为稳定,但南北港分流口河势已向不稳定发展过渡,处于"周期性的冲淤进退与上提下移"中的"冲"与"下移"临界点,而且发展势头在加快。因此当前是建库和南北港分流口整治的较好时机,否则自然河势将继续向不利方向发展。实施青草沙水库工程对长江口地区防洪排涝、南北港分流口河势、南北港河势、长江口深水航道、北港长江大桥主通航孔及长兴岛南岸重大工程无明显不利影响。工程固定了新桥通道的下边界,阻止了中央沙头的后退,为南北港分流口整治工程的实施创造了有利条件。根据综合分析,青草沙水库工程坝线布置方案在河势稳定性方面可行。

(6) 根据工程水域河势、地形、水文、咸潮入侵与水质等多种因素的综合分析,青草沙水库取水口位置设在水库西北端的新桥通道中部南侧。根据防治水库藻类过度繁殖库内水体合理停留时间的研究成果,同时考虑青草沙水库输水闸井位置选择等因素,在水库靠外江侧围堤下游端设置另一个排水闸,与上游引水闸联合调度,一引一排,保证库内水体合理停留时间满足防治水库藻类过度繁殖增的要求。

(7) 库内水力停留时间是控制青草沙水库藻类水华的关键控制因子。采用了藻类生长模型分析研究防止藻类过渡繁殖的水库合理停留时间。研究表明:为满足非咸潮期(每年5—9月)防治青草沙水库发生水体富营养化的要求,水库的平均水力停留时间不宜多于 20 d。

(8) 青草沙水库库型优化和疏浚引流是必要的,是防止藻类过渡繁殖和水体富营养化的措施之一。在正常调度运行条件下,非咸潮期水库库区局部区域将出现明显的缓流区,缓流区水体同整个水库的混合稀释程度较小,水流滞留明显,利于藻类生长并于此富集,叶绿素 a 浓度明显高于其他水域,缓流水域达到富营养化水平。实施疏浚引流优化方案后,水库原有滞留区基本消失,夏季叶绿素 a 均值高于 16 ug/L 的面积仅为 0.9 km²,全库区整体可以控制在中营养化水平。

(9) 足量、节能、保持入库水质,是青草沙水库蓄水、排水运行调度模式及构造物选型布置考虑的控制目标。在充分研究长江口潮汐、咸潮入侵规律和库内水流运动特征及入库水质演替过程的基础上,研究提出了泵、闸联合运行,上、下游水闸联合调度方案,并将取水口设于上游水库上游端,在下游段南、北两岸分别设置输水口、排水闸,可以有效地改善青草沙水库库内水质。同时,研究提出的取水方式首次摆脱了以往避咸蓄淡水库单一仅靠泵站取水的模式,充分利用潮汐动力,分时利用水闸取水、抢水,大大减少了水库的运行能耗,节能效益十分显著。

（10）针对长江口水生生态系统特征,开展修复型物种筛选培育,实施了水生生态增殖放流,共放流包括种群恢复渔民增收、濒危物种补充和生态修复3大类20个品种的苗种超过2亿尾（只）。构建了青草沙水库邻近水域生态修复信息技术社会服务平台,从而实现了长江口生态环境、重要渔业种质资源、生态修复措施及效果等的实时、动态监测和信息共享。

3 大型潮汐龙口设置及截流成套关键技术

3.1 概述

3.1.1 研究背景

龙口是水利水电工程河道截流或围(填)海工程圈围造陆在建造实施过程中的一个临时构筑物,但却是十分重要和关键的构筑物,其设置是否合理,能否成功截流往往决定了整个工程的成败。龙口的主要作用是在水域建造堤坝过程中为水体的进出暂留通道,便于龙口以外的堤坝段顺利建筑。在工程最后阶段采取工程措施将水体进出通道截断封闭,则称为龙口截流。

在河流、河口及近岸海域不同的水体中,由于地形地貌、水动力、地质基础和实施条件等方面的不同,龙口在设置、防护和截流上有明显不同。与大江截流相比,潮汐河口上圈围工程大型龙口的截流,因其软土地基、高流速往复流和船机作业等特点,而有很大不同。在长江河口青草沙水域进行大规模水库堤坝建设,龙口的设置面临 4 大挑战:一是新圈围库区面积大,达 49.8 km²,围区涵蓄水量巨大,平均潮位 3.2 m 以下围区水量约有 3.5 亿 m³;二是圈围大坝坝线长,沿程地形地貌变化大,河床表层沉积物以粉砂质黏土为主,抗冲能力低,新建 23 km 长的围堤在上游将穿过外沙内泓的青草沙浅水沙洲,从中游至下游将穿过长兴岛北沿涨潮沟,水下地形逐渐变深,由 −3 m 渐变至 −12 m;三是在自然条件下,工程水域受潮汐往复流和风浪影响显著,围堤和水流、地形相互作用,不仅对工程结构的可靠性带来新要求,也增加了水上施工作业的难度;四是工程区域为软土地基,承载力低,对筑堤材料和施工工艺都提出了特殊的要求。

青草沙库区龙口的设置、防护和截流,涉及五大关键技术问题:一是大库区长坝线上的龙口应设置在何处合理,设几个、规模多大才合适;二是如何准确地预测设计标准下的龙口潮周期过程动态水力参数;三是采用何种结构对设计水力参数下的龙口进行设置和保护;四是采用何种结构形式对设计水力参数下的龙口进行截流;五是采取什么样的施工工艺和方法保证施工安全可靠地实施。

3.1.2 龙口与截流技术现状

3.1.2.1 大江大河截流技术

水利水电工程中的河道截流研究历史较长,研究成果也较为丰富。人类在河道截流工程实践中总结经验和教训,在理论与实践上真正取得进展是从 20 世纪 30 年代开始的。1930 年,伊兹巴什(Isbach)第一次在戈尔瓦河进行了截流模型试验,接着在菲克河、杜罗门河第一次成功地实施了人工抛石截流筑坝。1932—1936 年,伊兹巴什在此基础上发展了流水中抛石筑堤的理论,提出了水流中抛石的稳定系数。1949 年,他又对平堵截流提出了有指导意义的设计理论和计算方法。因此,20 世纪 40 年代以前,国外几乎都是采用平堵法截流,抛投料也由普通的块石发展到使用 20~30 t 重的混凝土四面体、六面体、异形体等。

1940 年 10 月,苏联首次在舍克纳斯河的耳滨斯克 5 号坝址处采用立堵法截流,使用 5 条线皮带机运料抛投。由于重型施工机械的发展,立堵截流开始有了发展。1951 年后,美国广泛采用了立堵法截流,并成功地采用了双戗堤法截流。同时截流理论方面的进展也很大,集中体现在伊兹巴什撰写的《截流水力学》专著上。

进入 20 世纪 60 年代,截流方法的发展很快,双戗堤截流、宽戗堤截流等的成功应用,已将截流最大落差提高到 8.0 m 以上。70 年代截流流量突破了 8 000 m³/s。进入 90 年代以来,大江大河截流的理论与实际水平跃上了一个新高度,中国长江三峡工程大江截流打破了 3 项截流世界纪录,即截流流量突破 10 000 m³/s,龙口水深突破 60 m,抛石强度突破 194 000 m³/d,在世界截流史上写下了光辉的一页。

截流工程实践在我国已有千年的历史,在黄河防汛、海塘工程和灌溉工程上积累了丰富的经验,如利用捆厢帚、柴石枕、杩槎、排桩截流等,就地取材,因地制宜,经济实用。中华人民共和国成立后,我国水利建设发展很快,江淮平原和黄河流域的不少截流堵口、导流堰工程都是采用这些传统方法完成的。此外,我国还广泛采用了高强度机械化投块料截流的方法。我国在海河、射阳、新洋港等潮汐河口修建断流坝时,采用柴石枕护底,用捆厢帚进占合龙,在软基截流上采用平立堵结合的方法,取得了成功的经验。现在,在潮汐河口地区则广泛采用软体排护底,抛石或袋装砂水力充灌平堵截流。

1) 国内外常用的截流方法

国内外水利水电工程大流量河道的截流方法,可归结为立堵和平堵两大类。河道截流基本方法为立堵推进法,较少采用平堵、定向爆破及下闸等方法,这也是历史上传统的施工经验在现代施工条件下的发展。这种方法的突出优点是施工简便,没有(或很少)水上作业,尤其在使用大型土石方施工设备(挖掘机、推土机、汽车等)日益普遍的形势下,立堵截流几乎已具有不可替代的地位。这种方法的缺点主要是龙口束窄过程中,水流落差加大,造成流速、单宽流量和能量迅速增加,对堤头及河床造成强烈冲刷。另外,在深水截流过程中,立堵进占可能造成堤头较大面积失稳坍塌现象,危及施工机械和人身的安全。这些缺点在具体的工程中可用平抛垫底和护底的方式解决。近年来,尽管我国有二滩等工程采用了架桥平堵的截流方法,但在大多数工程上没有进一步推广应用,主要是其准备工作量(栈桥、浮桥等)太大,在通航河道上尤其难以采用。葛洲坝工程截流可作为我国立堵进占方法的代表,它的主要技术指标如流量、龙口落差、流速、单宽能量、龙口抛投量及强度等在国内外工程实践中也是罕见的。该工程在设计过程中曾比较过浮桥平堵、栈桥平堵、单戗立堵和双戗立堵 4 个方案,最后选定了单戗立堵方案。

目前,国内外常用的截流方法有以下几种。

(1) 戗堤截流法。包括立堵、平堵和平立堵结合。立堵有单戗(如丹江口、龙羊峡、漫湾、三峡大坝等工程),双戗(如白山、隔河岩、阿尔本尼、大约瑟夫工程、三峡导流明渠等工程),多戗(如伊泰普、卜博拉萨等工程)及宽戗(如达勒斯、奥阿希、葛洲坝等工程);平堵有栈桥(如大伙房、铁门、布拉茨克等工程),浮桥(如占比雪夫、伏尔加格勒等工程)及缆运(如麦克纳尔工程);平立堵结合则有如铁门、布拉茨克、达勒斯等工程。

(2) 瞬时截流法。包括定向爆破(如碧口、比克奈特、努列克等工程)、浮运沉箱(如威尔斯戈特、劳威尔等工程)、下闸截流(如乌江渡、三门峡、鬼门河、郎斯等工程)及预制混凝土块体截流等方法。

(3) 无戗堤截流法。指直接修建围堰的截流法,常见有钢板桩格仓(如骨塔基工程)、木笼围堰(如新安江工程)和水力冲填(如兰德尔堡、劳博萨雷等工程)等方法。

通过对国内外截流技术发展的研究,目前常用的几种截流方法都有不同的特点,建设项目应根据自身的自然条件和特点,选择不同的截流方法。

浮桥平堵是苏联 20 世纪 40、50 年代采用较多的一种截流方式,该方式适合在水头 3 m 以下、流速 4 m/s 以下的河道截流,而且架浮桥技术难度大,设备昂贵,且与通航发生干扰,目前已较少应用。

栈桥平堵施工较安全,技术把握性较大,可用于大流量(1 000 m³/s 以上)、高落差(3.5 m 以上)的河道截流;但栈桥施工工期长,投资也大,且与通航发生干扰。

随着大容量、高效率挖装运输机械的普遍使用,在河道截流工程中一般首选单戗立堵方法,它施工快速简单、投资小、干扰少。对于截流最终落差 3.5 m 左右、龙口最大流速 7 m/s 左右的截流工程,只要采取可靠技术措施,配备足够的大型施工机械,单戗立堵仍然有把握顺利截流。

当落差(4 m 以上)和流速(8 m/s 以上)过大时,一般可重点研究双戗立堵截流方案。但我国工程实践表明,双戗堤截流技术复杂,第二道戗堤并不总能很理想地分担截流落差和能量,因此还应从另一角度研究加大导流建筑物分流能力的可能性,进行综合比较确定。

在将单戗立堵作为主要截流手段条件下,还应充分发挥河床中平抛、瞬间封堵等手段的辅助作用,尤其是预平抛石料的作用十分明显,它既可保护河床增加糙率,也可减少水深,提高戗堤进占稳定性,几乎是每个立堵截流工程都要采用的基本措施。漫湾水电站在最后合龙的困难时段,采用瞬时放倒铅丝笼塔堵口,大大减轻了截流难度;碧口水电站利用定向爆破截流,有条件的工程也可参考采用。

下闸截流方法在三门峡和乌江渡工程中曾成功采用,可克服 7 m 以上的截流落差,但这种方法须具备建造截流闸的地形地质条件,一般难以成为普遍采用的截流方法。

2) 目前的截流技术措施

(1) 减小龙口流量、流速、落差以及改善流态等水力要素。减小龙口流量目前主要是采用导流明渠或隧洞等方法,创造良好的分流条件;增建截流闸;堤下埋管或用框架作抛料、增大戗堤透水性,加大渗流量等。

减小龙口流速,目前采用宽戗堤增加龙口的沿程阻力,减缓龙口比降,如密苏里河奥瓦赫工程(截流最大流速 8.8 m/s)戗堤宽 273.0 m,增加龙口宽度进行平堵,可减小流速。伏尔加格勒电站龙口宽度为 300 m,我国葛洲坝截流龙口宽度为 220 m。沿海地区围垦工程在龙口外侧抛拦石坝,可降低潮水进出龙口的流速。

在减小落差方面,目前采用双戗堤和三戗堤截流方案以分散落差。

(2) 增加基础抗冲能力。为保护软基河床或覆盖层免遭冲刷,一般采用护底。目前护底材料常用铅丝笼块石(宾格网)、合金网兜石、块石、混凝土软体排及柴石枕护底等。

（3）提高抛投料的抗滑稳定性。为增加河床抗滑稳定性,目前采用在龙口预抛各种块料加糙河床,形成拦石坝;设置钢管拦石栅或块石串等。

增加块体自重的方法有:采用重型混凝土块体,如葛洲坝工程用 25 t 混凝土块;大单位重石料(如布拉茨克工程用 3 t/m³ 的辉绿岩块);各种石笼(如葛洲坝工程用 3 t 钢筋笼);块串(如漫湾电站 15 t 四面体或铅丝笼双串),甚至采用巨型混凝土沉箱。采用有利于稳定的异形体,如重心低的四面体等。采用高强抛投,用重型机械快速抛投,充分利用抛料的群体作用,迅速实现截流。

3.1.2.2　潮汐区圈围截流技术

在沿海修筑海堤围割部分海域的工程称为围海工程,主要目的是挡潮防浪、控制围区水位,满足农垦、制盐、蓄淡、养殖、海岸防护等要求。中国早在汉代已有小规模的围海,唐代与宋代时江苏、浙江沿海农业和盐业日益发达,围海规模逐渐扩大,出现了百里长堤。随着历史的发展,人类对海岸滩涂资源利用的需求逐渐增加,加速了围海事业的发展,发展速度较快的国家有荷兰、日本等,如荷兰的须德海围垦工程、三角洲计划、瓦典海计划;日本的有明围垦、谏早围垦、利根川堵口工程等。近 30 年来,我国沿海各省市围海数百万亩,围海工程技术也逐渐得到发展。

围海工程修建围堤时,通常在堤线上预留一个或几个口门,让潮水自由吞吐,称为龙口。待海堤填筑出水达到一定高度时,封堵这些龙口,称为堵口或截流,圈围大堤的截流是一个关键技术。潮汐区截流不同于大江大河截流,受潮汐的影响,龙口上方的水流是双向的,水流相对江河的截流更复杂,同时,潮汐携带的巨大能量也对龙口的保护提出了一定的要求。

20 世纪 50 年代初期的围海堵口主要是继承传统方法,采用木桩、塘柴等材料,用立堵法堵口。这种方法一般只适用于高滩浅港,不适用较深的堵港工程。50 年代中后期以来,广泛采用大块石作为堵口材料,但堵口失败的事例仍然很多。60 年代开始,在总结经验的基础上,进行围海堵口问题理论上的分析研究,逐渐形成一套堵口截流方法。但随着围海工程的持续,围海的位置必然将向中、低滩发展,与以往中、高滩圈围相比,龙口截流水力条件将更加恶劣,对龙口保护以及截流的要求更高。

目前,潮汐区圈围常用的截流方法主要有抛石截流、水力填充截流以及两者相结合的方法。也有国家采用瞬时截流法,如荷兰采用浮运水闸式沉箱到龙口定位沉放的堵口方法,但这种方法定位沉放需较长的平潮时间,只能在潮差较小的海域中使用。

抛石截流主要用在龙口规模大、堵口过程中龙口水流流速大的工程。抛石截流法也包括平堵、立堵和平立堵结合 3 种方法。

（1）平堵是指从龙口底部逐层向上抬高堆石潜堤。初期龙口底槛较低,水流为淹没出流。在底槛升高过程中,流速逐步加大,至槛顶达某一高度,流态从淹没出流过渡到自由流时,流速达最大值,以后随着底槛高程上升,流速反而逐渐减小。平堵时水流分散,水力条件较好,不仅最大流速较小,而且只要上下游有足够的水垫和适当的保护,对基床的冲刷也不严重。平堵时逐层加高,对软基为逐步加荷间歇施工,有利于地基的固结和堤身的稳定。因此,在有条件时应尽量采用平堵法施工。我国目前平堵一般采用船舶抛投。

（2）立堵是指从龙口两侧或一侧堤头进占缩窄口门。立堵时由于口门逐步缩窄,龙口流速逐渐增大,立堵水流较集中,尤其当口门窄而深时水力条件恶化。根据我国沿海潮汐条件,堰顶最大流速可达 7～8 m/s。这时采用普通块石堵口已无济于事。这种流速很大的集中水流,对基床和堤头的冲刷力很大,要保护好基床和堤头不被冲刷也很困难。因此,在围海堵口中,一般不宜采用立堵法堵口。

（3）在围海堵口中，平堵和立堵往往是结合使用的。平堵时龙口水力条件和地基稳定条件较好，但立堵能发挥陆上施工力量的作用。恰当地采用平立堵相结合的方法，合理地拟定堵口程序，可以扬长避短，回避不利水力条件，而且有利于地基稳定和龙口防护，有利于发挥陆上和水上施工的作用。

围海工程中的水力填充截流方法是指以水力吹填管袋为主要材料的截流方式，通过对布置在龙口的充泥管袋充填来逐步抬升龙口底高程，最终实现截流闭气，如上海南汇东滩促淤圈围四期工程。这种方法主要依赖于充泥管袋的织布强度，对高速水流需要高强度的织布材料。因此，这种方法一般适用于龙口规模较小、截流过程中龙口流速较小的工程，特别适合高滩圈围。上海地区的圈围工程中有很多成功的经验，如上海化学工业园区圈围工程、崇明北沿圈围工程等。

遇到龙口规模较大的情况，可以采用抛石与水力充填相结合的方法来截流，一般先在龙口外侧抛石减缓水流流速，再在龙口采用水力充填方式进行截流闭气，如上海南汇东滩圈围造地工程。

与江河截流不同的是，潮汐区圈围工程的截流需要选择合适的时机实施截流，如在上海地区，通常选择枯季的小潮汛时期，此时潮差小，围内外水位落差小，龙口上流速较小。但是小潮汛时期持续时间只有三四天左右，这就要求龙口的截流闭气能够一气呵成，需要做很多截流前的准备工作，包括保留合适宽度和底高程的龙口状态、做好龙口护底工作等。

随着数值模拟技术的不断发展，数值模拟也越来越多地被应用到潮汐区圈围工程的截流工程中，数值模拟的结果可为截流过程中的龙口宽度和高程等的设置提供技术指导，成为辅助龙口成功截流闭气的一种重要技术手段。

3.1.3 主要研究内容和技术路线

针对青草沙水库工程的条件和特点，就龙口设置、防护和实施过程中的重点和难点，青草沙水库工程龙口设置及截流主要分析研究以下 4 个方面的关键内容。

1) 大型潮汐围区龙口设置

结合工程区地貌形成及维持机理和筑堤实施顺序研究，提出库区分仓与水库龙口布置方案；研究确定不同阶段合理的龙口设计标准及相应的水文参数；利用数学模型分析比较龙口在保护期、收缩期和截流期的水流特征，并结合筑堤与合龙施工组织和工程经济性，提出库区分仓与龙口布置及规模。从水流水动力、施工组织和技术经济等角度比较确定库区分仓方案；比较分析确定适应不同地形、具有不同的水力特性和风险特征的北侧堤坝多龙口方案、北侧堤坝双龙口方案和东侧堤坝深槽龙口选址方案，以及保护期和合龙期的龙口规模。

2) 大型潮汐龙口的水力特性研究与截流预报

探讨定量揭示潮汐河口超大规模高流速水力特性的研究方法或集成技术；通过数学模型和物理模型试验，研究潮汐河口大型龙口的水力特性；研究新型合龙工艺的水动力特征，合理选择合龙和截流时机；研究施工现场龙口水力特性跟踪分析和短时预报技术，并应用于龙口合龙施工过程中。

3) 大型潮汐龙口的保护结构与截流工艺

针对确定选址和规模的龙口，研究适应不同阶段水力特性和施工能力的龙口在保护期和截流期龙口结构设计的关键技术，并在此基础上研究适合本工程特点的截流合龙的施工组织与控制要求。重点研究超高流速深槽大型龙口的护底结构、材料、构筑工艺以及截流工艺、结构等内容。研究软基大型深槽龙口护底结构与构筑工艺及质量控制技术;研究新型截流坝结构与截流工艺,并提出截流施工组织与节点控制技术要求。

4) 大型潮汐龙口截流施工关键技术

青草沙水库工程的最大难点是东侧堤坝主龙口在高流速状态下进行护底保护施工和快速合龙。施工关键技术体现在6个方面:1 300 g/m² 高强土工织物软体排编织工艺;主龙口护底保护结构施工工艺;60 t尼龙网兜石和30 t混凝土方块水下安放自动脱钩吊具研制;主龙口截流施工顺序;主龙口截流施工技术及施工工艺;主龙口综合监测技术。

龙口设置及截流研究采取的主要技术路线见图3-1。

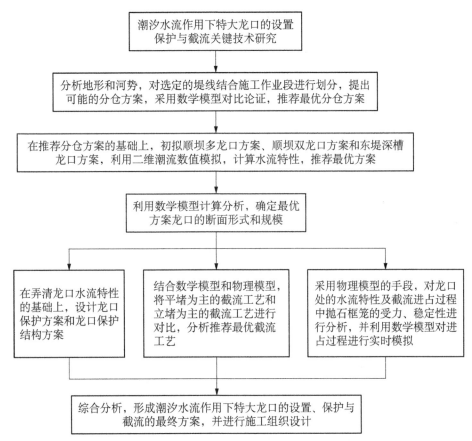

图3-1 青草沙水库工程龙口设置及截流研究采取的主要技术路线

3.2 大型潮汐围区龙口设置

3.2.1 研究目的及研究难点

保证截流前围区内外水流交换,合理控制围区内外水位差和龙口上流速,有利堤坝建设过程的安全,方便施工组织,同时有利于建设末期顺利截流,研究龙口布局和规模是龙口设置研究的主要目的。

以围(填)海造地为目的的库区龙口设置一般结合地形和圈围面积将整个围区分隔成若干个小围

区,每个小围区单独设置一个规模适宜的龙口,便于施工组织和风险控制。小围区龙口位置选择坝线上地形势相对较低、后期便于施工的地方,分隔的隔堤还可作为围区的交通便道及后期成陆道路的一部分;龙口的规模主要从设计标准下的水力条件、龙口截流建筑材料及施工作业的特点和能力等方面确定。与常规的龙口设置相比,青草沙水库围区的龙口设置具有以下特殊性:一是青草沙水库围堤建成后围区主要是作为蓄淡水库,无围内吹填筑地之需,后期围内无道路交通的要求,如有隔堤还须拆除;二是围区面积特别大,为 49.8 km²,若需要分隔分库,隔堤需要横跨−5 m 以上的深槽,建设成本很高;三是若不分库区,巨量水体在龙口上往复进出,水动力特性复杂,监测困难,同时针对复杂而高强的水流,需要研究非常规龙口护底及截流工艺。

3.2.2 研究思路及主要方法

针对青草沙水库围区龙口设置的特殊性,拟首先在对青草沙库区及大堤沿线地形地貌特性分析的基础上,从水流水动力、施工组织和技术经济等角度研究确定青草沙库区是否需要设置隔堤对库区进行分仓,以及相应的分仓或不分仓方案。在确定的库区分仓方案下,比较分析适应不同地形且具有不同水力特性和风险特征的龙口选址方案,在此基础上进一步研究龙口不同施工阶段(保护期和截流过程)适当的龙口规模。

研究的主要手段为数学模型和物理模型。并用多个数学模型并行工作,实现多种模型相互验证、数学模型为物理模型提供边界条件的目的。其中库区分仓对龙口的影响研究和龙口不同阶段的规模研究主要利用数学模型。

数学模型建模的思路为:首先建立长江口大范围二维模型,然后建立工程区域的三维模型,大模型(图 3−2a)的目的是为小模型(图 3−2b)提供边界条件,小模型用来模拟论证工程方案。

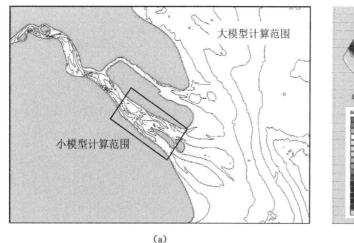
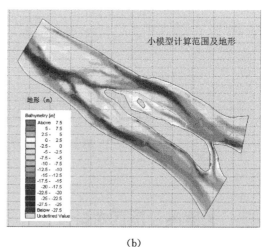

(a)   (b)

图 3−2 大模型和小模型的计算范围示意图

大模型范围上边界至江阴、北至吕泗港、南至芦潮港、下边界至长江口周边海域,网格尺度为300 m×300 m。小模型范围上边界至浏河口、下边界至横沙共青圩,网格采用三角形网格,在工程附近对网格进行加密处理,最小网格为 10 m。模型率定采用江阴 2006 年 9 月 22 日—10 月 25 日水文条件,模型计算采用设计标准下的计算潮型。

3.2.3 龙口设置条件和设计标准

3.2.3.1 龙口设置条件的分析

1) 地形地貌及地质

青草沙水库库内水域由青草沙及下游若干沙洲、沙洲与长兴岛之间的涨潮沟、串沟等组成,区域地貌呈"上宽下窄,上滩下槽"的主要滩势特征,见图 3-3。青草沙头部 0 m 线以上滩地与中央沙沙滩连成一片,头部外侧位于新桥通道右岸,新桥通道顶冲下移,沙体外沿受冲后退形成陡坎,—10 m 等高线距 0 m 线最窄为 150 m 左右。青草沙库区尾部的北小泓涨潮动力强劲,—10 m 深槽在尾部近 350 m 宽,工程区内长约 6.8 km;—5 m 槽宽 1.2 km。由于青草沙向南淤积,沙体至长兴北沿距离减小,"外沙内泓"形势导致青草沙垦区南侧北小泓向窄深型发展,形成深潭。

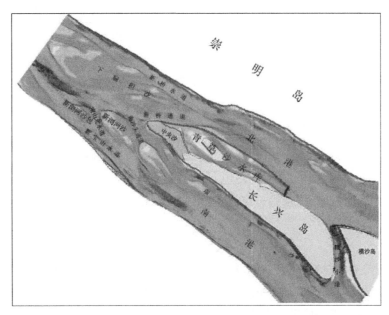

图 3-3 青草沙库区及临近水域水下地形地貌示意图

新建北侧堤坝长 18.96 km,基本位于高程—2.0~1.5 m 的中央沙、青草沙临北港侧滩面上。堤身自上游向下游穿越 3 个小港汊,1#港汊位于两侧滩面高程为 1 m 以上的沙脊之间,汊道高程为 0~1 m;2#和 3#港汊分别位于两侧滩面高程为 0 m 以上的沙脊之间,汊道高程分别为—0.5~0 m 和 0~2 m。北侧堤坝位于高程 0 m 以上滩面的坝线共约 12 km。新建东侧堤坝位于青草沙水库尾部,自起点沿东北小泓北侧水下高程—2~—5 m 沙体顺势下延约 1 km 后,横向穿越东北小泓高程—5~—10 m 涨潮沟深泓,至终点与长兴岛现有海塘连接,全长约 3.12 km。

东侧堤坝龙口坝基上部土层主要为①$_{3-2}$ 层和②$_3$ 层砂质粉土、粉砂层,一般厚度 3.2~13.7 m。受江水冲刷和淤积作用,①$_{3-1}$ 粉性土混(淤泥质)黏性土仅在北小泓深槽内局部分布,①$_{3-2}$ 层和②$_3$ 层土层层面标高、厚度变化均较大,总厚度变化亦较大。各土层多呈松散—稍密状,为中等压缩性。坝基中部土层为厚度较大的④层淤泥质黏土、⑤$_{1-1}$ 层黏土和⑤$_{1-2}$ 层粉质黏土,其中第④淤泥质黏土,厚度 5.2~10.8 m,呈流塑状,具有高压缩性,土体强度低,属软弱土,承载力低,也是坝基的主要压缩层,对大坝沉降控制不利。坝基下部土层为以粉性土、粉砂为主的第⑤$_2$ 层、第⑦层及第⑨层,对沉降控制有利。

工程场地总体上稳定性较好,无滑坡、崩塌等不良地质现象。但浅层砂性土抗冲刷能力差,北堤及东堤外侧受水流冲刷严重,堤线外侧及东堤已形成陡坎须重视。

2) 气象水文条件

工程区域位于湿润的亚热带季风气候区,该地区是台风多发区,多集中在 7—9 月。该水域潮汐属非正规浅海半日潮,潮位每日两涨两落,日潮不等现较为明显。根据工程区附近堡镇站潮位资料分析,主要特征潮位为:平均高潮位 3.35 m,平均潮位 2.12 m,平均低潮位 0.92 m,100 年一遇高潮位 6.13 m,汛期 20 年一遇高潮位 5.68 m,非汛期 20 年一遇高潮位 5.04 m。

该河段垂线平均流速一般小于 1.0 m/s,其中大潮垂线平均流速为 0.6～1.25 m/s、最大流速为 1.1～2.12 m/s,小潮垂线平均流速小于 0.5 m/s,最大流速为 0.25～1.52 m/s;一般落潮垂线平均流速大于涨潮,平均落潮流时大于涨潮流时。

根据水库周边水域的风区长度、水域的水深等基本参数,计算各种风向、风力时的波浪情况。结果表明,NW、ESE 及 SE 等 3 个方向因风区长度较大,对应风力较小(约为 10.0 m/s,相当于 5～6 级),可产生 1.0 m 左右波高(有效波高)的波浪,而根据实测资料统计,出现上述 3 个方向风力大于 5～6 级的天数一般为 3～4 d。而其余各风向则只有在风力大于 6～7 级以上时才有可能产生 1.0 m 左右的有效波高。

3) 施工进度

龙口的设置在进度上必须满足大坝工程总体施工进度的安排。大坝工程总体采用分段、分期施工的方案,在满足工程光电缆段安全、满足渡汛、截流节点的前提下,安排施工作业顺序。截流前一些主要的控制性时间节点(进度要求)如下:2007 年 10 月下旬主体工程开工;2008 年 3 月底,光电缆抬起,东侧堤坝抬至−5 m;2008 年 6 月底,工程第一次渡汛,东侧堤坝抬至−3 m;2009 年 1—2 月(根据预报潮位确定)龙口截流。

4) 筑坝材料

新建大坝工程所需主要材料为石料和砂料。上海地区圈围工程石料主要来自浙江舟山地区等主要的石料供应地,石料供应日趋紧张,须尽早组织;库区可采砂源区砂料埋藏浅,储量大,无用层分布少,开采条件好,库区砂料储量大于 3 倍设计需要量,能满足大坝用砂要求。

3.2.3.2　龙口设计标准的确定

龙口建设和使用分保护期、抬升收缩期及合龙期 3 个阶段,不同阶段使用的时间及水文条件都不相同,因此龙口的设计标准应分阶段确定。确定了标准之后还应选择相应重现期且具有一定代表性的潮型,以便设计使用。龙口的设计潮型须结合施工进度计划进行选择。龙口保护期的保护标准暂无相关规程规范明确,参照水利水电工程施工组织设计规范,视龙口保护工程为施工导流临时建筑物,水库工程永久建筑物为 1 级建筑物,相应临时工程建筑物为 4 级,重现期标准为 10～20 年一遇,根据上海圈围工程的特点和经验,龙口保护期在非汛期内,且历时仅为 2～3 月,取下限 10 年一遇的最大潮差潮型作为保护标准较为适当。

收缩期历时约一个月左右,根据水利水电工程施工组织设计规范并借鉴部分地方围垦规程,截流潮位潮型标准选取可能截流施工时段 10 年一遇重现期标准。分析非汛期及期间各月 10 年一遇的最大潮差潮型,非汛期 10 年一遇潮型潮差大于各月潮差,在龙口收缩期 12 月至次年 2 月各月中,12 月份 10 年一遇潮型潮差最大。故保护期设计潮型选择非汛期 10 年一遇最大潮差潮型,收缩期设计潮型采用 12 月份 10 年一遇最大潮差潮型。

截流期在一个小汛期内一次性完成截流断水,采用计划截流时段预报非汛期连续 3 个月小潮汛中潮差大的潮型。

根据水文推算,保护期设计潮型最大潮差 4.31 m,收缩期设计潮型最大潮差 3.85 m,截流期设计潮型潮差为 2.12 m。

3.2.4　库区分仓与龙口设置

3.2.4.1　库区分仓对龙口设置的影响

在掌握库区地形地貌及地质条件基础上,龙口设置的论证首先从围区的分隔分仓的必要性与可行性展开。

按照常规的围海工程经验,为减小合龙难度,通常结合施工交通要求,在大围区中设置隔堤,把大围区变成小围区。根据上海地区的经验,小围区的面积一般控制在 10 km² 以下。青草沙水库圈围面积49.8 km²(约 7.8 万亩)的库区,与已圈围的 14.3 km² 的中央沙库区形成总面积为 66.15 km²(约 9.9 万亩)的总库区,设计总库容 5.27 亿 m³。由于青草沙库区面积巨大,进出水量大,结合周边类似圈围工程的实际经验,从减小龙口保护和截流难度、方便施工交通的角度,研究考虑了不设隔堤、设一道隔堤、设两道隔堤即库区分为 1 仓、2 仓、3 仓 3 种方案进行了研究。3 个分仓方案及其相应初拟龙口布置分别见表 3 - 1 及图 3 - 4～图 3 - 6。

表 3 - 1　分仓方案

方　案		方　案　说　明
不设隔堤	1 仓	不设置隔堤,青草沙库区水面积 49.7 km²
设置隔堤	2 仓(一道隔堤)	在青草沙垦区西端设置 1 条隔堤,将库区分成上下 2 个仓,上库约 10.7 km²,下库约 39.1 km²
	3 仓(二道隔堤)	在 2 仓方案基础上,再增设置 1 条隔堤,将下库区再分为 2 个库区,形成上、中、下 3 仓,上库约 10.7 km²,中库约 19.3 km²,下库约 19.7 km²

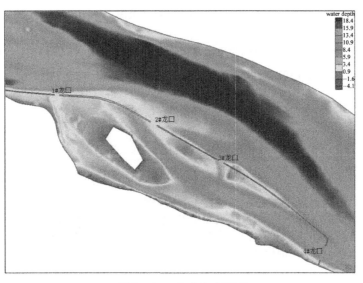

图 3 - 4　1 仓方案布置图

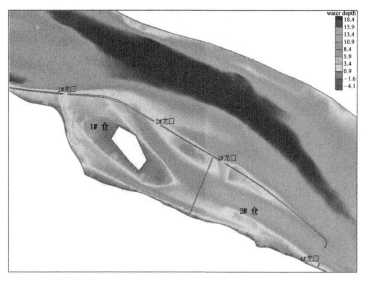

图 3-5　2 仓方案布置图

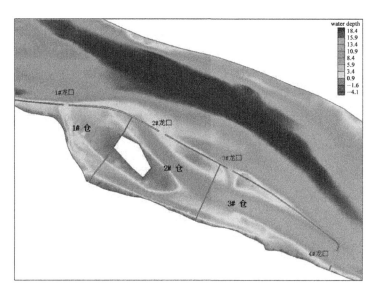

图 3-6　3 仓方案布置图

采用两套数学模型,按照龙口不同阶段的水文条件进行了计算,并结合施工组织及技术经济等方面对库区分隔综合比较(表 3-2)可知:1 仓方案(不设隔堤)对河势影响小,施工强度小,进度有保障,龙口

表 3-2　库区分隔综合比较

项　　目		1 仓(无隔堤)	2 仓(一道隔堤)	3 仓(二道隔堤)
数学模型	河势冲刷	不做隔堤,前期不截断涨潮沟,施工过程中对水流影响相对较小,堤头局部有冲刷,堤线周边需保护范围相对较小	做隔堤,前期截断部分涨潮沟,施工过程中对水流影响较大,隔堤头部较大范围有较大冲刷,其周边需保护范围较大	做隔堤,前期截断主涨潮沟,施工过程中对水流影响大,隔堤头部范围有较大冲刷,整个库区流场变化较大,流场紊乱,坝线大范围有不同程度冲刷可能

（续表）

项　目		1仓（无隔堤）	2仓（一道隔堤）	3仓（二道隔堤）
施工组织	工期进度	工程开工即可直接进行围堤主体工程施工，对工期有利	隔堤可在前期与主体工程同时进行，前期强度大，对工期有一定影响	为避免隔堤引起堤线滩地冲刷，须先实施坝线护滩。前期的施工强度极大，主体工程工期紧张
	龙口合龙难度	库容大，截流难度、风险较大，但合理的龙口方案可以实现，有类似工程成功经验	下库库容仍较大，截流难度、风险亦较大，与1仓相比无本质改善	与1仓相比无本质改善，且对隔堤渗透稳定要求高
	对施工条件的改善	工程主要以吹填、抛石等水上施工为主，外来材料均水运至现场，后期可通过坝顶临时路面作为陆上交通，须设置施工平台和码头	前期交通以水上交通为主，隔堤对人员交通和安全有一定的改善，但对主要建材运输等施工条件帮助不大，也须设置施工平台和码头	前期交通以水上交通为主，隔堤对人员交通和安全有相当的改善，但对主要建材运输等施工条件帮助不大，也须设置施工平台和码头
	水上交通	库内无隔断，有利于船只设备的交通、调度；有利于取砂的统一调度	设1条隔堤，影响船只设备的交通、调度；不利于取砂的统一调度	设2条隔堤，严重影响船只的交通、调度；不利于取砂的统一调度
	结论	较好	较差	差
技术经济	分析	不分仓，主要是护底、龙口保护和截流的费用较高。无隔堤费用，龙口费用在11 000万元	分仓后，护底、龙口保护和截流的费用稍减。但增加一条隔堤费用约0.8亿元，其总的费用在15 000万元	护底、龙口保护和截流的费用最少。但增加两条隔堤费用5.15亿元，其总费用在28 500万元
	结论	经济	费用较高	费用很高
综合结论		推荐	不推荐	不推荐

保护及截流难度与2仓和3仓方案相比没有质的变化，施工交通条件也没有特别的劣势，工程费用大幅节约。因此研究推荐库区不分仓，整体建设。

3.2.4.2　集中式大龙口与分散式多龙口的差异分析

根据库区分仓方案研究结果，采用库区不分仓整体建设方案。在库区不考虑分仓布局的基础上，综合考虑青草沙水库大坝沿程滩面的地形特征及堤坝结构、水库纳潮量及水力特性等因素，分以下两大类对龙口选址进行论证分析。

1）第一类

在北侧堤坝上设置龙口，尽量避免东侧堤坝深槽施工和龙口施工高度集中，降低龙口截流的难度和风险。结合充泥管袋截流和抛石合龙两种工艺，对该类方案分为北侧堤坝多龙口方案和北侧堤坝双龙口方案两种进行探讨。

（1）北侧堤坝设置多龙口方案的主要思路。在北侧堤坝相对较高的滩面上设置6个龙口，东侧堤坝不设龙口，考虑采用常规的充泥管袋施工合龙工艺。根据水流数模计算，在保护期内，北侧堤坝6个宽300 m、底高程分别为1.0 m、1.0 m、1.0 m、−1.0 m、1.0 m、−1.0 m的龙口的最小极值流速为3.85 m/s，最大极值流速为7.6 m/s。在收缩截流阶段，6个龙口须基本同步收缩至150 m宽、1.0 m高程,收缩期最小流速为4.2 m/s,最大流速为6.0 m/s。仅从水流分析来看,在保护期,根据现有的技术,可利用混凝土铰链排、钢丝网笼等措施,解决保护期抗冲。收缩期不宜采用常规充泥管袋平堵,可选择的方案有两种:一是多龙口不进行收缩,直接抛石立堵同步截流;二是在截流期计算潮型下,在300 m宽的龙口范围前端,设置抛石棱体,形成"燕子窝"形式,降低龙口内流速,将流速控制在常规充泥管袋截流工艺可接受范围内,采用充泥管袋常规工艺进行平堵截流。从水流分析成果可见,北侧堤坝多龙口方案的关键在于龙口截流手段和截流的同步性。实践证明,大坝龙口设置过多,坝身工作面太短,船舶作业频繁移动和进出场,导致工期损失大,施工效率降低。在高滩围垦过程中,2~3个龙口同步截流,在施工的统一组织、协调上,均出现了很大的难度。北侧堤坝由于坝线长、龙口多,一次同步截流,不确定因素导致截流失败出现的概率较大,截流风险极大。因此,施工过程中,能否进行一次性同步截流,是制约截流成败的关键性因素,也是施工过程中的难点。北侧堤坝多龙口布置见图3-7。

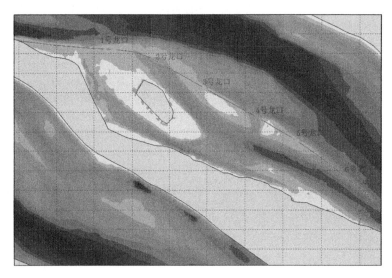

图3-7 北侧堤坝多龙口布置图

(2)北侧堤坝设置双龙口方案的主要思路。待东侧堤坝深槽段结构断面顺利出水断流后,通过在北侧堤坝上设置上、下2个龙口,并在其内侧或外侧一定距离设置子堰以降低龙口流速,从而降低工程截流风险。结合整个围坝不同堤段的实施顺序,又按如下3类工况进行计算分析:第一类北侧堤坝纳潮口在截流之前,高滩段出水,位于深槽段的东侧堤坝逐步抬升;或者北侧堤坝和东侧堤坝同高程抬升;第二类东侧堤坝在抬升的过程中,北侧堤坝纳潮口逐步收缩;第三类东侧堤坝全部出水后,北侧堤坝龙口保护收缩,形成子堰及龙口收缩截流。分析表明不管是哪类方案,北侧堤坝双龙口方案难点集中在三类问题上:一是东侧堤坝施工进度问题;二是由于东侧堤坝位于涨潮沟上,涨潮动力强劲,东侧堤坝在上升过程中不仅本身承受较大的水流,尤其对北侧堤坝产生的沿堤流必须给予充分重视,保护不当将导致位于沙脊上的坝线位置床面冲刷;三是纳潮口在子堰尚未形成前的保护问题。北侧堤坝双龙口布置见图3-8。

2)第二类

在东侧堤坝深槽上设置龙口,即东侧堤坝深槽龙口方案,该方案力求在形成龙口前维持该水域建坝前涨落潮天然的水流主通道,尽量不严重恶化区域内水流流场及河势,各坝段可以按正常的进度和工艺安全地组织施工,最后集中力量在东侧堤坝深槽堤段截流。

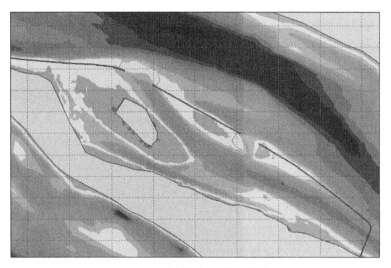

图 3-8　北侧堤坝双龙口布置图

　　如图 3-9 所示,前期在新建大坝沿线设 4 个口门,其中在东侧堤坝深槽堤段处设置 1 个大口门,在北侧堤坝沿线现有港汊处设 3 个相对较小口门;在围坝进占过程中,依次完成 1♯、2♯纳潮口的封堵,在龙口保护期只留设 3♯、4♯两个纳潮口形成保护期龙口;在龙口收缩期,尽量采用常规截流工艺完成 3♯纳潮口(北龙口)的封堵,在 4♯纳潮口形成东龙口,并拟采用抛石、钢丝网兜、框笼等非常规截流工艺完成东龙口的封堵。

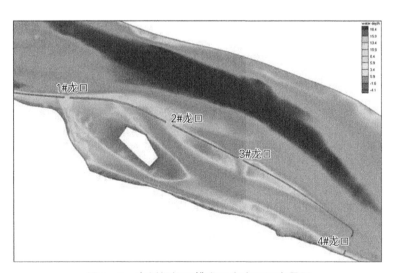

图 3-9　东侧堤坝深槽龙口方案平面布置图

　　计算分析结果表明:保护期在非汛期 10 年一遇潮型下深槽龙口方案的高流速主要集中在深槽坝段的 4♯龙口,流速可达为 7.5 m/s,在北侧堤坝的龙口保护期流速都小于 3.5 m/s;在收缩阶段,4♯口门从口宽 800 m、底高程为 -3.0 m 时开始平堵,逐步抬高至 -2.0 m、-1.0 m,再立堵,逐步收缩至 300 m、150 m,各状态下在坝坡或抛石坝内侧流速出现一带状高流速区,变化范围为 5.2~9.6 m/s;在截流期预报潮型下,4♯口门的流速有所减小,极值流速达到 4.13 m/s。统计库内外水位差还可知,涨落潮过程中库内外最大水位差均为涨潮水位差,即库外高于库内。收缩前和平堵过程中涨潮水位差大于落潮水位差,且最大水位差不大于 1.0 m;当口门立堵至 300 m 之后,涨潮水位差增大接近 2.0 m,落潮水位差也同时逐步增加。

针对此种龙口设置思路及数值模拟计算分析得到的龙口重要水力参数,整个水库围坝工程总体施工顺序采用分段、分期施工的总体方案,第一阶段:在实施超前护底的前提下,北侧堤坝上的3段高滩段逐步推进,并要求2008年汛前(5月底)土方达到设计堤顶高程,结构完成度汛断面要求;同时东侧堤坝深槽段在光电缆段开始铺排前,坝身升高控制在−7.0 m以下,待光电缆完成架空或搬迁后立即开始坝基铺排等工作,并在2008年汛前东侧堤坝上升至−3.0 m,形成临时纳潮口和龙口保护。第二阶段:完成未完的纳潮口部分的围坝施工,其中北侧堤坝上段的1♯、2♯纳潮口直接收缩成堤;北侧堤坝下段3♯纳潮口收缩形成北龙口,并在2008年12月小潮汛期间进行截流;4♯纳潮口收缩形成东龙口,选择2009年1—2月小潮汛截流。截流完成后,继续完成剩余坝身断面结构。

可见,深槽龙口方案施工顺序明确,依次封堵口门,干扰较少,有利于整体工程进度控制;主龙口风险点集中,有利于施工组织进行攻坚,但对坝基承载条件较差的东侧堤坝截流戗堤的稳定安全、高流速截流戗堤的保护、截流施工组织的安全可靠都提出了新的更高要求。

综合比较可知,北侧堤坝多龙口方案因堤线长、龙口多,施工过程中水流容易混乱,一次同步截流实际操作的组织、协调上难度较大,并且存在多口门保护压力大、东侧堤坝不易先行抬升断流的难题,不确定因素导致截流失败出现的概率较大,截流风险极大,不宜采用。北侧堤坝双龙口方案和东侧堤坝深槽龙口方案综合对比分析见表3-3。

表3-3 北侧堤坝双龙口方案与东侧堤坝深槽龙口方案综合对比分析

	北侧堤坝双龙口方案	东侧堤坝深槽龙口方案
方案特征	北侧堤坝两深槽处各建一个龙口,东侧堤坝抬升断流后,北侧堤坝收缩形成两个各宽约1 500 m龙口,龙口内(外)侧筑子堰缓流,适时收缩截流并闭气	东侧堤坝深槽设宽约800 m、底高程在−3.0 m的主龙口,北侧堤坝结合实施进度和顺序要求,先在深槽留纳潮口,进而逐步形成副龙口并先行合龙。主龙口合龙用钢结构框笼内抛石截流再闭气
水力特征	东侧堤坝抬升过程中,设计流速可达4 m/s以上;北侧堤坝龙口子堰上流速约5 m/s;龙口上流速可控制在3.5 m/s以内	主龙口保护期设计流速7.5 m/s;平堵和合龙期流速约6 m/s。副龙口流速可控制在3.5 m/s以下
缺点或风险点	① 东侧堤坝断流前施工进度要求高,强度极大,若不能在12月初断流,可能迫使整个工程截流推迟1年;东侧堤坝进度是本方案的关键点;② 东侧堤坝涨潮主受阻后,北侧堤坝纳潮口水流切滩,可能对堤线附近滩势产生不利影响;③ 东侧堤坝抬升受水流影响,施工难度大;④ 东侧堤坝抬升快,对堤基要求最高	① 保护期流速大,护底要求高;② 龙口保护面层不易整平,影响框笼稳定;③ 截流期流速大,内外水位差大,低流速时间短,作业难度大,若进展慢,风险很高
优点	截流流速相对较小,工艺常规	整个筑坝过程顺势而为,有利于河势控制和施工组织
同比造价(万元)	102 125(东侧堤坝和北侧堤坝双龙口)	101 349(东侧堤坝和主副龙口)

由表3-3可见,两个方案技术上都有可行性,各有优点,也各有缺点,都存在一定难度和风险。

对于北侧堤坝双龙口方案,具有龙口流速相对低、工艺常规的突出优势,但其存在两类主要问题。一是东侧堤坝施工进度问题,由于东侧堤坝位于深槽,地基较差、场地狭小、水流复杂、工艺设备多、水下工程量巨大,且受光电缆影响,目前东侧堤坝抬升的实际施工能力受施工队伍的施工设备、施工强度的制约,若东侧堤坝不能在2008年底前抬升出水,将会影响北侧堤坝龙口的按期截流,进而造成整个工期的延期。二是可能对坝线附近滩势产生不利影响。由于东侧堤坝位于涨潮沟上,涨潮时动力强劲,东侧堤坝涨潮流受阻后,不仅东侧堤坝本身在上升过程中承受较大的水流,施工难度大,还极有可能对北侧堤坝坝线附近滩势产生不利影响,纳潮口、子堰上的保护范围和难度也非常大。若保护不当,施工过程中可能造成纳潮口水流切滩或龙口护底范围形成冲槽,进一步发展则有可能造成冲槽与外侧深槽串通。

对东侧堤坝深槽龙口方案,实施的组织和河势的维持比较稳妥,对水力的预测也比较可靠,单龙口截流组织路线清晰,但过程中流速较大,而且难以完全避免,截流过程难度大、时间长。

综合比较,北侧堤坝双龙口方案对于东侧堤坝上升的难度和涨潮流受阻后对北侧堤坝的切滩风险,不易准确判断,从表面上看相对于其他方案,北侧堤坝双龙口方案整体风险相对分散,但其潜在的风险是难以量化的。东侧堤坝深槽龙口方案,其截流过程中流速大、风险集中可控,可对龙口防护、截流工艺作专题深化研究。

3.2.5 龙口规模分析

1) 保护期龙口规模

针对东侧堤坝深槽龙口选址方案,综合东侧堤坝深槽区域地形条件和东侧堤坝结构实施的步骤,计算分析了保护阶段东侧堤坝深槽龙口2种断面形式和3种规模尺寸的极值流速,见表3-4。在保护期计算朝型下,数学模型计算的800 m宽、−3.0 m高程的矩形断面,以及两端各50 m宽、0.0 m高的平台和中间为800 m宽、−3.0 m的复式断面的最大流速分别为7.5 m/s和7.4 m/s。

表3-4 保护期东龙口极值流速计算结果

断面形式	断面尺寸(宽/高程)	涨急(m/s)	落急(m/s)
矩形断面	900 m/−4 m	6.25	2.25
	800 m/−3 m	7.50	3.20
复式断面	50 m/0 m+800 m/−3 m +50 m/0 m	7.40	2.60

为进一步预测在实施过程中,可能遇到的不同潮型条件下的龙口流速,利用数学模型还分别计算了非汛期5年一遇、非汛期2年一遇等条件下的流速。结果表明,即使在非汛期2年一遇潮型下,最大流速也达6.17 m/s,在5年、10年或20年一遇潮型下,最大流速达7~8 m/s。上述结果表明,在东侧堤坝深槽段设龙口,流速高是其基本特征。

综合龙口数学模型最大流速分析计算结果、东侧堤坝实施过程沉降控制的要求以及地形条件等,研究提出东侧堤坝深槽龙口在保护期按复式断面设置,龙口中心宽800 m、底高程−3.0 m,龙口两端各设宽50 m、高程为0.0 m的平台。−3.0 m高程的结构保护按7.5 m/s设防。相应北龙口按常规工艺保护,规模拟为宽300 m、底高程−1.5 m。

保护期龙口的深化研究还表明:北龙口、上下游闸对降低东侧堤坝深槽龙口的极值流速效果不明显;若龙口在保护期时底高程降低,可减小龙口断面流速,但坝后流速增加,龙口内外滩面的冲刷范围赠加,对靠近龙口北端、东西向大坝内坡脚冲刷影响加剧,需要增大滩面保护范围;龙口顶层充泥管袋保护层的施工难度加大;同时对后期收缩截流的施工强度提出更高要求,也大大增加了平堵截流过程截流坝自身稳定的难度,并降低了坝基先期压载的固结效果,对减小工后沉降不利。保护期龙口高程的确定,还与整个围坝的实施顺序、东侧堤坝沉降控制,特别是截流阶段施工强度与施工安全等因素有关,应结合东侧堤坝结构、施工顺序等条件综合确定。

为了尽可能减轻东侧堤坝深槽龙口的压力,同时又能使北龙口与常规围垦工程龙口尽可能相当,减小其截流难度,拟定北龙口规模为宽 300 m、底高程−1.5 m。对东侧堤坝深槽龙口,其规模的确定要综合地形、水流、坝基固结与稳定及施工能力和进度安排,提出东侧堤坝深槽龙口在保护期按复式断面设置,规模为:龙口中心宽 800 m、底高程−3.0 m,龙口两端各设宽 50 m、高程为 0.0 m 的平台。−3.0 m高程的结构保护按 7.5 m/s 设防。

2) 收缩截流过程平立堵工艺水流数值模拟分析

为研究东龙口以不同的截流工艺在收缩过程中最大流速的差异,分别研究了以立堵为主和以平堵为主的截流工艺,收缩期计算潮型为 12 月份 10 年一遇最大潮差潮型。以立堵收缩为主的过程见图3-10,以平堵抬升为主的过程见图 3-11。

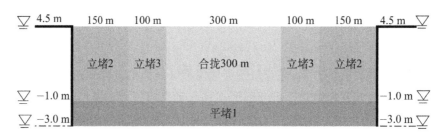

图 3-10　东侧堤坝深槽龙口立堵收缩截流顺序示意图

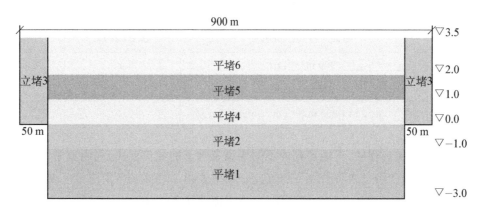

图 3-11　东侧堤坝深槽龙口平堵抬升过程示意图

涨潮流速计算极值见表 3-5。模型对立堵收缩过程的精细模拟计算表明,800 m 宽东龙口在−3 m高程流速最大值出现在库内坡上部,最高流速约为 5.2 m/s,抬升至−1 m 高程最大涨潮流速为 7.2〜7.5 m/s,收缩立堵至 500 m 宽时最大涨潮流速为 7.6〜9.6 m/s,收缩至 300 m 时为 7.5〜9.9 m/s。从上述可知,随着龙口的缩窄以及龙口位置戗堤的实施,龙口区域极值流速逐渐增加,极值流速出现的位置在戗堤与坡面的交角处,因此需要在实施过程中对-3 m高程坝面和坝坡面交角区域及-1 m戗堤坡角处和-3 m堤顶一定范围内进行适当保护。利用截流预报潮型计算了300 m以内最后截流阶段几种状态龙口最大流速,最大流速可达5~7 m/s。

表3-5 东侧堤坝深槽龙口涨潮流速计算极值 (m/s)

方法	计算模型	工况一 宽度/高程(m)	工况二 宽度/高程(m)	工况三 宽度/高程(m)	工况四 宽度/高程(m)
		800/-3	800/-1	500/-1	300/-1
二维数模	Delft 3D	5.22	7.17	7.56	7.51
	MIKE21	5.20	7.52	9.60	9.61
三维数模	MIKE3	5.28(平均)	7.44(平均)	9.01(平均)	9.9(平均)
		4.93(底层)	6.59(底层)	7.88(底层)	9.5(底层)

同样,模型还对以抬升平堵为主的过程进行了模拟计算,两种模型计算表明,平堵工艺施工时,随龙口高度的升高,口上最大流速有先升高后降低的现象,在-1.0~1.0 m处流速最大,为7.3~8.3 m/s。

利用模型比尺为1:70龙口正态水工物理模型,对龙口纵向(顺水流向)2.8 km、横向2.1 km的范围进行试验验证。物理模型试验结果表明:涨潮最大流速5.66 m/s出现在-3 m高程内坡肩、落潮最大流速3.04 m/s出现在-3 m高程外坡肩。从平面上看,过龙口水流形态较平顺,堤头略有小漩涡,无明显楔型水流,过口门的水流大部分偏向深槽走向。抛石立堵方案在300 m宽时最大流速为8.06 m/s。

综合龙口数模和物模有关结果、东侧堤坝实施过程沉降控制的要求以及地形条件等,东侧堤坝深槽龙口在保护期按复式断面设置,龙口中心宽800 m、底高程-3.0 m,龙口两端各设宽50 m、高程为0.0 m的平台。相应北龙口按常规工艺保护,规模拟为宽300 m、底高程-1.5 m。

两种收缩工艺的比较说明,平堵过程比立堵收缩出现的极值流速小。物理模型试验表明,框笼平堵过程最大流速5.57 m/s,而抛石立堵过程最大流速8.06 m/s,从控制高流速风险看平堵较为合理。平堵与立堵相比,缺点是闭气不能立刻跟上,整个龙口范围截流坝后无闭气体时间可能较长。同时由于工程施工船上作业的特点,研究确定平堵工艺,并建议为确保截流堤安全,应尽可能加大截流施工强度,减小闭气前截流时间。

3.3 大型潮汐龙口的水力特性研究与截流预报

3.3.1 研究目的及研究难点

龙口布局和规模确定后,需要考虑的重点就是以何种结构形式和施工工艺对龙口进行保护乃至截流。但要确定合适的结构形式和施工工艺,首要条件必须研究清楚不同阶段龙口的重要水力特性。大型潮汐龙口的水力特性研究与截流预报研究的主要目的是综合利用数学模型和物理模型及水槽试验等多种技术手段,结合可能的保护、截流结构形式,预测设计标准下不同阶段龙口的重要水力特性参数,为龙口保护、截流设置提供重要设计参数。

潮型河口地区的龙口水力特性研究最常用的方法是水量平衡法,主要通过将一定时段内库内水量的变化概化为龙口(堰)上的过流,根据潮周期内库内外的水位及龙口的底高程,计算龙口的最大流速、库内水位等重要参数。但这种方法不能反映出龙口局部及库区流态的平面分布,且对于单一库区内有多个龙口时,更不能反映每个龙口上的具体情况。近十多年,随着水动力数学模型的推广使用,二维数学模型在龙口的水力计算中已有较多运用,它对于多龙口、平面流态的模拟都具有明显优势。由于青草沙水库主要龙口设置在水库下游河床高程约-10.3 m东堤深槽中,一个潮周期内(约12.3 h)龙口上设计进出水量约1.56亿 m²,预测龙口最大流速可达$7.5\sim9$ m/s。且由于来流的不确定性及截流过程龙口形态不规则并不断变化,并有水面跌落等水面形态,现有水流数学模型很难简单运用于这种高速、有水面跌落的大范围计算,如果再考虑截流工艺和动态过程则更困难。

另一方面,对于大型龙口,受场地等条件限制,一般难以开展整体物模试验,即使有条件试验,也难以精细刻画结构物的真实形态。如果不能采用整体模型,则内外水位响应关系就成了最重要的边界条件,直接影响龙口水力特性模拟的准确性。因此青草沙水库龙口保护、截流的难点之一是如何以多种手段相结合,互提条件,互为验证,较为准确地预测以非常规工艺截流的龙口流速与流态。

3.3.2　研究思路及主要方法

研究主要采用二维、三维水动力数学模型、龙口局部水流物理模型试验和框笼波浪水池试验、水槽断面试验等多种技术手段,相互结合、互为补充。在此基础上综合施工条件等多方面因素,进行综合评价对比,提出满足实施要求的龙口水力特性参数。根据潮汐与气象变化、施工实际过程,开展短历时截流水力预报的技术并运用实践。

3.3.2.1　二维数学模型

建立了不同大小的两套模型。首先建立长江口二维大模型,然后建立工程区域的小模型。大模型的目的是为小模型提供边界条件,小模型用来模拟工程方案,见图$3-2$。

二维数学模型的数值计算方法采用 ADI 法。计算区域采用矩形网格,控制方程离散时,变量在矩形网格上采用交错布置,水位定义在网格节点上,单宽流量定义在各自方向的相邻网格的中部。

3.3.2.2　三维数学模型

三维数学模型范围与二维数学模型的小模型范围一致。模型垂向采用 sigma 分层方式,计算中垂向分 6 层,平均分层。三维模型的水文边界条件通过提取二维大模型的计算结果中相应的水文数据确定。

二维模型中糙率系数通过模型的率定与验证来确定。三维模型中粗糙度则根据二维模型的糙率取值转换成模型中使用的粗糙高度 k_s。

三维模型的数值计算方法在水平方向上采用黎曼求解法(Roe 格式求解),而在垂向上使用迎风格式。

3.3.2.3　龙口局部水流物理模型

龙口正态水力模型试验范围为龙口纵向(顺水流向)2.8 km、横向 2.1 km,模型比尺为$1:70$,模型试验场地面积为 40 m×30 m,模型控制边界采用开边界,模型四周均设有潮水通道,见图$3-12$。

模型按《海岸与河口潮流泥沙模拟技术规程》有关相似准则进行控制。

根据数模计算提供的水文测验期(2006 年 9 月)主龙口段上、下游开边界潮量过程对局部模型率定

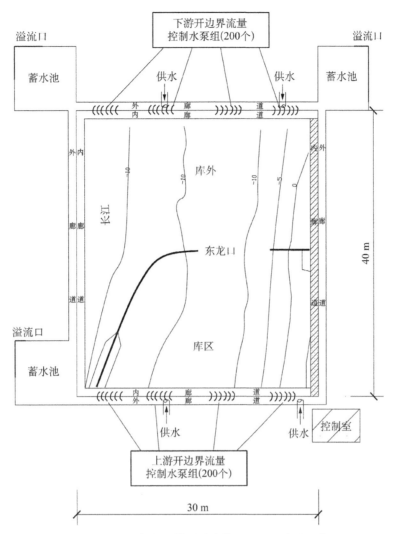

图 3 - 12 局部龙口模型试验范围及边界控制系统

验证后,再进行龙口方案模型试验。

3.3.2.4 框笼波浪水槽试验

框笼内抛石截流的断面水槽试验可在水槽框笼上、下游形成较大的水位差,可模拟较大的行近流速并可叠加波浪。试验按几何相似、重力相似和接触摩擦相似,几何比尺为1:15,模拟完整的龙口顺水流向结构断面,精确模拟框架结构。为减少边壁影响,横水流向(龙口纵向)模拟5只框架。

框笼结构及龙口断面见图 3 - 13。由于模拟范围有限,不能控制龙口内外侧真实对应的水位差关系,因此框笼内抛石截流的断面水槽试验是包络性的,旨在揭示各种可能的水位组合及截流坝不同高程情况下,流速和框架受力特征。试验测试了不同的起始水位、截流坝高分别为0 m、2 m、4 m和6 m等工况。

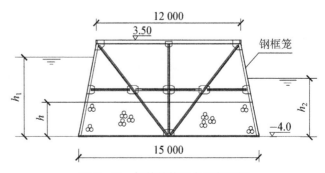

图 3 - 13 框笼结构及龙口断面图

3.3.3 龙口水流特性

3.3.3.1 龙口水流的二维数值模拟

综合青草沙东侧堤坝深槽区域地形条件和东侧堤坝结构实施的步骤,拟定保护阶段东龙口按2种断面形式和3种规模尺寸,见表3-6。断面形式1为矩形断面:2种规模的宽度高程分别为800 m、−3.0 m和900 m、−4.0 m;断面形式2为复式断面:规模为南北两端各50 m宽、0.0 m高的平台,中间为800 m、−3.0 m。利用数学模型计算非汛期10年一遇潮型条件下上述几种规模的龙口最大流速,结果见表3-6。在计算水文条件下,利用数学模型计算的800 m宽、−3.0 m高程的矩形断面和两端各50 m宽、0.0 m高的平台,中间为800 m、−3.0 m的梯形断面的最大流速分别为7.5 m/s和7.4 m/s。各方案相应的涨急流场见图3-14。

表3-6 保护期东龙口极值流速计算结果

断面形式	断面尺寸(宽/高程)	涨急(m/s)	落急(m/s)
矩形断面	900 m/−4 m	6.25	2.25
	800 m/−3 m	7.50	3.20
复式断面	50 m/0 m＋800 m/−3 m＋50 m/0 m	7.40	2.60

为进一步预测在实施过程中,可能遇到的不同潮型条件下的龙口流速,利用数学模型分别计算了非汛期5年一遇、非汛期2年一遇等条件下的流速,结果见表3-7。由表可见,即使在非汛期2年一遇潮型下,最大流速也达6.17 m/s,在5年、10年或20年一遇潮型下,最大流速达7~8 m/s。

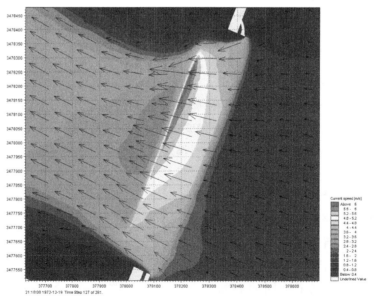

(a) 矩形断面1(900 m/−4 m)

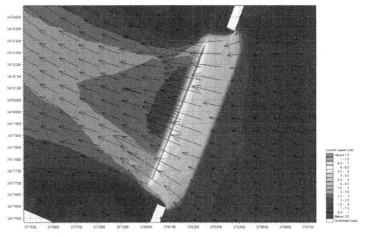

(b) 矩形断面 2(800 m/−3 m)

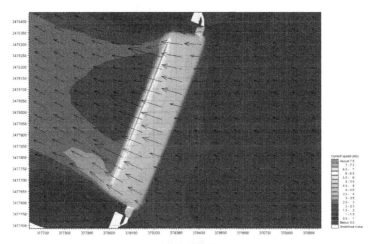

(c) 复式断面

图 3‑14 各方案相应的涨急流场图

表 3‑7 东侧堤坝深槽龙口方案保护期不同潮型下龙口计算成果对比

保护期	北龙口 300 m(−1.5 m)		东侧堤坝深槽龙口 800 m(−3.0 m)					
	涨急最大流速 (m/s)	落急最大流速 (m/s)	涨急最大流速(m/s)	坝身上流速 >3.0 m/s 的持续时间(min)	坝身上流速 >4.0 m/s 的持续时间(min)	坝身上流速>6.0 m/s 的持续时间	口内外最大水位差(m)	落急最大流速 (m/s)
非汛期 2 年一遇潮型	2.38	0.72	6.17	150	40	10 分钟	0.9	2.28
非汛期 5 年一遇潮型	3.55	1.10	7.49	155	115	50 分钟	1.0	2.75
非汛期 10 年一遇潮型	3.60	1.41	7.77	135	100	40 分钟	1.2	2.78
非汛期 20 年一遇潮型	4.33	1.73	7.86	165	125	70 分钟	1.3	2.68

3.3.3.2　龙口水流的三维数值模拟

二维数学模型中的流速反映的是垂向平均的结果,对青草沙这样的深槽龙口来说,水流复杂,有必要研究龙口水流的垂向分布特征。利用三维数学模型,分别建立了长江口大范围潮流数学模型和覆盖青草沙库区的北港高分辨率、小范围三维数学模型,水平网格最小 10 m,垂向采用 sigma 分 6 层,对保护期深槽宽深坝基龙口的结构进行了精细刻画和模拟计算分析。

利用三维模型计算所得的部分工况涨落潮时刻龙口中心及内外侧流速剖面见图 3-15。

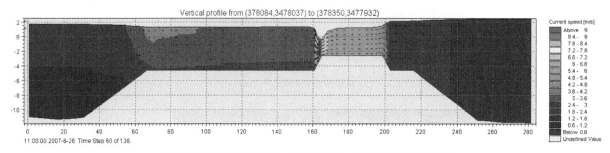

（a）东侧堤坝深槽龙口 800 m 宽底高程－1 m 涨潮时垂向流速剖面

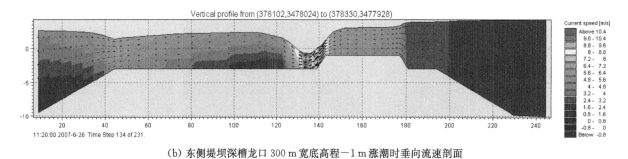

（b）东侧堤坝深槽龙口 300 m 宽底高程－1 m 涨潮时垂向流速剖面

图 3-15　垂向流速剖面

三维水动力模型模拟计算揭示的流态表明:最大流速发生的区域在平面上呈平行坝轴线的带状,并集中于涨潮期的内坡上部或落潮期的外坡上部,范围较小,其他区域流速明显减小;龙口流速受涨潮流控制,涨潮流速远大于落潮流速。随着龙口的缩窄以及抛石棱体戗堤的实施,龙口区域极值流速逐渐增加,但是龙口极值流速出现的位置仍在戗堤与坡面的交角处,并且从剖面上看高流速区宽度较小,因此可以针对不同位置设不同的结构保护措施。

青草沙东侧堤坝深槽龙口保护期及截流期结构防护的主要控制流速为:龙口保护期位于龙口－3 m高程平台与边坡交接处结构控制流速为 7.6 m/s,－3 m 平台上其他位置流速取 6 m/s,库内坝坡脚以外滩面结构控制流速为 4.0 m/s,库外坝坡脚以外滩面结构控制流速为 3.0 m/s。框架截流过程流速按不大于 6 m/s 控制。

3.3.3.3　不同截流方式下龙口水流特性的物理模型研究

1) 局部正态物理模型试验

局部正态物理模型试验采用正态定床模型,几何比尺为 1:70,模拟整个龙口,场地范围为40 m×30 m,模拟双向进出水的潮流边界。试验平面布置见 3.3.2 节中图 3-12。试验模拟了常规抛石截流和钢框笼抛石截流工艺及平堵与立堵相结合的各种方案,有关试验模拟结果见图 3-16。图中线型分别代表截流坝中心和龙口护底坎肩位置的最大流速,每条线右端代表此线流速的平均值;横坐标表示龙口纵向,从北端至南端;图例数值表示截流坝顶高程从−1 m至2 m。由图可见,截流坝上的流速均大于坎肩上的流速,龙口纵向上流速除个别点在两端有起伏外,整体基本一致。流速均值反映,坎肩处随截流坝的抬高,流速逐步减小,未见明显的先增加后减小现象。而截流坝上则反映随高程抬升,流速先增后降,最大值发生在0 m高程,这与数模成果趋势相近。龙口收缩的试验成果反映了与数模相似的现象,即最大流速随口宽减小逐步增大后再减小。

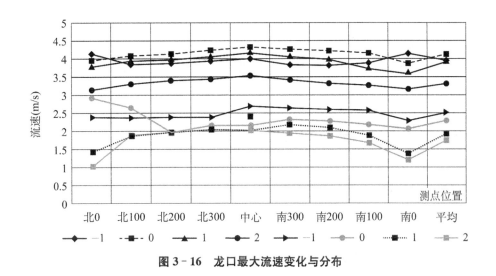

图3‐16 龙口最大流速变化与分布

2) 框笼波浪水池试验

从图3‐17看出,顺流向龙口上的流速最大发生在框笼外,离框架中心距离15~20 m时流速越大。图中图例数字为截流坝顶高程,可见截流坝越高,龙口上的最大流速越大,这可能是跌水断面收缩造成的。

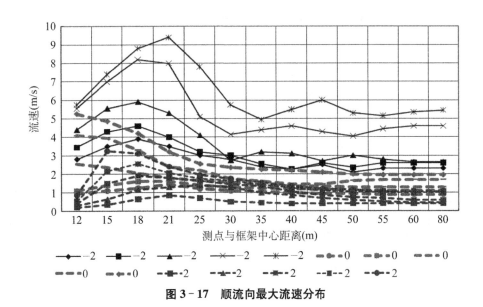

图3‐17 顺流向最大流速分布

试验表明：库内外水深相差较大、$h_2/h_1 < 0.8$ 时，框架中的最大流速主要与截流坝上的水深（$h_2 - h$）相关；库内外水深相差较大、$h_2/h_1 < 0.93$ 时，框架上所受的总水平力 F 几乎与库内外水位差（$h_1 - h_2$）的平方成正比，而与框架中的抛石截流坝高度无关。这一现象的实用指导意义在于，在相同的水位差情况下，框架内抛石加高不会增加框架的水平推力，而由于抛石增加了框架的压重，相应增加了水平抗滑力，因而框架的稳定性随抛石截流坝加高而不断提升。

本研究通过对青草沙水库工程实践有关数值模拟和物流模型试验成果的综合分析，发现在潮汐河口圈围工程采用框架截流有如下的水力特性：随龙口在竖向抬升或在水平向收缩，龙口上的最大流速均有先增加后减小的规律；水流穿过框架后形成跌水，跌水位置离框架的距离随截流坝的加高或水位差的增大而增大，跌水的位置就是龙口上最大流速发生的位置；龙口上的最大流速与龙口内外水深及截流坝上水深相关，而框架所受水推力与截流坝高无关，且当龙口内外水深比约小于 0.93 时，此力主要与龙口内外水位差有关。

3.3.4　框笼施工安放和抛石截流时机分析

根据物理模型试验和数学模型计算分析，青草沙水库东堤深槽龙口在设计条件下会出现 6.0 m/s 以上的高流速，经综合分析，龙口截流采用大型钢框笼抛石进行。龙口宽 800 m，大型钢框笼理论数量为 80 个。考虑船舶换档（船舶作业时间有交叉）等因素，平均每个框笼安放完成需 3 h。大型钢框笼单体重达 21 t，但在高流速、龙口内外水位差及风浪等作用下，空框笼存在滑移、倾覆的风险，如何根据水力特性，选择合理的合龙和截流时机十分重要。

根据实际施工进展情况，龙口大型钢框笼施工安放研究了 2 种方案：一是 2008 年 12 月底大潮汛前框笼全部安放完成，笼内抛石基本上为 -2.0 m 高程（堤头各 2 个，为 $+3.5$ m）；二是 12 月底大潮汛前框笼安放一部分，过了大潮汛再继续安放，2009 年 1 月 8 日前完成。为了充分掌握 2008 年 12 月 28 日大潮和有关小潮时各施工进占龙口的水动力条件，合理确定和调整施工进度，根据上述两种框笼安放方案，拟定相应的典型工况，进行数学模型计算分析。拟定的典型工况见表 3-8。

表 3-8　框笼施工安放和笼内抛石高程典型工况

工况	时间	农历	龙口状态		关注点
			框笼安放数量	笼内抛石高程	
1	12 月 20 日	二十三	南侧坝头框笼 10 个（由于北侧坝头保护目前还未完成，因此北侧框笼 12 月 20 日才开始安放框笼）		北堤头的流速
2	12 月 28 日	初二	南、北侧框笼各 10 个	南、北坝头各 2 个 +3.5 m，其余 -2.0 m	龙口流速情况及可作业时间
3	12 月 28 日	初二	南、北侧框笼各 20 个	南、北坝头各 2 个 +3.5 m，其余 -2.0 m	
4	12 月 28 日	初二	南、北侧框笼各 20 个	南、北坝头各 10 个 3.5 m，其余南、北侧各 10 个 -2.0 m	
5	12 月 28 日	初二	只剩中间 4 个框笼未安放	南、北坝头各 2 个 3.5 m，其余 -2.0 m	
6	12 月 25 日（第一大潮）	二十八	只剩中间 4 个框笼未安放	南、北坝头各 2 个 +3.5 m，其余 -2.0 m	

（续表）

工况	时间	农历	龙口状态		关注点
			框笼安放数量	笼内抛石高程	
7	12月28日	初二	框笼安放全部完成	南、北坝头各2个3.5 m,其余-2.0 m	
8	12月28日	初二	龙口偏北有20个框笼未安放	南、北坝头各2个3.5 m,其余-2.0 m	
9	2009年1月1日	初六	框笼安放全部完成	南、北坝头各2个3.5 m,其余+1.0 m	龙口流速情况及可作业时间
10	12月28日	初二	框笼安放全部完成	南、北坝头各2个3.5 m,-1.0 m。	
11	12月28日	初二	框笼安放全部完成	南、北坝头各2个3.5 m,其余0.0 m	
12	12月31日	初五	框笼安放全部完成	南、北坝头各2个3.5 m,其余0.0 m	
13	12月31日	初五	框笼安放全部完成	南、北坝头各2个3.5 m,其余0.0 m、-2.0 m,成齿状	
14	12月25日（第二大潮）	二十八	只剩中间4个框笼未安放	南、北坝头各2个+3.5 m,其余-2.0 m	

框笼施工安放典型工况主要水力参数计算成果见表3-9。可见,框笼施工安放应避免出现5、10、11、12、13工况,即12月底的大潮汛前框笼施工安放完成后,龙口底高程不应在大潮期抬升;施工过程应合理安排,避免框笼施工安放留小口度大潮(工况5);最后框笼安放可选择在25日左右,涨潮第二大潮没有框笼的缺口处最大流速仅为3.78 m/s,已安放框笼处,北侧一小部分最大流速为4.05 m/s(工况6、14);框笼内抛石可在12月31日高高潮过后,根据施工能力抛石在0 m以上,越高越好,此后潮越来越小(工况9);在龙口截流过程中应重点关注工况7,即框笼施工安放完成后,框笼上或跌水处最大流速可能超过6.0 m/s,但未超过设计标准,注意观测,做好预案。

表3-9 框笼施工安放典型工况主要水力参数计算成果

工况	涨潮最大流速、流速历时							落潮最大流速、流速历时						
	最大流速（m/s）	>2 m/s		>3 m/s		>4 m/s		最大流速（m/s）	>1.75 m/s		>2.0 m/s		>3 m/s	
		h	min	h	min	h	min		h	min	h	min	h	min
1	2.48	1	40					1.19						
2	4.19	3	20	2	05		45	1.98	2	30				
3	4.85	3	30	2	40	2	35	2.05	3	45				
4	4.85* 4.75	3	30	2	35	1	35	2.35	5	40	4	45		
5	6.20* 5.80	3	50	3	15	2	20	2.35	5	30	5	10		
6	4.40 4.70*	3	50	3	00	1	35	2.16 2.27			3	25		
7	6.46	3	50	3	15	2	30	2.38	5	35	4	30		

（续表）

| 工况 | 涨潮最大流速、流速历时 | | | | | | 落潮最大流速、流速历时 | | | | | |
| | 最大流速（m/s） | >2 m/s | | >3 m/s | | >4 m/s | | 最大流速（m/s） | >1.75 m/s | | >2.0 m/s | | >3 m/s | |
		h	min	h	min	h	min		h	min	h	min	h	min
8	5.90* 4.99	3	50	3	05	2	10	2.20	4	40	3	05		
9	4.56	3	50	3	25	2	10	3.45			7	15	2	35
10	7.19	4	25	3	55	3	25	3.02	6	50	6	00	0	05
11	6.69	4	25	4	05	3	40	3.89	7	30	7	00	5	55
12	6.48													
13	6.58													
14	3.78 4.05*	1	50	0	20									

注：＊表示流速在框笼上或框笼跌水处。

根据水力参数计算分析成果，建议 2008 年 12 月 27 日大潮到来之前，框笼全部安放完成，笼内抛石基本上为－2.0 m 高程（堤头各 2 个为＋3.5 m），最后框笼安放可选择在 25 日左右，涨潮第二大潮没有框笼的缺口处最大流速仅为 3.78 m/s，已安放框笼处，北侧一小部分最大流速为 4.05 m/s，尔后加强巡视和观测，待安全度过 12 月 28—29 日大潮后，特别是 12 月 31 日高高潮过后，根据施工能力抛石在 0 m 以上，越高越好，此后潮越来越小，流速也相应减小，可保证龙口截流的成功。施工实践也表明，预报流速均没有超过龙口抗冲最大流速。

3.3.5 截流过程龙口水流数值跟踪预报技术与应用

青草沙水库东侧堤坝深槽龙口合龙是整个水库围坝工程的关键，由于工程实施前的数学和物理模型研究都表明，涨潮时龙口流速有可能达到 6 m/s 以上的大流速，因此，东龙口框笼截流施工时必须避开高流速时段，通过龙口二维数学模型，实时跟进施工进度，预报 24 h 龙口区域水流状况，为施工单位每天的施工时间提供参考。

在收集工程现场最新工况，结合现场水位和流速观测资料，实时调整龙口形态（边界）和上下游边界条件，每日晚间进行提前 12 h 的计算和预报，于次日早施工前向各相关方发送当日水动力预报成果，为现场方案提供依据。水力预报工作流程见图 3-18。主要预报技术路线和流程包括：

（1）长江口杭州湾大范围模拟，通过潮汐预报模型预报距离河口较远的外海的潮汐过程，作为外海边界条件，内河边界为长江大通，资料采用每日 4 个的实时流量数据。

（2）利用长江口杭州湾大范围模拟结果，提取小模型范围边界位置的水位过程作为小模型的边界，根据当日工程施工进度修改龙口地形，将已完成框笼安放位置的网格进行相应的高程调整，进行水动力计算。

（3）分析计算结果包括：龙口最大流速发生时间和位置；龙口区域较大的流速持续时间；龙口内外水位过程线，以及内外水位差过程线，高潮和低潮发生时间；龙口中心流速过程线。

（4）整理数据形成简报，每天早上 8：00 前发送当日水力预报给相关单位。

对 2008 年 12 月中下旬的龙口内外水位过程线、水位差和龙口附近的涨落潮最大流速进行了预报，部分结果见表 3-10。

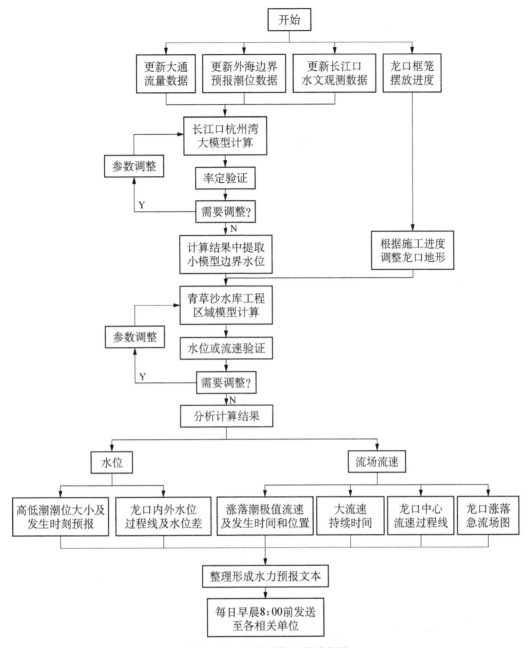

图 3-18 水力预报工作流程图

表 3-10 框笼水力预报结果

预报日期	最高潮位		最低潮位		龙口附近涨潮最大流速		龙口附近落潮最大流速	
	数值	预计发生时刻	数值	预计发生时刻	数值	预计发生时刻	数值	预计发生时刻
12月15日	4.06 m	13:45 左右	0.55 m	9:00 左右	4.13 m/s	11:05	2.06 m/s	14:45
12月16日	3.96 m	14:40 左右	0.59 m	9:40 左右	3.89 m/s	11:50	2.12 m/s	16:00

（续表）

预报日期	最高潮位		最低潮位		龙口附近涨潮最大流速		龙口附近落潮最大流速	
	数值	预计发生时刻	数值	预计发生时刻	数值	预计发生时刻	数值	预计发生时刻
12月17日	3.68 m	15:25 左右	0.57 m	10:25 左右	3.55 m/s	12:35	1.95 m/s	16:30
12月18日	3.36 m	16:10 左右	0.71 m	11:05 左右	3.16 m/s	13:15	2.04 m/s	18:20
12月19日	3.03 m	17:05 左右	0.85 m	11:50 左右	2.9 m/s	14:15	2.05 m/s	19:15
12月20日	2.79 m	18:10 左右	1.02 m	12:55 左右	2.89 m/s	13:15	2.06 m/s	20:40
12月21日	2.49 m	19:25 左右	1.12 m	14:10 左右	2.38 m/s	16:35	1.95 m/s	09:45
12月22日	2.83 m	8:15 左右	1.13 m	15:20 左右	2.27 m/s	17:40	1.87 m/s	10:35
12月23日	3.01 m	9:15 左右	1.04 m	16:40 左右	2.44 m/s	18:50	2.00 m/s	11:30
12月24日(1)	3.21 m	10:10 左右	0.82 m	4:35 左右	3.28 m/s	7:15	2.00 m/s	0:40
12月24日(2)	2.40 m	22:50 左右	0.94 m	17:50 左右	2.76 m/s	19:55	2.06 m/s	15:20
12月25日(1)	3.39 m	10:55 左右	0.79 m	5:30 左右	3.82 m/s	8:00	2.15 m/s	1:35
12月25日(2)	2.44 m	23:40 左右	0.87 m	18:45 左右	3.22 m/s	20:45	2.43 m/s	13:05
12月26日	3.42 m	11:35 左右	0.47 m	6:20 左右	4.2 m/s	8:40	2.56 m/s	13:40

　　截流过程龙口水流短历时预报计算的边界条件和计算工况最大限度地与施工现场条件接近,可近似为短历时实时预报。预报的结果与现场部分事后的观测结果吻合较好,也为制订现场截流堵口方案提供了有力支撑,截流过程龙口水流数值跟踪预报过程和技术路线可行,可为相关工程提供有益的借鉴。

3.4　大型潮汐龙口的护底与截流工艺

3.4.1　研究目的及研究难点

　　结合青草沙水库工程的特点和东侧堤坝深槽软土地基特征,研究软土潮汐河口深槽上大型规模龙口保护结构与截流工艺,研究截流的施工组织与控制技术要求。

　　龙口设置在−10 m以上深槽段,龙口口宽900 m、底宽800 m,底高程−4.0 m,龙口上设计流速超过6.0 m/s。与大江截流相比,潮汐河口上圈围工程大型龙口的截流工艺与结构,因其软土地基、高流速往复流和船机作业等特点,而有很大不同。因此,需要研究解决的技术难点是龙口保护与软土地基防护、缺少石料的筑堤材料、适用潮汐水面上长距离平堵截流的施工工艺和施工过程控制要求等。

　　根据龙口水力特性研究,设计标准下龙口保护期流速可达6.5 m/s(发生涨潮过程的龙口内坡顶)。

由于长江口区域为软土地基,河床在各种复杂的水动力条件下动荡多变,适用这样的地形地质条件的堤坝,包括龙口护底下填高材料,均为土工织物水力充填砂袋。根据多年的实践,一般在超过 2.5 m/s 的流速作用下,袋中的砂土会被吸出,砂袋本身也会漂移。因此潮汐河口深槽中大型龙口结构与工艺研究的第一个关键点是龙口的护底保护结构,既要满足保护期 6.5 m/s 以上流速作用下抗冲,而且要能保持稳定。另外,计算和试验还表明,在截流收缩过程中,无论采用由两端往中间进占的"立堵",还是由底往上层层叠加的"平堵",设计标准下都会发生超过 7.6 m/s 的流速,立堵时甚至可高达 9.5 m/s。抛石或抛网兜石在如此高的流速下难以稳定,国内外无论在单向径流的大江截流,还是在往复潮汐流的海岸工程中都无成功的先例。第二个关键点是研究采用新型可靠的截流结构和工艺,整个截流过程能控制在小汛期约 7 d 时间内,从而避开大潮,减小截流过程遭遇极高流速的机会;同时小汛期截流过程中遭遇不超过 6.5 m/s 设计流速时,截流结构要保持稳定。

3.4.2　研究思路及主要方法

龙口保护结构研究思路主要是针对水下结构船机施工作业特点,从大型土工织物充填砂袋(砂被)保护和平整两个方面着手,防止袋装砂被吸出、刺破,控制护底结构物高流速下稳定,构造可操作的可靠护底结构。

截流工艺的研究思路是借鉴传统的袋装、框笼、框架、沉船等思路,实现便于水上船机作业、截流施工时间能控制在一个小潮汛期内、截流材料抗水流稳定性好或能在龙口上易形成整体,以抵抗水头差和过流冲击。

3.4.3　深水软基上龙口护底结构

对于在泥质河床上构筑的由土工织物充填砂堆起的龙口,龙口上下游及龙口自身抗冲保护的重要性是显而易见的。青草沙龙口位于深槽,护底高程−4.0 m,常年位于水下,即使在最低潮时,龙口上也有约 4 m 的水深,因此龙口保护结构必须考虑水下施工的特点。一般来说,在流速 1~2 m/s 的作业条件下,大规模水上船机作业的经验表明,大型(尺度 10 m×10 m×0.5 m 以上)土工织物充填砂袋的平整度可控制在 1 m 左右。砂袋间可以错缝搭接,但搭接缝距有时在 0.5 m 以上;抛石平整度一般可在 0.6 m 以下;网兜石采用定点沉放,可相互搭靠,但高差一般也在 0.6 m 左右。此种情况下,难以对水下结构进行全面完整的测量和探摸,由于长江口水流浊度高,也不可能采用水下摄影等进行查看,施工测量、检测十分困难;在往复流的作用下,大面积护底土工织物软体排铺设定位远比陆域困难,常见 2~3 m 排体偏位。

软体排护底加网兜石压载的保护形式是高流速下龙口保护的一种压载保护形式。但受制于网兜石形状的不规则性、局部的尖锐性和不均匀荷载制约,一旦施工过程中网兜石对护底软体排造成局部破坏,那么在如此高流速下,已成型的袋装砂棱体很有可能被掏空和塌陷(即护底保护产生破坏),后果将不堪设想。因此必须采用一种高强度的护底保护排体形式,确保主龙口保护期和截流期间的护底保护安全性。在这种情况下,借鉴连锁块护岸防冲的经验,考虑到后续截流施工大量抛石和大型钢框笼安放要求,提出了青草沙龙口保护的 4 层复合保护结构,由下往上分为 4 层(图 3-19、图 3-20),分别为大型土工织物充填砂袋(砂被)、超强砂肋软体排、混凝土块连锁排和网兜石(30 t 混凝土块)。

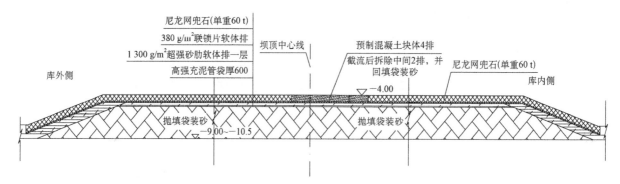

图 3‑19 东侧堤坝龙口护底保护结构图

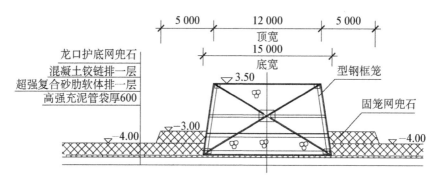

图 3‑20 龙口护底及框笼截流坝顺流向剖视图

1）第一层：大型土工织物充填砂袋

砂袋尺度为 220 m×35 m；袋布规格为 410 g/m² 复合土工布，采用大型铺排船赶潮施工。该层结构的功能是对龙口下部填砂起"砂被"覆盖保护和平整作用。

2）第二层：超强砂肋软体排

排体顺水流方向长度约为 200 m，宽度 35 m 左右（视铺排船规模而有增减）；排布采用 1 300 g/m² 丙纶长丝机织土工布，其抗拉强度为经 360 kN/m、纬 260 kN/m，该排布是为青草沙龙口保护定制并首次投入批量应用的国产超强度土工布；砂肋直径 30 cm，间距 150 cm，采用 260 g/m² 丙纶长丝机织布。该层结构的功能是保护砂被，防止高流速冲击和渗透水压力作用下砂被中泥砂被吸出，同时均化上部块石等不均匀荷载对砂被的顶刺作用，也是上部荷载跨越下部砂被搭接缝的"核梁"。

3）第三层：混凝土块连锁排

基布采用 380 g/m² 复合土工布；混凝土块规格为 160 mm 厚，尺寸为 400 mm×400 mm，由丙纶绳均匀系在排布上。排体的平面尺度与超强砂肋软体排相同。该层排布功能如同甲胄，保护下层超强砂肋软体排，避免抛石及网兜石对下层排的直接穿刺，同时起压重作用，保证龙口在上部网兜石未加载前的稳定。

4）第四层：网兜石（30 t 混凝土块）

网兜石单重 10 t，6 个联成一组，整体吊装，定点沉放，安放后的整体厚度为 0.6～1.2 m；网兜采用高强中碳合金钢丝或丙纶绳，网眼为 20～30 cm，钢丝直径 2.5 mm（丙纶绳直径为 16 mm）。实际施工时由于丙纶绳网兜吊装和运输过程损坏少，且有一定的价格优势，最终予以采用。网兜石的功能是龙口抗冲，计算和试验表明混凝土块连锁排的最大抗冲流速不超过 3.5 m/s；水槽试验表明，6 个一联 10 t 网兜石可满足 6.5～8 m/s 流速的抗冲稳定。如果采用单重 60 t 的网兜，其抗冲性更好，但对网兜要求太高，难以满足。30 t 混凝土块的使用功能也是压重防冲，用在堤坝的防渗墙位置，代替网兜石，便于截流后吊出并以充填砂袋置换，以便今后防渗墙施工。

3.4.4　高流速大型龙口截流工艺与钢框笼抛石结构

根据数学模型模拟计算研究分析成果，东堤深槽龙口保护期、收缩期和截流期在对应设计潮型下的极值流速大多在 6 m/s 以上。根据上海地区的经验，截流过程中龙口流速超过 3.5 m/s，常用的吹泥管袋常规工艺难以实现。在流速超过不多的情况下可考虑将龙口的截流过程分两个阶段：第一阶段为截流戗堤截流，采用抗冲能力高的材料（如抛石、大块体、网笼等），以初步断水和大大降低龙口范围流速；第二阶段为充泥管袋闭气完全断水截流并成堤。这个方法俗称"燕子窝"截流法，又叫双戗堤截流法。由于流速过大，研究表明此法不适用于青草沙水库工程。

研究人员对抛石网兜截流、框架插板截流、钢框笼抛石截流、桩架截流和桩式子堰等截流方案进行了综合比选，认为钢框笼抛石截流方案最为可行。钢框笼抛石截流方案是以框架为截流坝支撑骨架，框内抛石。龙口 900 m 范围拟分两种戗堤截流断面，即在龙口中间底宽 800 m、底高程 −4.0 m 范围全线采用框笼抛石截流，两侧各 50 m（底高程 −4.0 m）段采用网兜石戗堤截流。采用乘小潮或大潮平潮时段向预先放置并形成稳定的框笼内抛石形成戗堤。可采用先平堵后立堵的组合堵口方式，也可采用分层平堵的单一堵口方式。

框笼结构研究了钢结构和钢筋混凝土两个方案，主要考虑了钢筋混凝土和型钢两种结构形式，钢筋混凝土结构自重大、结构稳定性好，但制作周期长、安装难度大；相对而言型钢结构在制作和吊装上有一定的优势，因此推荐采用大型钢结构。

大型钢框笼的作用是提高截流抛石的整体稳定性，应具备如下几方面条件：能够在水上快速吊装安放就位，框笼自身稳定性好，即要求阻水小，初期压载石需求少；框笼与龙口护底"连接"好，抗滑抗倾性能好；满足吊装和抛石戗堤各工况的结构强度要求。对各工况分析计算后提出钢框笼尺寸为：横向顶宽 10 m，底宽 12 m，纵向长 10 m，高 7.5 m。钢框笼上下游两侧设钢筋网格，防止抛石流失。采用 [40a、[32a、[25a、扁钢 30×200 及直径 20 钢筋制作。

框笼断面形式为：在顺水流向立面采用有利于自身稳定的梯形断面，顶宽 10 m，底宽 12 m。既能增大接触面、提高抗滑能力，又能增加框笼的抗倾覆能力，稳定性比矩形断面好。计算和试验表明，空框笼稳定的流速在 2 m/s 左右；要满足度大潮汛约 6 m/s 流速的工况，框笼内应先抛石约 2 m 厚；为满足初期 2 m 厚抛石不从侧面滚出影响后续框笼的安放，框笼外侧立面下部设有 3 m 高、25 cm×50 cm 间隔的钢筋网。考虑到框笼安放不可能紧密且平整对齐，为防止抛石从相邻框笼接缝中滚出，在框笼侧面靠近迎流面约 2 m 宽范围内设钢筋网。框笼顶部除斜向支撑外，顺龙口方向布置 2 条角钢，以便于框笼顶部搭设简易交通便桥。

框笼是否设"底"是研究讨论的焦点之一。有底的框笼在框内压重作业下抗倾和初期稳定性更好，但有"底"之后框内抛石与龙口护底不直接接触，不能形成抛石与护底相互咬合的状态。而无底框底部可按块石堆内部，摩擦系数更大。并且，有底之后框内抛石重量全在框结构上，对护底整平要求极高，框笼的自身受力复杂，因此采用无"底"结构更合理。即在满足整体强度要求的条件下，框笼底面上仅设框周和 6 道加强件，形成 12 个 2.5 m×4.0 m 的框格，便于笼内抛石与龙口网兜护底块石之间的咬合，可增加整体抗滑稳定性。

为防止初期抛石在水流作用下向下游侧滚动,在框笼顺水流向(12 m)—1.0 m高程以下分3仓,设钢筋网片防块石滚动。

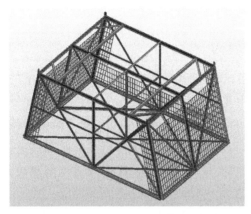

图3-21　截流钢框笼结构示意图

截流钢框笼结构示意图见图3-21。

框笼安装的平整度对其稳定性有影响,因此对龙口护底的如何整平也是重要研究的内容。但龙口护底施工大,水上整平极其困难,而且工期很长,整平后的实际情况难于检测,因而提出另一个思路是将框笼的四条脚设计成可调节的,或加装液压调节油缸,就地调平,或针对每只脚具体位置的实测高程,框笼吊放前现场接长或截短,两种方法具体操作都有不小的难度。现场框笼吊放试验发现,尽管护底平整度不尽人意,但因框笼尺度较大,不平整产生的影响对框笼稳定的影响并不明显,因此实际施工时仅对护底局部高差较大的地方适当抛石填平,未采取其他措施。

框笼抛石截流戗堤断面形式见图3-22。

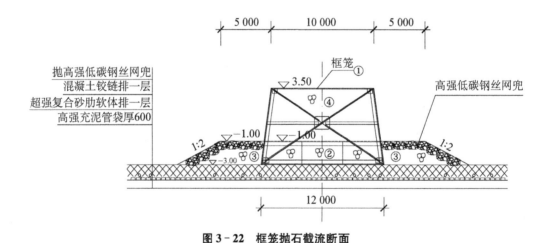

图3-22　框笼抛石截流断面

3.4.5　大型潮汐龙口截流施工组织与节点控制技术要求

青草沙龙口截流施工实施的思路是在龙口保护阶段,首先设置—5.0～—3.0 m的保护面层。最底层为高强度充泥管袋面层,往上分别为超强砂肋软体排、混凝土连锁块体和高强低碳钢丝网笼各1层至—4.0 m。保护层完成后,等待潮汐弱、径流强度低的截流时机。

由于龙口规模大,截流工序多,加上长江口1个月中有两大两小周期性变化半日潮的特点,将截流根据大小潮变化分成几个步骤,尽量利用小潮作业,避开大潮流急浪高的局面。

将截流期分为2个阶段,第一个阶段在龙口范围内吊放框笼,保证框笼在水流力作用下的自身稳定,吊放后须立即在笼内抛一定厚度的块石以保持框笼的初步稳定。并同步在框笼上下游两侧抛投,进一步稳定框笼,避免滑移和倾覆,并防止大潮来临对已经吊安好的框笼的破坏。第二个阶段是全部吊装安放完毕以及抛石至—1.0 m后,从大潮末开始,全线对—1.0 m以上全部框笼抛填块石,确保在下一个大潮汛来临前平堵截流成功。抛填过程中,尽量做到框笼内的抛石同步抬高,直至截流。在截流完成后立即进行内外侧和上部结构的施工,确保结构的稳定。

第一个阶段是截流成功的关键,要求在尽量短的时间内完成,强度大,难度高。这个阶段最好能在10 d内完成。第二个阶段在小潮期内完成。施工方案顺序示意图见图3-23。

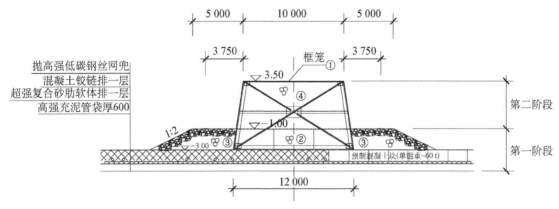

图3-23　龙口截流方案施工顺序示意图

青草沙龙口截流推进的控制性条件与材料供应有以下要求。

1) 截流进度控制条件

通过对龙口截流的数模研究成果、结构稳定性计算、结构稳定性物模试验和截流时间选择的比较分析,东侧堤坝主龙口合龙基本方式为框笼加抛石平堵的方式,在枯季中小潮汛进行截流施工。但同时也考虑了外界自然条件对截流的影响,主要表现为冬季冷空气对施工作业的影响、枯季大潮汛对截流结构稳定的影响等。根据截流结构稳定性物模试验结果,当结构尺寸为10 m×12 m×6.5 m的框笼安放在-3.0 m基础上,框笼内石料抛高1 m,在1.0 m波高、3.0 m/s流速作用下,结构是稳定的,可确保截流结构安全渡过枯季中小潮汛;当框笼内石料抛高2 m时,在1.0 m波高、5.5 m/s流速作用下,结构是稳定的,可确保截流结构安全渡过枯季大潮汛。根据以上综合分析,东侧堤坝主龙口截流在具备以下条件的情况下可顺利安全截流:

(1) 具有足够的施工设备和充足的截流材料。

(2) 龙口-4.0 m高程面上平整完好。

(3) 龙口宽度800 m,采用平堵的截流方式。

(4) 枯季一个中小潮内安放完框笼,并且在框笼内抛石2 m厚,框笼上下游侧完成抛石保护,可以安度大潮汛。

(5) 大潮汛后,在一个中小潮讯内,平堵截流。

(6) 截流后立即高强度实施框笼上下游侧闭气保护,闭气保护施工周期越短越好,不宜超过1个月。

2) 截流材料的供应

工程截流的主要材料为型钢框笼和抛石材料。型钢框笼事先采购制作后临时储存在长兴岛待用。截流期主要需要解决的材料是抛石材料的储存和运输。

根据计算,框笼平堵截流方案累计需要抛石9.64万m³。

(1) 第一阶段截流时先进行框笼的吊安,框笼共80只,用2艘130~200 t全回转式起重船从龙口两侧向中间安放,4 d完成。同时安排2条大型吊机船进行笼内1 m厚压重块石安放,5 d完成。随后用2条大型吊机船,以每层1 m厚平堵的方式将框笼内石料加高到-1.0 m。

框笼外侧网兜抛石抛至-1.0 m采用两种方式,因内侧吊运最大距离约20 m,安排2艘80~100 t大型吊机船由外向内吊运抛石,外侧安排2艘40~60 t吊机船就地吊卸,作业时间共10 d。

（2）第二阶段采用 4 条大型吊机船，以每层 1～1.5 m 厚平堵的方式将框笼内石料加高到 3.5 m，共 4 层，笼内抛石量 42 372 m³，施工进度按照两天一层的进度，8 d 完成框笼内抛石截流施工。

在框笼截流的同时，安排 2 条吊机船进行龙口两侧钢丝网兜块石堤与框笼衔接段的施工，计划两侧衔接段长度各 80 m，衔接段伸入框笼不小于 5 m，高程抬高到标高 5.0 m，用钢丝网兜块石抛填。

由于截流期时间短，抛石量巨大，采用备料和船供相结合的方式组织龙口石料供应。

框笼抛石方案抛石备料量按照备料 10 000 m³ 考虑，剩余 86 400 m³ 船供。

截流期间按照最大每天 16 艘 1 000 t 石驳船到场安排，最大每天可供应石料约 10 000 m³；每天最少安排 9 艘石驳船到场安排，每天最少可供应石料约 6 000 m³。截流前按照施工非常阶段提前组织相应吨位的船舶，在组织难度上困难不大。

3.5 大型潮汐龙口截流施工关键技术

3.5.1 研究目的及研究难点

针对高流速、宽深潮汐龙口以及新型截流工艺和结构，研究采用可靠而高效的施工工艺，确保龙口在短时间内安全顺利地一次性截流。

根据东侧堤坝深槽龙口护底结构与截流工艺的研究，保护期龙口－4.0 m 以下采用袋装砂堤身结构，袋装砂坝身上采用软体排覆盖，60 t 网兜石和 30 t 混凝土方块压载保护，形成护底保护。但在设计标准下预计－4.0 m 标高平台与库内边坡交接处设计流速为 7.6 m/s，－4.0 m 标高其他位置设计流速为 6.0 m/s，库内堤坡脚线以外滩面设计流速为 4.0 m/s，库外堤坡脚线以外滩面设计流速为 3.0 m/s。由此可见工程的最大难点是东侧堤坝主龙口在高流速状态下进行护底保护施工和快速截流。

3.5.2 研究思路及主要内容

针对东侧堤坝深槽龙口在高流速状态下进行护底保护施工和快速截流的难点，结合室内试验和现场试验，重点从以下方面进行研究。

（1）1 300 g/m² 高强土工织物软体排编织工艺。

（2）龙口护底保护结构施工工艺。

（3）60 t 尼龙网兜石和 30 t 混凝土方块水下安放自动脱钩吊具研制。

（4）主龙口截流施工顺序。

（5）主龙口截流施工技术及施工工艺。

（6）主龙口综合监测技术。

3.5.3 1 300 g/m² 高强土工织物编织和缝制工艺

1 300 g/m² 高强土工布是青草沙水库工程龙口护底的重要材料，目前国内圈围工程中常用的软体排基布多为 230～350 g/m² 丙纶长丝机织布或 380 g/m² 的复合土工布。丙纶长丝机织布克重可适当增大，但以往工程实例中很少超过 350 g/m²。复合土工布可选择不同克重的机织布和无纺布复合而成，其制作工艺和设备目前已基本固定和成型，具有一定的流水作业流程，机械化程度较高。

1 300 g/m² 高强土工布的编织，由于单位面积重量较常规土工布增加很多，因此具体落实生产时，无论是原料的采购还是具体到生产的每个环节,均需要进行不同程度的创新和改造。通过对编织工艺的研究,经过多次组织试验,最终编织工艺确定为:原料采用进口高强高号丙纶工业加长捻丝,分条整经采用高速电子分条整经机,并根据 1 300 g/m² 高强土工布加工原料的特点,对整经机的经纱架、位移同步器和侧轴涨力承受力等方面进行改造。经过多次的组织和试验,最终采用了多臂片梭织机,进行 5 层复合编织,其成型强度和编织密集性均达到了业内的最高水平。单幅土工布机织完成后,受其厚度(单层 4 mm)的影响,对机外卷装机器进行改造,卷取采用机处衡张力,大卷装机进行自动化卷装,最终实现成品入库。土工布生产流程见图 3-24。

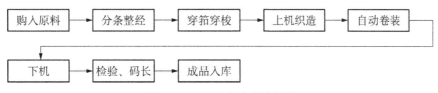

图 3-24 土工布生产流程图

高强度软体排体与常规排体较为直观的区别在于单位面积土工布的重量,青草沙工程之所以采用高强度软体排体,主要是铺设高强度软体排体后,依托于高强度软体排更强的抗拉强度和顶破强度等,使护底保护更加可靠。通过检测,高强土工布在各项强度指标检测方面均大大优于常规的土工布。在高流速状态下,采用高强土工布排体,其护底保护效果更加可靠。

龙口护底保护结构设计形式能否满足龙口保护期和截流期的抗冲刷要求,是龙口截流的重中之重。一旦护底保护遭到破坏,则截流会前功尽弃,从而遭受较大的经济损失。青草沙水库东侧堤坝主龙口流速之高、截流难度之大在国内海岸工程中尚属首例,采用 1 300 g/m² 高强度软体排体护底保护,大大提高了龙口保护期和截流期的安全性。

3.5.4 龙口护底保护结构施工工艺

1) 软体排铺设

青草沙水库东侧堤坝主龙口软体排共有 2 层,下层是 1 300 g/m² 超强土工织物砂肋软体排,上层是 380 g/m² 土工织物混凝土联锁块软体排,与一般的软体排保护河床原始滩面不同,其主要作用是保护排体下的袋装砂结构免遭高流速水流和上部压载物的破坏。因此软体排铺设必须在较高流速下全覆盖排体下的袋装砂棱体结构,并确保软体排的完整性。软体排铺设是一项成熟的工艺,但在高流速下为确保软体排和软体排下袋装砂棱体结构的安全,仍必须对以下铺排工艺作研究,主要是护底软体排在铺设过程中的完整性和对袋装砂棱体的全覆盖。

由于软体排铺设已是一项较为成熟的工艺,因此铺设工艺可按照现有工艺进行施工,但由于主龙口软体排铺设过程受涨落潮水流流向和流速的影响较大,且由于软体排长度较长,约为 200 m 左右,从而对软体排铺设过程的完整性产生不利影响。为确保护底软体排满足设计要求,铺设过程必须在不受流向和流速影响的前提下,完成每张软体排的铺设。研究人员提出了流速、铺设时间和铺设方向等一系列铺设工艺的主要控制参数,保证了铺设的完整性。

由于护底软体排下采用袋装砂抛袋和 1 层统长砂袋结构,因此要全覆盖袋装砂棱体必须精确确定袋装砂边线位置和坡顶位置,才能确定护底软体排的实际长度。研究人员首次使用了目前最先进的多波束测深仪进行水深全覆盖测量,形成三维水下地型模型,同时采用旁扫声呐对龙口袋装砂棱体进行扫测,形成大堤影像图,以影像形式将整个施工区袋装砂棱体施工情况完整地展示出来。多波束和旁扫声呐系统结合起来使用,可以完整地将龙口施工情况反映出来,为下一道工序施工提供依据。采用上述精确的测量成果,绘制成断面图,然后根据断面图设计每块软体排的缝制长度和铺设长度,从理论上确保软体排的长度能全覆盖袋装砂棱体。

2）60 t 网兜石安全高效施工

青草沙主龙口极值流速可达 7.5 m/s,为保护护底不受高流速破坏,在护底保护结构上采用网兜石压载保护软体排,起到加糙护底和减缓水流的作用。但采用何种材料,如何编织、灌装和起吊才能确保护底安全是安全高效施工组织研究的重要内容。

在低碳合金钢丝、聚丙烯尼龙绳、钢绞线几种材料中,通过编织、灌装、起吊和转运试验,选用了聚丙烯尼龙绳作为编织网兜的材料。根据时间和施工能力,将 60 t 网兜石分成 6 个 10 t 网兜石,提出采用直径 16 mm聚丙烯三股丙纶绳作为网兜编织材料,网兜半径 7.5 m,网眼 0.30 m,网兜收口绳直径 22 mm。为确保网兜石灌装效率和每网兜 10 t 质量,灌装采用碗状模具、由挖机进行灌装的工艺。碗状模具的尺寸为：上口直径 2.8 m,下口直径 2.0 m,高 1.5 m。组装时将 6 个 10 t 重的网兜组装成一组,一起进行水下安放,相邻两个 10 t 重的网兜之间用尼龙绳连接,最后用一根 φ22 mm 的尼龙绳将 6 个网兜串联在一起。

网兜石的安放采用水下定点的方式进行,为了确保吊安在水下位置的准确性,特别为此设计了一套专用的 GPS 定位系统。这套 GPS 系统有两大优点：一是安放时吊机及拟安放网兜的运行轨迹均能在显示器上清楚地显示出来,能动态反映安放的误差,能根据电脑显示的预定位置进行安放。为了确保网兜石水下安放的紧密性,根据每组网兜石在陆上被吊起之后所占的面积（近似长方形,测定其长和宽）来确定安放预定位置的面积。二是 3 台 GPS 相互串联,2 台显示器采用无线连接,在任一显示器上既可以看到船位,又可以看到吊机的位置及安放点。

为确保网兜石和 30 t 混凝土方块安放质量符合紧密相连的要求,安放位置采用网格法进行施工。首先用多波束测深仪进行龙口段水深测量,然后根据网兜石和 30 t 混凝土块不同的安放位置和尺寸划分施工网格,前后位置和上下层都进行错位安放。根据网格内的标高计算出网兜石安放后的顶标高,未达标高的加放一层,相临间的网兜石顶标高高差控制在 0.5 m 左右。

根据龙口流速和压载物重量情况,选用起吊能力为 120 t 全回转浮吊作为网兜石安放的施工设备。该类型浮吊具有全天候作业的能力,是适合龙口施工的施工船机设备。

为保证每组网兜石起吊中的形状和安放后的形状及大小基本一致,研制了长方形自动脱钩吊具。网兜石安放时根据网格划定的位置进行安放施工,先进行 GPS 定位,然后进行"碰放";安放选在流速较小的时间段内进行;摆放时错位排列,安放 2 层时上下位置也错位排列摆放,确保网兜石安放的紧密性。

每艘浮吊船顺水流方向布置（垂直于堤轴线方向）,在船头位置安放（吊机在船头）,船体的左右两侧用于平板船的靠驳。安放顺序总体上是从库内往库外后退施工,这样的船位位置及安放顺序有利于平板驳船进出和船舶靠档。

3.5.5　60 t 尼龙网兜石和 30 t 混凝土方块水下安放自动脱钩吊具

网兜石的特点是形状不规则,吊具需要单次实现 6 兜网兜石的安放并顺利脱钩,使其水下成型规则、平整和紧密,并满足设计要求。同时根据工序的要求,在安放网兜石的同时,需要安放 30 t 混凝土方块进行护底压排。因此,要求吊具既要满足网兜石的安放要求,也要满足混凝土方块的吊装需要。组合安放吊具平面尺寸示意图见图 3-25。

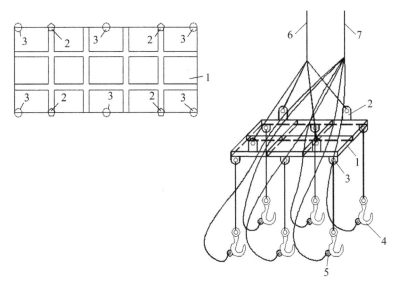

图 3-25　组合安放吊具平面尺寸示意图

　　自动脱钩吊具要解决网兜石单次安放 6 兜满足 60 t 总质量、网兜石形成规格形状入水安放、水下顺利脱钩的问题,也能满足大方块的吊装需要。

　　自动脱钩吊具制作技术方案是采用矩形框架、吊环、挂钩。其特征是矩形框架上部分布有 4 个起吊环,起吊环用钢缆连接于吊机的主钩上用于起吊;矩形框架下部分布有 6 个吊环,悬挂 6 个挂钩,用于钩挂网兜石,每个挂钩背部都设置有 1 个小吊环,小吊环系于吊机的副钩上,用于网兜石的水下脱钩。自动脱钩吊具构造示意图见图 3-26。

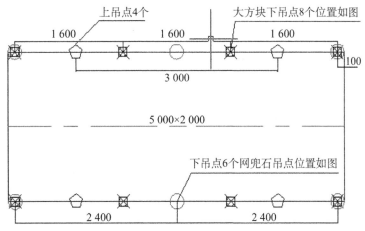

图 3-26　自动脱钩吊具构造示意图

　　自动脱钩吊具的优点是利用槽钢制作矩形吊具,下部均匀分布了 6 个挂钩,单次可起吊安放 60 t 网兜石,避免网兜石相互挤靠在一起,使 6 兜网兜石形成规格的矩形,水下成形规则,平整度较高。吊机的主钩通过起吊吊具上部的 4 个起吊环,使网兜石顺利起吊入水。到达安放位置后,吊机主钩下落,通过副钩拉动吊具下部 6 个挂钩背部的小吊环,可顺利实现水下脱钩。在满足单次 6 兜网兜石、总网兜石质量达 60 t 的前提下,使网兜石入水前就形成了规格的矩形,入水达到预定位置后,顺利实现脱钩,提高了网兜石水下的平整度和形状的规格性,提高了施工质量。

混凝土方块的启吊起吊方法与网兜石相同。利用下面的4组吊点，可以一次起吊2只大方块，也可单用中间2组吊点，起吊一个30 t的大方块。

3.5.6　大型钢框笼吊装及抛石截流施工关键工艺

由框笼安放和抛石截流施工过程水流数值模拟计算和物理模型水工试验成果可知，框笼安放和抛石截流在小潮汛期间进行是可行的，大潮汛期间其结构是稳定的，满足设计拟定的龙口保护期和截流期控制流速要求。主龙口截流施工总体顺序见图3-27。

图 3-27　主龙口截流施工总体顺序

为确保龙口截流顺利进行，截流前在现场进行了整个截流全过程的试验，来评估截流流程和截流施工工艺的合理性。

1）主要成果

（1）框笼直接安放在混凝土联锁块软体排上，框笼平整度较好，框笼相邻间的间距在0.3 m左右。

（2）验证了在3 m/s流速以下，采用海船带缆在框笼上进行抛石截流施工技术方案的可行性，解决了截流施工技术方案中施工船舶锚缆布设的难题。

（3）验证了数学模型和物理模型对框笼抗滑、抗倾稳定性试验的成果，得出了框笼在现场实际稳定性效果比数学模型和物理模型计算和试验结果稳定性更好的结论。

（4）得出框笼安放所需作业时间、抛石截流所需作业时间和可供作业的外界条件。

（5）充分验证并进一步完善了龙口截流施工技术方案及施工工艺，为最终提前实施龙口抛石截流提供了充分的第一手资料。

2）框笼安放技术和施工工艺

（1）框笼安放。根据框笼安放试验，框笼之间间距可控制在30 cm左右，这样800 m可布置78个框笼，其中1个框笼为异型框笼，从南向北进行编号，框笼顶标高按设计要求3.5 m控制。首先用多波束测深仪测量水深，根据对应框笼所在位置底面高程计算出每个框笼高度，其中6.6 m 6个、7.1 m 8个、7.5 m 29个、8.1 m 19个、8.5 m 6个，同时计算出每个框笼整平工作量及位置。

（2）框笼基础找平施工工艺。由于框笼底面积较大，其适应性较强，仅对框笼4只脚的位置作整平处理。整平采用网兜装袋装碎石找平，120 t浮吊根据GPS显示的位置进行安放。对整平工作量较大的位置，采用先垫网兜石再用网兜袋装碎石找平。

（3）框笼安放施工技术方案。框笼安放选择小潮汛进行，并采用120 t全回转浮吊进行安放，3套GPS定位系统和安放软件配合进行定位。

采用2条120 t浮吊由两头向中间推进安放框笼的顺序，在安放最后5个框笼时由一条浮吊完成。框笼安放到预定位置后，相邻框笼立即用钢丝绳连接起来，成为一个整体。

框笼安放施工工艺：浮吊进点定位、框笼基础用袋装碎石找平、浮吊根据预定框笼位置进行安放、浮吊吊安60 t网兜石进行两侧固笼、浮吊转入下一个框笼安放，同时海船进行2 m厚笼内抛石压载。

（4）抛石截流施工技术。根据数值模拟计算结果，平堵流速要小于立堵流速，而平堵至标高为0.5 m时流速最大，抛石截流必须避开此高程，因此分3层抛石平堵。第一层从−2.0 m抛石至−0.5 m，第二层从－0.5 m 抛石至 2.0 m，第三层从 2.0 m 抛石至 3.5 m。

截流抛石总量约 720.5 m³/只×77 只＝55 500 m³，在抛石之前计算好每层的抛石量，由抛石船直接分层抛投。

根据数学模型和物理模型计算和试验成果，主龙口抛石截流时间为 2009 年 1—2 月，在小潮汛期间进行。

3.5.7　龙口施工综合监测技术

1) 综合利用多波束和旁扫声呐系统，实施高精度、全覆盖水下地形测量

多波束系统通过缩短测量水深点间距，很好地做到了覆盖整个测量区域的目的，同时建立三维立体模型，能够准确地反映整个施工现场的情况。旁扫声呐系统通过对施工区域进行扫测，对大坝坝身、软体排位置、水下障碍物等进行监控。多波束和旁扫声呐系统结合起来使用，可以避免单一仪器无法完整地将施工区域情况反映出来的问题，为整个龙口工程施工提供了依据，指导工程的顺利实施。

多波束系统通过连接平面定位系统，并经过相对位置关系的改正，得到精确的平面坐标，能够得到高精度的水下地形及影像图。通过高精度的多波束水下地形测量，为施工水下袋装砂补铺、块石镇脚的加固及钢笼的安放施工等龙口施工提供了较为详细的依据，很好地解决了现场施工情况动态监测的问题，对于指导龙口工程施工有着重要的意义。除了在龙口施工中发挥了重要作用以外，多波束在施工前后的海底地形、地貌的测量方面也发挥着非常重要的作用，能够很好地保障工程施工的需求，为工程提供安全可靠的数据。

通过采用双频旁扫声呐系统进行大坝和海底地形地貌扫测，利用生成的旁扫影像图，对大坝坝身、软体排位置、水下障碍物等进行监控。通过旁扫扫测可以准确地将连锁片、排布等铺设位置及与设计位置位移大小扫测出来，为现场施工提供指导，对未达到要求的区域进行补充铺设，保证了施工质量和施工精度。

2) 合理利用潮位变化特性，选择有利施工时机

如何应用好潮位数据信息是长江口区域水上施工作业的一个非常重要的环节。截流施工不单单要考虑潮位的高低变化，还要考虑一定时段内高低潮的变化幅度和总体趋势。既要选择潮位低的时间段，又要确保合龙时的潮位变化幅度尽量最小。

在对大坝龙口进行截流前，重点要进行潮位(预报潮位)绘图分析。一方面，要尽量在低潮时进行截流；另一方面，尽量在高低潮差值较小的平稳阶段进行截流。

3) 多种方法测量流速流向，确保施工顺利完成

对龙口施工区水域的流速流向进行详细的调查，分析龙口水域的流速流向的变化是确保施工顺利完成的重要保障。研究人员分别采用了定点测量和 ADCP 走航式流速测量。

(1) 截流前的定点流速测量。定点流速测量是长周期的连续性测量，使用 SL－2 型海流计，按六点法实施测量。每整点测一组数据，涨落急时每半小时测量一次。施测一个大潮全潮(两涨两落)，每个代表潮施测 26 小时。利用传统流速仪长时间测量流速，进行堤内外流速的比较分析，为截流施工的时机选择提供技术保障。

(2) 截流过程中的 ADCP 走航式流速测量。ADCP 技术可在时间上和空间上得到较高分辨率，由于龙口较宽，随着截流施工的全面展开，实时掌握龙口附近水域的流速、流向有利于现场作业方案的及时调整，同时也为截流施工的人员、船舶、围堤的安全提供可参考的依据。

由于龙口处于施工区,考虑到河床底部泥沙的输移运动,使用 ADCP 底跟踪法就不能得到相对大地的正确船速,从而产生观测误差。解决这个问题的办法就是用 GPS 来测定船速。具体来说就是通过 ADCP 测量软件接收 GPS 的 GGA 格式数据,根据它算出测船的速度矢量,或接收 GPS 的 VTG 格式数据,直接得到测船速度矢量。通过这种方式可有效提高流速测量的准确性,确保截流施工的合理展开。

3.6　主要结论

围绕潮汐水流作用下的特大龙口的设置、保护与截流问题,利用数值模拟、水槽试验和物理模型试验等多种方法,从龙口的选址与规模、龙口的保护与截流和龙口水力特性与截流预报等方面展开研究论证,得出了以下主要结论:

(1) 从水流条件、施工以及经济等方面综合考虑,库区采用 1 仓方案对河势影响小,施工强度小,进度有保障。分仓方案对龙口极值流速减小效果不明显,施工交通条件也没有明显改善,而工程费用大幅增加。水库分仓后的流态和流速都有较大幅度的改变,沙脊及河床形态也将发生相应的调整,对后期大坝建设不利,对河势影响较大。因此库区采用大库区不分仓方案。

(2) 对龙口布置方案的北侧堤坝多龙口方案、北侧堤坝双龙口方案和东侧堤坝深槽龙口方案进行了研究论证。分析表明:北侧堤坝多龙口方案因坝线长、龙口多,施工过程中容易水流混乱,一次同步截流实际操作的组织、协调上难度较大,并且存在多口门保护压力大、东侧堤坝不易先行抬升断流的难题,不确定因素导致截流失败出现的概率较大,截流风险大;北侧堤坝双龙口方案虽然表面上风险不集中,但是潜在的风险不明确;相较而言,东侧堤坝深槽龙口方案风险集中在深槽处,虽然施工难度大但经过研究可以解决。因此选用实施难度大但风险集中可控的东侧堤坝深槽龙口方案。

(3) 综合龙口数学模型和物理模型有关模拟计算和试验成果、东侧堤坝实施过程沉降控制的要求以及地形条件,东侧堤坝深槽龙口在保护期按复式断面设置,龙口中心宽 800 m、底高程−3.0 m,龙口两端各设宽 50 m、高程为 0.0 m 的平台。相应北龙口按常规工艺保护,龙口中心宽 300 m、底高程−1.5 m。

数学模型模拟计算和物理模型试验成果均表明,平堵截流过程比立堵收缩出现的极值流速小;物理模型试验表明,框笼平堵过程最大流速 5.57 m/s,而抛石立堵过程最大流速 8.06 m/s,从控制高流速风险看平堵较为合理。平堵与立堵相比,缺点是闭气不能马上跟上,整个龙口范围截流坝后无闭气体时间可能较长。综合施工船上作业的特点,确定采用平堵工艺。为确保截流坝安全,应尽可能加大截流施工强度,减小闭气前截流时间。

(4) 通过抛石网兜截流方案、框架插板截流方案、框笼抛石截流方案、桩架截流方案以及桩式子堰截流方案的综合比较,提出了抗流能力强、稳定性高的钢框笼抛石截流方案,这在潮汐河口大型龙口截流的应用中尚属首次。

(5) 综合龙口保护期及截流期过程的水流计算和试验成果,确定龙口保护期位于龙口−3 m 高程平台与边坡交接处设计流速为 7.6 m/s,−3 m 平台上其他位置流速取 6 m/s,库内坝坡脚以外滩面设计流速为 4.0 m/s,库外坝坡脚以外滩面设计流速为 3.0 m/s。框架截流过程流速按不大于 6 m/s 控制。

(6) 通过物理模型试验研究,提出在水流及波浪组合作用下框笼受力及抗倾抗滑等稳定性参数。

（7）采用物理模型试验和数学模型分析的手段，掌握龙口合龙过程中的实时水动力特性并进行短时间预报，分析确定框笼合龙和截流时机。研究提出的预报过程和技术路线可行，可为相关工程提供重要参考。

4 长距离江心水力充填堤坝结构与实施技术

4.1 概述

4.1.1 研究背景

青草沙水库新建堤坝总长达 22 km,建在河口江心涨潮沟外侧的沙脊上,并穿越多道深槽泓沟。其中部分堤线跨越深槽,滩面高程为 $-5.0 \sim -10.5$ m,其坝身高度达 $15 \sim 20$ m,工程所在区域水深、浪大、流急、地基软弱,其堤高及水深超出了常规充填袋装砂斜坡堤的适用范围,在缺乏石材、河床易冲的情况下,需要研究适用的水力充填堤坝及其防冲护滩结构。由于涨潮沟的形态是特有水动力条件作用下的一种不稳定、不平衡状态,潮流场、波浪或泥沙条件的改变,极易引起带状沙脊冲刷,施工筑坝的阻水扰流也极易引起沙洲冲刷和河势调整,因此研究解决长距离筑坝施工顺序和进度控制要求,是江心河口软土沙洲上水库大坝构筑核心技术之一。同时水库堤坝运行后须承受库内外两侧 $7.0 \sim 8.0$ m 的双向水头作用,大坝采用水力充填管袋斜坡堤结构,坝身两侧及水下部分主要由土工织物管袋充填砂土堆叠而成,坝身中上部由砂性土散吹形成,其渗透规律不同于一般碾压式堤坝,研究水力充填堤坝的渗透特性及渗流破坏机理和经济可靠的渗控措施,是保障工程安全运行的关键技术之一。

在潮汐河口江心以水力充填法建设水库堤坝的类似设计和施工经验不多,在长江口这种水流和地形变化复杂区域,由于常规海上和陆上施工机械使用受限,因而针对工程特点和技术难题开展江心水力充填堤坝施工技术研究非常必要。

青草沙水库是迄今为止国内外建在潮汐河口江心最大的避咸蓄淡水库,在建设条件的规律及特点、堤坝结构与工艺、实施顺序及防冲护滩、渗流特性及控制等方面,有其自身的特点和技术难点,主要表现在:

1) 建设条件的规律与特点

青草沙水库地处长江口河口心滩,南北港分流口暗沙众多,河床泥沙可动性较强,并且受水流及潮流往复作用,水流流态复杂,互动因素较多。水库新建堤坝沿长潮沟外侧江心沙脊布置,水域开敞、远离岸边、无掩护、工程战线长、施工内容繁杂、施工环境恶劣,并穿越多个大型长潮沟,且堤坝用沙土采用水力充填法在江心沙脊和涨潮沟上构筑,具有地形冲淤多变、地基和堤身渗透性强、水上施工等特点。

2) 深水筑坝结构与工艺

新建东堤滩面高程为−5.0～−10.5 m,横穿涨潮沟深槽,全长约3.0 km,属于深水筑坝。工程所在区域水深、浪大、流急、地基软弱、施工作业面窄,而且缺乏石料,没有陆上推进筑坝的条件。为此,针对建设条件特殊性,探索研究堤坝结构形式和建造工艺是堤坝设计的一大技术难点。

3) 实施顺序与保滩防冲

新建堤坝总长达22 km,建在河口江心涨潮沟外侧的沙脊上,并穿越多道深槽泓沟。由于涨潮沟的形态是特有水动力条件作用下的一种不稳定、不平衡状态,潮流场、波浪或泥沙条件的改变,极易引起带状沙脊冲刷,而且一旦冲刷启动,冲刷的速度往往很快,一两个潮汐周期可能引起大片沙脊消失。施工筑坝的阻水扰流也极易引起沙洲冲刷和滩势调整。因此,须研究合理的施工顺序,选择合适的堤坝施工作业面和进占速度控制要求,以及适宜的防冲保滩结构、维护沙洲或沙脊稳定,避免施工过程中和竣工后大坝沿线滩地冲刷和滩势急变,是本工程面临的又一技术难点。

4) 水力充填堤坝渗流特性与防渗

水力充填管袋斜坡堤结构的渗透规律不同于一般碾压式土坝。因赶潮施工,质量控制较难,加上地基土多为砂性土或者粉性土,极易发生渗透破坏。在潮汐河口以水力充填法建设水库堤坝的类似工程经验不多,尤其有关渗透特性、渗流计算和渗透稳定控制标准,以及可大规模施工的可靠的渗控措施等。

4.1.2 研究内容

针对本工程的技术难点和需求,开展了潮汐河口水库堤坝与护滩工程、潮汐河口水库水力充填堤坝渗流控制两大专题研究,见表4-1。

表4-1 青草沙水库堤坝设计关键技术专题研究内容

专题序号	专题名称	研究内容
1	潮汐河口水库堤坝与护滩工程关键技术研究与应用	青草沙水库工程河势滩势分析
		青草沙水库选址选线
		潮汐河口大型水库堤坝实施顺序研究
		深水筑坝关键技术研究与应用
		潮汐河口保滩护底关键技术研究与应用
2	潮汐河口水库水力充填堤坝渗流控制关键技术研究与应用	水力充填堤坝渗透特性研究
		水力充填堤坝渗流数值模拟技术研究与应用
		深厚透水地基上复杂结构堤坝渗控措施
		防渗墙质量检测方法及评价体系

4.1.3 技术路线

堤坝与护滩工程关键技术、水力充填堤坝渗流控制关键技术的研究路线分别见图4-1、图4-2。

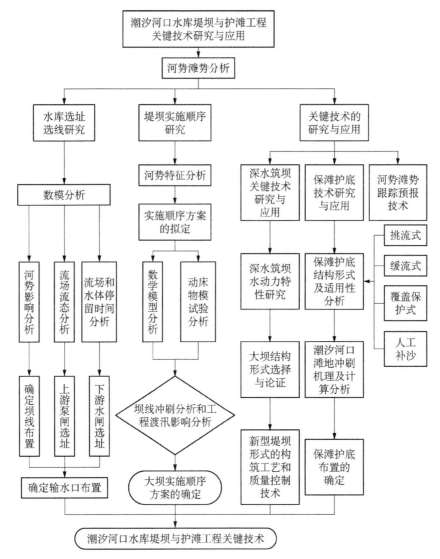

图 4-1　堤坝与护滩工程关键技术研究路线图

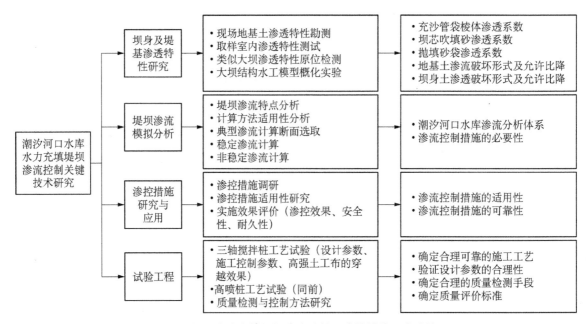

图 4-2　河口水力充填堤坝渗流特性及渗控措施研究路线图

4.2 水力充填砂袋堤坝结构与施工工艺

4.2.1 深槽段堤坝建设的自然条件特点

新建东侧堤坝位于青草沙水库尾部,起点与新建北侧堤坝连接,自东北小泓北侧水下沙体顺势下延约 1.5 km 后,横向穿越东北小泓涨潮沟深槽,终点与长兴岛现有海塘连接,全长约 3.0 km。其中约有 1.5 km 滩地高程为 −5.0～−10.5 m,属于深水筑坝,其建设条件主要特点如下:

1) 风浪、水流条件

根据资料统计分析,东侧堤坝处以海向风涌混合浪的偏东向(E～ESE)的波浪所控制,100 年一遇高潮位与 100 年一遇波浪(设计风速)组合时的 1% 大波波高可达 3.98 m。东侧堤坝中段为东北小泓涨潮沟深槽,天然条件下大潮涨落急流速达 2.0 m/s 左右。

从风浪水流条件分析,水深大、水流急、风浪大将给水上船舶施工带来一定的困难,影响可作业时间。东侧堤坝深槽段涨落潮流速较高,必须赶潮施工,其水深也超出了目前常规充填袋装砂斜坡式坝体结构的适用范围,必须改变传统的筑坝方式。

2) 工程地质条件

根据详勘勘察报告揭示,东堤范围内堤基浅表层为①$_{3-1}$粉性土混黏性土、①$_{3-2}$砂质粉土、②$_{3-2}$灰色粉砂和②$_{3-3}$灰色砂质粉土,厚度 3.20～17.00 m,表部呈松散状,向下呈稍密状,中等透水性。中部为厚度较大的④淤泥质黏土、⑤$_{1-1}$灰色黏土层,其中第④淤泥质黏土,厚度 5.70～16.00 m,呈流塑状,具高压缩性,土体强度低,属软弱土,承载力低,是坝基的主要压缩层,对大坝沉降控制不利;⑤$_{1-1}$灰色黏土,厚度 3.10～10.00 m,具高压缩性,也是主要压缩层之一。

从工程地质条件分析,浅层粉土及粉砂层分布厚度变化明显,从东堤起点经深槽到终点,厚度自 11 m 至 5.0 m 再至 17 m,随堤身结构高度的增加,上部浅层粉土层及粉砂层的厚度逐渐减小,而淤泥层的厚度却有所增大,地基土的压缩性也逐渐增大,④层淤泥质黏土、⑤$_{1-1}$黏土作为主要压缩层的作用也逐渐突出,而且由于固结速度慢,使用期沉降量大,围堤选型时要注意围堤使用期对地基变形的适应性,并适当考虑采取地基处理措施减少后期沉降。土层的强度指标相当低,给堤身的整体稳定保证造成极大的困难,特别是深槽段,由于覆盖层薄,若采用土石混合斜坡堤,需要较长的压载平台才能满足围堤整体稳定的要求。

综合上述东堤建设条件和特点的分析,深槽段堤坝设计需要解决的主要问题为:水深、流急、浪高,施工条件差,结构的抗风浪作用要求高;地基沉降大,特别是运行期沉降大,需要进行适当的地基处理;地基的抗剪强度低,对堤身的整体稳定不利;工程量大,施工强度高,工期紧。

4.2.2 深槽段堤坝结构与施工控制

常用的堤坝结构形式按照筑堤材料分,主要有土堤、抛石堤、土石混合堤、混凝土或钢筋混凝土堤等,在所有的堤型中,土堤和土石混合堤对地基的要求最低,抛石堤次之。堤坝结构形式按断面形状分,主要有斜坡式、直立式和混合式等。

针对东堤建设条件和特点,通过调研大量工程实例,探索研究了适应在水深、流急、浪大且较软弱复杂地基上建设堤坝的结构形式和筑造技术。借鉴国内外围海造地工程及海港工程中的深港防波堤、深水码头等深水筑堤技术的经验,并参照沉箱隧道设计及施工经验,对东堤深槽段堤型进行了多方案深入研究比选。比选方案总体上分为五种:一是抛石棱体斜坡堤,二是沉箱直立墙混合斜坡堤,三是钢筋混凝土沉箱直立堤,四是充泥管袋单棱体斜坡堤,五是抛填砂袋双棱体斜坡堤。

从建筑材料、施工条件、施工技术、结构可靠性以及工程造价等方面综合分析,抛填砂袋双棱体斜坡堤结构形式具有充分利用库内丰富砂料、抛填砂袋结构可靠、地基受力均匀、整体稳定性强、施工工艺相对简单、施工速度较快、造价较低等优点,值得推荐。其断面结构见图4-3。

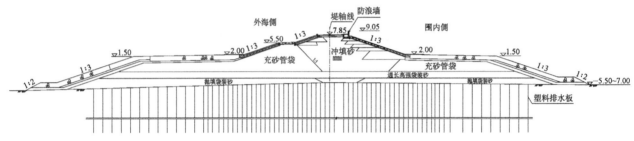

图4-3 抛填砂袋双棱体斜坡堤结构断面图

深水段堤坝采用抛填砂袋双棱体斜坡堤结构的主要特点为抛填砂袋堤身和常规充填袋装砂斜坡堤的有机结合,根据堤坝实施顺序研究成果,深槽段堤身抬升推荐分为两阶段施工:一阶段先将堤基从原始滩面(约-10.5 m)构筑到-3.0 m高程,并保护渡汛;二阶段汛后开工,堤身继续抬升,至次年汛前完成渡汛断面结构施工。-3.0 m高程以上的吹填砂筑堤设计、施工技术比较成熟。因此,重点研究的是一阶段深水筑堤方式及结构材料。目前国内缺乏深水水力充填筑堤的经验,-6.0 m以下(水深大于8.0 m)的吹填砂袋施工非常困难,质量也难以保证,传统常规成熟工艺设备难以满足要求。结合施工船机条件和水力特性,创新性地提出一阶段筑堤分两步:第一步采用水上抛填小砂袋逐步垫高堤基至-6.0 m高程;第二步采用水下大尺度通长袋均衡抬高堤基至-3.0 m。水下大尺度通长袋抗冲保砂效果较好,在洋山深水港工程中已有一定的应用,但仍须研究解决大规模高强度施工的铺设工艺、流程,以及高效组合设备开发研究。而对于抛填小砂袋结构,不仅需要研发解决深水抛填施工铺设工艺、设备、施工流程及保护等施工技术难题,还需要解决以下设计技术问题。

1) 深水抛填砂袋袋布

抛填砂袋袋布设计主要在于抛填砂袋的保砂性、透水性、防堵性以及砂袋材料强度的可靠性。

砂袋的保砂性与袋体材料,与所充填的砂质有关。在施工过程中,特别是位于变动回水区和直接迎浪面的袋体材料,由于受水流和波浪作用,砂粒将从袋体布内析出。根据《水利水电工程土工合成材料应用技术规范》,土工织物保土性应以土工织物有效孔径(O_{95})与土的特征粒径之间关系表征,对于静载荷和单向渗流条件下其有效孔径应符合$O_{95} \leqslant d_{85}$;对有动力作用和往复水流的情况不论保护何种土类材料其有效孔径应符合$O_{95} \leqslant 0.5d_{85}$;$d_{85}$为被保护土的特征粒径即土中小于该粒径的土质量占总质量的85%。

为保证抛填砂袋施工充填效率,应保证渗透水通畅且不被细土粒淤堵,则抛填砂袋的袋布材料还应兼顾透水性和防堵性。防堵性要求,对于被保护土级配良好、水力梯度低、流态稳定、修理费用少及不发生淤堵时,其孔径应符合$O_{95} \geqslant 3d_{15}$;透水性要求,袋布材料渗透系数为充填砂的1~10倍。

抛填砂袋材料强度与抛投水深、水流强度、袋体体积形状、充填砂砂质以及充盈度有关。砂袋布强度是重要指标,包括拉伸强度、撕裂强度、握持强度、顶破强度、胀破强度、材料与土相互作用的摩擦强度等力学性能指标和抗老化性、抗化学腐蚀性等耐久性能指标,砂袋布各种强度指标目前还难以通过理论计算确定,主要是通过大量的工程调研和现场试验确定。

根据长江口地区多年工程实践经验,并通过大量的现场试验,来确定抛填袋装砂袋体的材料。先期选用了 800 g/m² 的机织布、500 g/m² 的机织布、260 g/m² 的机织布进行试验,试验结果表明,800 g/m²、500 g/m² 机织布的泌水性能不如 260 g/m² 的机织布,在充灌砂的过程中,饱满度达不到设计要求,充灌效率也很低。后期又选用了 410 g/m² 的复合布和 260 g/m² 的机织布进行试验比较,前者布体的强度符合要求,且透水性较好,对于减少砂袋含水量、提高充灌率以及控制破袋率有一定作用,但相对来说成本较高;而 260 g/m² 的机织布通过砂袋制作时增加排水袖口的措施,可弥补透水性较差的缺点,最终选用了 260 g/m² 的机织布。260 g/m² 机织土工布具体指标见表 4-2。

表 4-2　土工布技术指标

序号	测试项目	单位	410 g/m² 复合土工布	260 g/m² 丙纶长丝机织土工布
1	单位面积质量	g/m²	260+150	260
2	经向断裂强力	kN/m	≥55	≥65
3	纬向断裂强力	kN/m	≥52	≥58
4	经向断裂伸长率	%	≤35	≤35
5	纬向断裂伸长率	%	≤30	≤30
6	CBR 顶破强力	kN	≥5	≥6
7	等效孔径 O_{90}	mm	<0.07	<0.10
8	垂直渗透系数	cm/s	>1×10⁻²	>1×10⁻³

2) 抛袋尺寸规格

抛填袋装砂需要水上船机施工,砂袋呈矩阵形排列于施工船舶的翻板上进行充灌,因此袋体的尺寸大小须与翻板的尺寸相对应,以方便充灌操作和抛填作业,在保证翻板承受能力的前提下,合理地选择袋体的尺寸,尽可能地多摆放砂袋个数,同时又要兼顾充灌船舶的充灌能力。

抛填袋装砂袋体的尺寸和规格一般来讲没有严格的要求,可根据施工区域的工况条件和施工船舶翻板的尺寸来选择袋体的尺寸。见图 4-4,在青草沙水库东堤抛投试验和实践抛填袋装砂作业中,以6 m×8 m 袋体和 4 m×6 m 袋体规格为例:6 m×8 m规格的袋体一般可充入砂量为 20~23 m³(视砂质的不同还略有变化)左右,平均每立方米砂用袋布约为 4.5 m²;4 m×6 m 规格袋体一般充入量仅为7~9 m³,平均每立方米砂用袋布约为 6 m²。充灌装砂袋体的尺寸越大,每立方米充灌砂所用袋布越

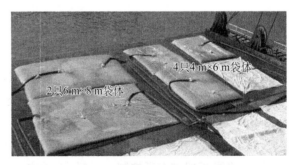

图 4-4　抛填袋装砂不同尺寸对比

省,但受制于实际工况条件和施工船舶的生产能力,必须处理好成本与现场施工条件及能力的关系,找到一个合理的平衡点,才能取得最佳的实施效果。

为此选择了 6 m×8 m、6 m×6 m、4 m×6 m、4 m×4 m、2.8 m×2.8 m 等多种袋体尺寸进行抛投试验,实际施工均取得了成功,但考虑到经济性与施工效率匹配,最终采用的是 6 m×8 m、6 m×6 m、4 m×6 m 规格的袋体。每层砂袋厚度以 0.6~0.8 m 为宜,允盈度控制在 60%~70%,更有利于控制砂袋密实性。

3)抛填砂袋施工期稳定性

袋装砂棱体的抗滑稳定性主要取决于施工期顶部砂袋的稳定性。由于存在袋内砂体在波浪作用下单向搬移的不利因素,单层砂袋的临界稳定波高一般在 1.5 m 以下。根据河海大学的深水航道整治工程物理模型试验成果,在袋装砂顶部覆盖了两层大砂袋,并对顶部两层砂袋作隔仓处理,其临界稳定波高可提高至 2.8 m。为此,深槽段堤坝在 −5.0~−3.0 m 高程设通长高强充填袋装砂覆盖,兼作防冲覆盖层和过渡层,以满足施工期稳定性要求。因水深较大,为防止抛填时袋装砂破裂和增加抛填砂袋施工期的稳定性和密实性,要求抛投时上下两层砂袋按品字形排列,交叉重叠,并注意水流对其的影响,以大大提高砂袋的抗滑稳定性。

根据总体实施顺序要求,−3.0 m 高程需要渡汛,且在堤坝抬高过程中深槽段堤坝范围的水流流速将进一步加大,受水流冲刷强烈,大尺度管袋既需要有一定的强度又要有较好的保砂性能,因此袋布采用 410 g/m² 高强复合土工布,内层采用 150 g/m² 无纺土工布,外层为抗冲刷采用 260 g/m² 机织土工布。

4)抛填砂袋施工期密实性控制

抛填砂袋堤身及堤基的密实性直接决定工程质量和安全。由于水流流速的影响,抛袋时砂袋入水后会产生一定距离的漂移,从而影响水下堤身实际成型效果。采用在砂袋上系浮漂的方法进行砂袋漂移试验,测出相同水深条件下各种规格的砂袋在涨急、落急情况下的大致漂移距离,依据测定结果对抛袋的施工参数进行相应调整。并通过检测浮漂位置和潜摸的方法检测实际抛放位置和抛放质量,及时对堤身断面进行测量,掌握水下袋装砂堤心断面成型情况,以指导现场施工,决定是否需要补抛、何处需要补抛。抛投试验和实践表明:结合施工经验、砂源情况等,采用抛填效率高的大型翻板船侧翻抛袋,并运用船载 GPS 和专用定位软件进行定位,抛填精度较高,确保了水下堤身成型质量。

4.2.3 筑坝工艺创新

4.2.3.1 深水抛填袋装砂筑坝施工工艺

1)抛填袋装砂筑堤成型机理

河口、沿海等地无天然屏障的水深较大水域,潮汐变化明显,水流较急,抛填袋装砂是一种砂袋以抛物线形式落体,在水下滩面形成一定自然坡比袋装砂棱体断面的袋装砂筑堤工艺,因此施工时水深、水流等对抛填袋装砂落底位置影响很大。

目前抛填袋装砂常用的施工工艺为:用专用的充灌翻板船作为施工平台进行抛填袋装砂的充灌和抛填,充灌翻板船带有可控制上下翻动的翻板,施工时用 GPS 施工定位软件进行精确定位;施工船舶定点进行袋装砂充灌和抛填作业。

提高抛填袋装砂水下成型质量,首先分析其成型原理,以便采用有针对性的控制手段。

假定施工船舶翻板的宽度为 L,施工区域的水深为 H(水面至水下滩面线的垂直距离),单个砂袋的重量为 G($G=mg$,m 为砂袋的质量);翻板翻至与水平方向成 α 角度(假设此时翻板的边缘正好贴到水面)时砂袋开始滑落,则翻板下降的垂直高度 $h=L\sin\alpha$;砂袋在脱离翻板时具有与水平面方向成角度 α 的速度 V,那么此时砂袋具有了水平方向的速度 $V\cos\alpha$、垂直方向的速度 $V\sin\alpha$。初速度 V 可根据动能定理 $\frac{1}{2}mV^2=Gh-W_{摩}$ 确定,其中 $W_{摩}$ 为砂袋在翻板上滑落过程中因为受到翻板摩擦而损失的能量,不同的施工船舶、不同位置、翻板不同的平滑程度其摩擦的程度也不一样,因此 $W_{摩}$ 为较难确定的值。虽然准确数值的确定存在较大的难度,但是通过相关量的测定,可以了解和掌握水下抛填袋装砂的成型原理,并通过现场的反复试验,从而提高抛填袋装砂的成型质量。水上抛填袋装砂示意简图见图 4-5。

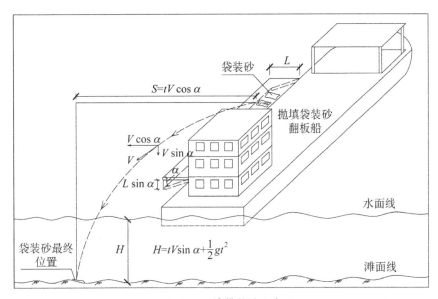

图 4-5 抛填袋装砂示意图

由图 4-5 可知,假定充灌船舶翻板上充灌好的砂袋从脱离翻板到落入水下的滩面线所经历的时间为 t,砂袋在水中为无阻力的理想状态以抛物线的形式下落距离为 H 的水深,那么时间 t 由 $H=tV\sin\alpha+\frac{1}{2}gt^2$ 可以确定。由抛物线的下落原理可知,砂袋将有一个水平方向的前进量 $S=tV\cos\alpha$,而不是垂直落入水下,可见在施工船舶翻板尺寸及翻转角度一定的情况下,影响砂袋水平漂移量的是该施工区域的水深 H,如果 H 越大,那么砂袋的水平漂移量就越大。因此,可以根据施工区域的水深、施工船舶翻板宽度、充灌袋体尺寸(充灌袋体厚度一般为 60 cm 左右,袋体的尺寸可以反映袋体的重量 G)等掌握充灌袋装砂入水后的轨迹。

上述情况是理想状态,在无屏障的深水潮汐涨落区域,往往水位的落差较大,而且水流速度也很快,砂袋落入水中不但要受到水的浮力 F 作用,还会受到水流冲击力的反作用。浮力 F 的作用会使砂袋落入水底的时间 t 变大,因此会使砂袋的水平漂移量 S 增大,而水流的冲击力可能会与翻板的宽度 L 方向(即砂袋获得的水平速度 $V\cos\alpha$ 的方向)成任意的 β 角度,这个力会改变砂袋最终落入水中的位置。如果 $\beta=90°$,即水流的方向正好与砂袋冲入水中的方向垂直,那么水流力的作用将使砂袋具有垂直于砂袋落入水中方向的偏移量 S'(S' 与 S 的方向成 $90°$)。

青草沙水库东堤深槽区域,袋装砂棱体断面宽度达 220 m,而专业翻板施工船舶的翻板长度一般在 40 m 左右。在施工过程中,如果施工船舶仅仅固定于断面某一位置进行定点抛填袋装砂施工,形成的断面宽度往往满足不了理论袋装砂棱体断面宽度,因此需要通过 DGPS 施工定位软件进行预定位置编排,过程中针对不同的施工位置进行船舶的移动定位抛投,才能使砂袋形成近乎理论断面宽度的棱体。船舶抛填袋装砂的施工过程中,施工船舶调整抛填位置以满足断面要求,详见图4-6。

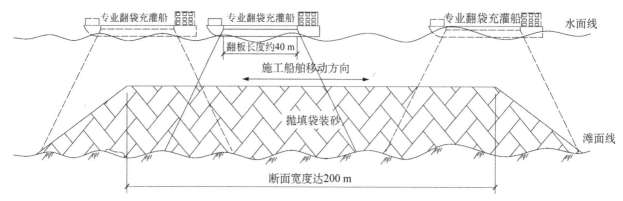

图 4-6 施工船舶调整抛填位置示意图

通过上述分析可以看出,在实际的施工作业条件下,势必会有水流的冲击力作用而影响抛填袋装砂的落水位置,而在大断面袋装砂棱体的抛填作业时,通过利用水流冲击力对袋装砂作用产生的偏移量 S' 可以更好地满足断面尺寸的要求。

对工程实际工况,可以通过针对现场的具体实施环境,通过系浮球等直观的手段,在袋体滑入水中后,利用 DGPS 采点的方式进行测算,即可掌握袋体入水后至滩面的漂移量。通过典型试验获得的施工参数,灵活调整施工船舶的作业位置,同时施工过程中,辅以水下断面测量,通过测量水深数据形成抛填袋装砂棱体的断面尺寸轮廓线,及时调整和指导作业船舶,获得最佳的作业效果。

2)抛砂袋船机设备选择

在青草沙水库东堤深水抛砂袋施工中专门建造了两艘专业大型铺排抛袋翻板船——青草沙一号和二号,该船配有尺寸为 40 m×8 m、重 200 t 的整体翻板,翻板由多个液压油缸控制翻动,每次可进行多个砂袋抛设施工。

同时,对原有抛砂袋船"洋山三号"进行改造,配备锚缆系统及 GPS 定位系统,可在 9 级风条件下就地锚泊。在甲板上增设 4 块 16 m×12 m 钢制翻板,每块翻板由独立的液压油缸控制翻转动作,每次可抛投 4 m×6 m 砂袋 4 个,由于 4 块翻板可独立操作,抛袋施工效率得到大幅提高。

3)砂袋的缝制和袖口设置

国内生产土工布时,幅宽一般为机织布 3.6 m、编织布 4.0 m 左右,受袋布原材料幅宽的限制,袋体尺寸的选择会涉及袋体的加工和缝制,袋布幅与幅间的缝制采用包缝的形式,拼接缝制区域的强度仅达到正常袋布强度的 60% 左右。拼接缝越多,强度越差。同时袋体尺寸要尽量避免长宽比例过大,即"细长型"袋体的出现。细长的袋体在从翻板上开始滑落时往往会出现一端已经从翻板上脱离、急速下坠,而另一端仍滞留于翻板上的情况,致使同一袋体的不同部位具有不同的初速度,从而造成袋体的断裂,也就是施工中所称的"拗断";再者袋体的体积不能过于庞大,否则在袋体滑落的过程中,特别是脱离翻板的瞬间,袋体内的水砂混合物往往会在瞬间具有很大的冲量,在入水受阻瞬间产生摩擦而造成袋体的局部爆裂。上述也是造成抛填袋装砂在施工过程中袋体破袋率偏大的主要原因,在施工中要尽量避免。

抛填袋袋体根据施工工况要求可以选择不同的材料,而不同材料的严密性和排水性都不同。抛填袋袋布常用的为 230 g/m² 的机织布,强度一般都能满足抛填袋装砂的工艺要求,但是排水性较差:加工成型的袋体如果只有一个充灌砂袖口,在充砂过程的有限时间内,充入袋体的水砂混合物因含有很多的水分而来不及排出,如果立刻翻入水中很容易造成袋体的破裂;而如果滞留在翻板上等水分慢慢排出的话,又要经历一段时间从而影响施工效率。

为提高施工效率而又能保证落入水中袋体的质量,加工袋体时采用双袖口或多袖口的方法,如一只袖口作为充砂专用,另一只袖口可以用来排放袋体内过多的水分。用于排水的袖口的位置要合适,既不能过高也不能过低,过高则水分不易排出,过低充灌砂来不及沉积而随水流一起排出袋体,如充灌砂的含泥量较少、沉淀较快,则排水袖口可适当放低,有利于水分的快速排出,而如果充灌砂的含泥量偏高,沉淀较慢,则须提高排水袖口的高度,让充灌砂有充分的沉淀空间,再进行排水。排水袖口的具体位置可以根据砂袋的尺寸规格在施工中通过现场观察确定,一般设置在距离袋体边角 50 cm 左右即可达到理想的排水效果,施工效率较高。

4)抛袋施工工艺流程

深水抛袋施工工艺流程见图 4-7。

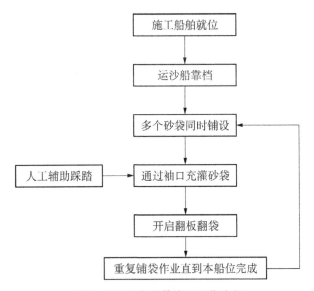

图 4-7　深水抛袋施工工艺流程

5)抛袋施工效率

抛填袋装砂以小尺寸袋体在施工船舶的翻板上进行有序摆放,然后进行充灌,至所有袋体充灌完毕后,翻板下落,袋体自由滑行,落入水中。翻板每次上下起落的时间一般是固定的,在施工船舶充灌效率一定的条件下,单位时间内翻板上下起落的次数越多,施工效率就越高,因此要提高施工效率,可以增加翻板上袋体的摆放个数,从而减少翻板上下起落的次数,但翻板上袋体的摆放个数并非越多越好,这一方面要与施工船舶翻板的承受能力相适应,另一方面袋体的摆放数量也要与充灌船舶的充灌功效取得最佳的匹配效果。

青草沙水库东堤深水抛袋施工中的专用翻袋船"洋山三号",配有 4 块独立的 16 m×12 m 钢制翻板,每块翻板每次可抛投 4 m×6 m 砂袋 4 个,由 4 组工人分别进行铺设、充灌、翻抛作业,大幅提高了施工效率。

抛填袋装砂施工,一般采用工人用水枪稀释砂料,再用泥浆泵吸砂进行袋体充灌的方式。专业充灌翻板船舶一般配备 4~6 台 22 kW 左右的泥浆泵,每个泥浆泵配备 2 个水枪操作工人,每台泥浆泵配 1 根 ϕ150 mm 主管吸砂,主管接到甲板上 1 个三叉口分出 3 个 ϕ75~100 mm 的分管,分管直接插入袋体的袖口(袋体上缝制的进砂的袖口)进行充砂。

假设某施工船舶配备 n 台泥浆泵,每根主管通过连接三叉管分流的形式,分出 3n 个管口可以用来充砂,那么在充砂的过程中,每根主管所连接的三叉分流管必须保证至少 2 个分管是开启的,否则将可能出现"堵管"(即如果仅开 1 个分管,通过 150 mm 主管内的泥砂混合物仅仅通过 1 根 ϕ75~100 mm 细管来不及排放,容易出现局部迅速聚集而无法流动的现象,甚至是爆裂主管)的现象。因此翻板上袋体的摆放个数最好是 3n 或者 2n,这样才能保证翻板上摆放的砂袋单位时间内充入砂量的均衡性,保证砂袋在近乎相同的时间内成型。如果翻板上袋体的摆放不规律,容易造成袋体的成型时间不统一,反而降低了施工效率。通过选择合适的砂袋尺寸、合理安排每次铺袋数量,单船每个有效工作日可完成约 3 000 m³,每月可抛袋近 7 万 m³。

6) 抛袋质量控制

(1) 抛袋施工前首先应进行抛填区域水深加密测量,掌握施工区域滩面变化情况,然后计算每个断面(船位)每次的抛填量。

(2) 抛袋应避开涨急和落急时段,根据东堤现场涨落潮流特点,涨潮时水流方向主要以东西向为主,大潮汛涨平潮前一小时至涨平潮后一小时、落潮前两小时至落潮后两小时为施工作业时间段,小潮汛几乎可以全天作业,平均每日可作业时间达 10~12 h,作业时应根据水流情况考虑漂移量,在涨潮、落潮过程中分别将定位船移至逆潮水方向 20 m 的位置,以便为抛袋预留一定的落底距离。

(3) 合理布置排水袖口,加快充灌排水,缩短每次抛袋周期。

(4) 每周进行加密地形测量和水下潜摸,确定抛袋断面情况,对局部有漏抛区域及时补抛,防止形成空洞。

4.2.3.2 大尺寸砂袋铺设工艺

东堤深槽涨落平潮持续时间为 1.5~2 h,涨潮历时 4~6 h,落潮历时 6~8 h。充灌用的单个袋体尺寸较大,所需施工时间较长,考虑到落潮时间相对较长、流速相对较慢,因此选择高平潮开始施工,在下一个涨潮前结束施工,理想的连续施工时间,大潮汛为 7 h,小潮汛可达 8.5 h。

深水抛袋标高达到 −6.0 m 左右后,内外棱体交叉抬高逐步形成大堤断面,根据青草沙水库总体施工顺序要求,2009 年 1 月份要实施主龙口截流,东堤总长 3 030 m,±0 m 高程以下船舶充灌袋装砂工程量达 160 万 m³,平均每月须完成 40 万 m³ 才能确保合龙工期,施工强度要求非常高。但按照传统工艺,利用铺设船进行袋装砂的充灌,运砂船舶停靠在铺设船右舷后,用铺设船上吊机将 4 台 22 kW 泥浆泵吊至运砂船内,人工冲水吸砂。经分析,其效率平均每小时在 120 m³(30 m³/h×4 h)左右,日效率 1 500~2 000 m³,在长江口地区受风、浪、流影响较大,单船每月效率最多不超过 4 万 m³。

单独的吹砂船进行吹砂施工时,效率可达到 400~500 m³/h。若能把吹砂船的高效率和铺排船的定位、移船设备有机地结合起来,通过对铺设系统、输砂系统、移锚系统、砂袋加工工艺的改造,发挥各自的优势,以达到增加单位时间内的工作效率、提高一个工作期间的充灌量、加大袋体尺寸的目的,这在理论上是可行的。因此,研究提出采用专用充灌船结合吹砂船进行大砂袋充灌作业施工,即专用铺设船、吹砂船、运砂船三船同时协调配合作业,吹砂船与铺设船成 90°布设,以便于运砂船靠泊。

施工时首先由专用铺设船舶进行卷袋、铺袋,然后运砂船到吹砂船靠泊,最后通过浮管管线将砂吹入袋体。施工时边充灌边同步启动绞锚系统移船铺设,此方案要点在于必须要统一指挥、协调一致,否则容易造成管线断裂、袋体厚度不均高低不平、安全难以掌控等情况。为此,需要研究下列问题。

1) 船位布置

根据设计断面布置及施工条件,袋体铺设应垂直于大堤轴线,即按专用铺设船船长方向应平行于大堤轴线布设,一般选择在落潮时开始作业。如果运砂船直接靠档,则与水流流向基本垂直,每个袋体充灌方量近 2 000 m³,施工时间超过 6 h,这样就会造成施工完成一个袋子时空船在水流挤压下无法出档,既不安全又影响施工效率。若吹砂船顺水流布置,可以方便运砂船靠档,具体布置如下:首先专用铺设船垂直水流方向放置(便于袋体充灌施工),锚位抛好,翻板正对施工方向(落水向),吹砂船顺水流(即垂直铺排船)停在铺排船右舷外侧约 120 m 外,抛交叉涨水锚,另一侧用两根钢丝绳交叉系在铺排船的系缆柱上,同时系两根缆绳调整方向,这样运砂船无论在涨潮或落潮时都比较容易进出档。

2) 吹砂管线布置

采用吹砂船和专用铺设船协同作业,两船之间通过管线系统连接,因此合理的管路布置是提高施工效率的有效途径。吹砂船的吸砂控制系统位于右舷,砂浆经各个泥浆泵管系送至压力泵,经加压后由吹砂船的船左舷送出,通过一根 $\phi400$ mm 硬塑料管和若干节橡胶软管组成的浮管接至专用铺设船甲板上,然后通过在甲板上的多接口分流管接 $\phi150$ mm 皮龙管到袋体袖口进行充砂作业。

3) 袋体尺寸的选择

由于采用了吹砂船进行吹砂作业,因此在可作业时间内吹砂量大幅提高,从而使采用大尺寸砂袋充灌成为可能。青草沙水库东堤位置每个潮水可作业时间 6~7 h,吹砂量可达 3 000 m³ 以上,以 230 g/m² 机织布 30 m×120 m 袋体为例,假设充灌厚度平均为 50 cm,充灌完成需要用砂量为 30×120×0.5 ＝ 1 800 m³,需要 2~3 船砂,吹砂船卸完一船砂一般需要 2.5 h,船舶离档靠档需要 40 min 左右,完成一个袋体作业时间 5~6 h,可在一个潮水期间完成。东堤棱体堤基横断面宽度达 220 m,可采用 2 个袋体施工。因此,在青草沙水库施工中,主要采用了 30 m×90 m、30 m×100 m、30 m×110 m 和 30 m×120 m 规格的砂袋搭配进行施工。

4) 大尺寸砂袋铺设施工工艺流程

大尺寸砂袋铺设施工工艺流程见图 4-8。

5) 质量控制要点

(1) 砂袋缝制质量控制。由于砂袋尺寸大幅加大,受拉力及横向撕裂力增大,故其加工缝制须在严格控制质量的基础上增加其抗拉力。首先,袋体缝合处应采用双道线进行包缝缝合(常用缝口形式见图 4-9),加强横向抗撕裂能力;袋头及袋尾各 5 m 范围内每隔 50 cm 布置加筋带,其余部分每隔 2 m 布置加筋带。进行拼接时,工人注意将机织布全部展开,避免出现褶皱、造成局部受力过大产生破坏。

(2) 水下平整度控制。大砂袋施工前首先根据测量的工前水深制定袋体分布位置图计划(即袋位图),在每个袋体施工前,袋体铺设区域先用测量船测量滩面地形,充灌前辅助以人工水坨测深,对比工前船测水深,计算该袋体所需方量及分段移船的控制砂量。

(3) 充灌时间控制。每条运砂船进档后,吹砂船上观察其砂质,保持一定吸砂浓度,一般控制在 30% 左右,施工员根据时间控制每排袖口所充的砂量及移船时间,保证袋体方量大致相同。施工结束

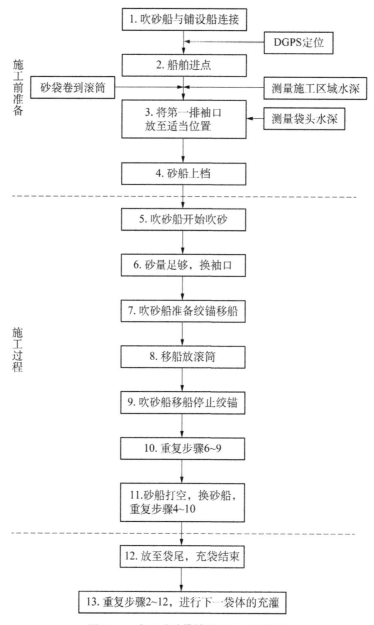

图 4-8　大尺寸砂袋铺设施工工艺流程

图 4-9　机制土工布砂袋常见缝制方式

后,人工测量水深,记录数据,每隔一星期,对施工完成的区域进行水深仪测量,比较施工前后水深,得出参考数据以指导下步施工。

（4）用砂供应保证。每个大砂袋施工需 4～5 船砂，运砂船进出档时间直接关系到施工效率，因此现场调度必须提前安排好足够数量的砂船，并算好充灌时间及涨落潮时间，提前通知其进档，减少或避免因砂供应不及时而出现水流过急破坏袋体的概率。

（5）设置自动封闭袖口。在充灌砂完毕后，为防止砂从充灌袖口漏出，一般需要人工进行绑扎，但大砂袋充灌时袖口位于倾斜的翻板上，接近水面甚至在水里，人工绑扎既危险又难于实施，因此，研究采用双层袖口（图 4-10），利用砂袋内水和砂的压力使砂袋内层袖口自动封闭，在充砂作业时先把内层袖口压入袋内，再插入充砂管，这样当袋内砂充满后，内层袖口便自动封闭，无须再进行袖口绑扎，确保砂不通过袖口外漏，以保证充灌质量。

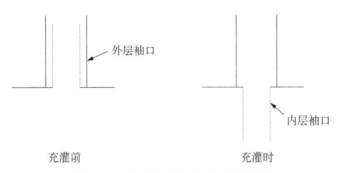

图 4-10　自动封闭型袖口设置示意图

（6）同步移船协调要求。专用铺设船和吹砂船协同作业，两船之间有一定距离，施工时两船之间的配合协调是保证质量的重要环节。首先应指定专用铺排船船长为作业总指挥，两船之间通过高频电话保持通信联系，由总指挥通知开始或者停止吹砂以及绞锚移船，移船时两船锚机绞拉速度应保持一致，避免造成连接管线损坏而影响施工。

6）实施效果

大尺寸砂袋充灌铺设工艺在青草沙水库东堤应用近七个月，砂袋充灌日效率大大提高，由传统工艺的 2 000 m³/d 提高到 5 000 m³/d，效率达到原来的 2.5 倍，创造了单船 11 万 m³ 的月施工产量记录。施工工期大幅度缩减，顺利完成了东堤非龙口段棱体和龙口段深水袋装砂施工任务，而施工成本并未增加。

4.2.3.3　专用施工船舶研究

针对青草沙水库东堤深水区域风浪大、水流急以及长江口区域涨落潮特点，研制了专用充灌铺设船。

1）专用充灌铺设船舶

（1）船舶作业条件。该专用船舶能够满足长江口（Ⅲ类海区）6 级风、浪高 1.2 m、流速 3.0 m/s、水深超过 10 m 以上正常作业要求，并能够在 9 级大风条件下就地锚泊生存，具有很强的抗风浪能力。

（2）该专用船舶主要参数及配备的主要施工设备。

① 该船型长 70 m，最大型宽 30.5 m，型深 4.2 m，工作吃水 3.2 m，满载排水量 4 360 t，主机功率 400 kW，可靠泊 3 000 m³ 以上运砂船。

② 配有 6 套 22 kW 充砂泵和完整的充灌管路系统。

③ 在主甲板中央安装有 ϕ800 mm×40 000 mm 卷筒及后方压排装置，由一套有减速机构和机械离合器装置的 22 kW 三挡电动机控制，可控制袋体沉放速度、提高沉放质量。

④ 配备有 8 m×42 m 液压翻板、2 台 20 t 跨距 24 m 回转吊机，配有 2 套 DGPS 全球定位系统和电

脑监控软件系统,所有控制均可在中央集控室完成,自动化程度非常高;在降低船员工作强度同时,提高了操控精度。

⑤该船配备了 6 台 7 t 绞锚机,配有 φ43 mm 长 500 m 钢缆锚泊系统,适合长距离移船作业。

2)原有抛袋船改造

在青草沙水库东堤深水抛袋施工中,对原有抛袋船进行了改造,该船和专用充灌铺设船一样配备有锚缆系统及 GPS 定位系统,可在 9 级风条件下就地锚泊生存。在翻板方式及设备改造中,技术人员吸取了洋山深水港抛袋作业经验,创造性地在该船甲板上的施工区域增设了 4 块 16 m×12 m 钢制翻板,每块翻板由独立的液压油缸控制翻转动作,自由翻转角度超过 30°,翻转抬升速度由电机控制、可快可慢,每块翻板每次可铺设充灌 4 m×6 m 砂袋 4 个,由于 4 块翻板可独立操作,抛袋施工效率得到大幅提高。

在潮汐型河口地区采用 4 块独立翻板进行抛砂袋作业,在水利工程界尚属首次。

4.2.3.4 水下成型大尺寸砂袋保护

充灌大尺寸砂袋工艺在青草沙水库工程中起到了非常重要的作用,确保了总体进度计划不受影响,但实施过程中也出现了个别袋体在水流影响下被破坏的情况。研究人员多次深入施工现场,通过了解各个施工过程、及时安排潜摸袋体、实时现场监控施工、观察同类条件下其他位置袋体的情况等各种方法和试验,发现了袋体破坏最主要的因素:施工船舶在龙口段施工抛锚时,为了防止锚破坏软体排,须抛到排体外侧,软体排库内、外侧边线最宽达 500 m,锚缆抛设距离长达 500 m,钢缆绳在重力作用下沉入水中呈悬链线形状,在风浪及浮力作用上下浮动,在此过程中锚钢缆弧线低点可能会和成型袋体边角或薄弱处碰擦,并在水流作用下来回刮碰,导致袋体土工布的破坏;从现场被破坏的袋体布浮起来检查后也证实了这一分析。钢缆在水中形态示意图见图 4-11。

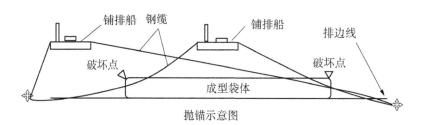

图 4-11　船舶钢缆锚对袋体边角破坏示意图

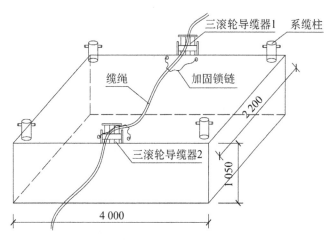

图 4-12　系缆浮箱结构示意图

1)保护方式

为了解决钢缆绳破坏成型袋体的问题,提出了利用密封钢浮箱架于适当位置,利用浮箱的浮力作用把施工船舶抛设的超长锚缆在成型袋装砂棱体范围内架空,从而起到防止锚缆接触袋装砂而磨损破坏袋体的目的。对浮箱进行了稳定计算,并考虑采取有效固定锚缆措施,设计了浮箱尺寸及构造,详见图 4-12。该浮箱长 4 m,宽 2.2 m,高 1.05 m,采用钢制密封式,成型浮箱顶部 4 个角设有焊接的系缆柱,方便操作过程中的系缆;浮箱顶部沿宽度方向在两侧各设置 1 个三滚轮导缆器,便于缆绳的穿越;导缆器旁边各设置1个加固锁链,用于固定浮箱和缆绳的位置,防止浮箱受水流作用而随意滑动。

在施工船舶的过堤锚缆抛设到位后,利用锚艇或交通船将浮箱拖曳至预放位置,分别打开三滚轮导缆器1和2,将缆绳穿入导缆器中,然后关闭三滚轮导缆器1和2,并用导缆器旁边的加固锁链进行固定,以防止浮箱随意移动。

2) 浮箱位置及数量确定

根据要保护的成型袋装砂棱体的断面宽度和保护袋体的具体位置,可以确定安放浮箱的数量及位置,具体布置详见图4-13。

(1) 当施工船舶处于成型棱体断面的中间位置附近时,将浮箱放置于成型棱体的两侧边缘处;

(2) 当船舶靠一侧施工时,在成型棱体中心线及另一侧固定浮箱。通过上述措施,可以避免钢缆绳刮破袋体。

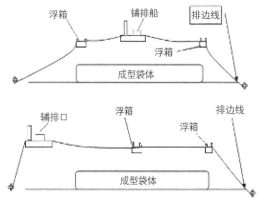

图4-13 过堤锚缆抛锚浮箱拖浮保护示意图

4.3 实施顺序与防冲保滩分析论证

4.3.1 研究目标

青草沙水库新建堤坝长22 km,工程处于长江口南北港分流口的特殊位置,在江心沙脊上采用水力充填法构筑水库堤坝,影响堤基滩面及堤身在施工工程中稳定的因素和问题多且突出,主要体现在以下几个方面:

1) 水动力条件异常复杂,工程风险较大

青草沙水库工程建设工期较长,施工过程势必引起工程区水动力条件和床面冲淤的动态变化,控制不当将改变后续工程施工的环境条件,大幅增加工程投资,甚至造成工程被迫改线。尤其近年来,随着南支河段河势的变化,下扁担沙南侧上冲、下淤,并不断向下游延伸,使新新桥通道上口进流不畅,新新桥通道近年来不断萎缩;与此相应,由于新新桥通道过流的减少,新桥通道相应过流增加,近期新桥通道的-12 m等深线南移明显,深槽宽度有所减小,新桥通道主要向纵深发展,深槽形成南逼趋势。

2) 地形、地貌复杂,沙脊和涨潮沟形态属不稳定、不平衡状态

新建北堤堤线全长约19 km,上段大部分位于0.00 m以上平缓的高滩沙洲上,其占北堤堤线总长度约20%;中、下段位于0.00 m以上的沙脊上(局部为出露沙洲),占北堤堤线总长度约35%;两处港汊段约占北堤堤线总长度的40%;北堤东侧逐渐深槽过渡,约占北堤堤线总长度的10%。东堤全线基本横穿涨潮沟深槽。由于涨潮沟的形态是特有水动力条件作用下的一种不稳定、不平衡状态,潮流场、波浪或泥沙条件的改变,极易引起带状沙脊冲刷,在涨落潮周期性交替作用下,一旦水域中水沙情况发生大的变化或者流场受到人为干扰,涨潮沟维持的动态平衡将被打破,涨潮沟也将因之剧烈调整。加之新建堤坝堤线长,条带状的涨潮沟长度方向大致为顺堤方向、与潮流方向一致,这就决定了涨潮沟圈围与一般沿岸滩涂圈围水力特征的最大区别是:顺堤向围区内水流有相位差;由顺堤上缺口进出的水流流向与潮流方向近乎垂直,水流不顺,随施工推进,纳潮口不断缩窄,也极易引起堤头、纳潮口和涨潮沟调整。

3) 堤基表层土和堤身吹填土松散、抗冲刷变形能力极弱

受到河口海湖相沉积特点影响,堤基表层土层位不稳定,离散性大,上部砂质粉土和粉砂层一般厚度在 5~20 m 之间,密实度松散,极易发生移动。堤身采用吹填袋装砂筑堤,堤坝两侧为吹填土工管袋棱体,堤芯中上部为吹填散砂。而且一旦冲刷启动,冲刷速度往往很快,在涨落潮周期性交替作用下,一两个潮汐周期可能引起大片沙脊和已建堤坝消失。

为此,研究以数学模型和物理模型试验为手段,以尽量减少施工期和运行期工程对堤线附近流场和局部地形的影响为原则,结合施工工期及施工能力与强度,研究确定青草沙水库围堤工程的实施顺序和防冲护滩方案。

4.3.2 堤坝实施顺序

4.3.2.1 研究路线

针对建设规模及工程区域特殊的地貌和水力特征,堤坝实施顺序与库区分仓和龙口布置密不可分,总体思路可归结为以下三类:

第一类,建隔堤把围区分隔成几个小围区,每个小围区独立设龙口;

第二类,涨潮沟下游端深槽先行筑堤断流,沿沙脊的顺堤上设置多个小龙口,把顺堤分成若干段,各段同步抬升,顺堤出水断流后几个龙口同步合龙;

第三类,龙口设在涨潮沟下游端深槽进口,沿沙脊的顺堤整体抬升分段同步实施,最后合龙深槽龙口。

三类方案的代表布局见图 4-14。

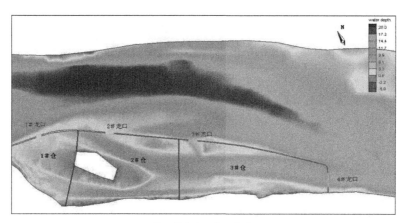

第一类方案:库区分仓

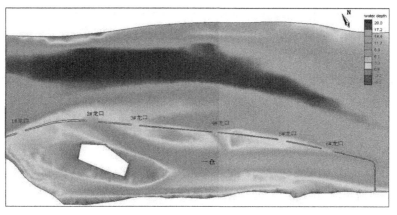

第二类方案:顺堤多龙口

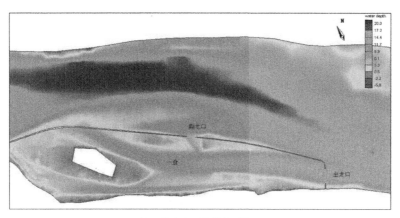

第三类方案：深槽主副龙口

图 4-14 围堤实施顺序与龙口布置三类代表方案布置图

由于跨越深槽的隔堤工程量最大，且隔堤改变了涨潮沟水域的流场，对水流干扰大，极有可能引起沙脊大范围冲刷，因此第一类方案首先予以排除。

第二类方案先堵深槽再做顺堤，最后对几个龙口同步合龙。第三类方案的指导思想是"先高后低、最后强攻"。高滩施工对水域的影响相对较小，施工初期保留既有较大的槽沟，在不明显影响涨潮沟水力特征的前提下，适当抬升涨潮沟进口高程，构筑龙口结构，在龙口构筑完毕、顺堤段除沟槽外都出水断流后，由上游往下游逐个封堵沟槽，最后集中力量合龙。

第二、第三类方案各有优缺点，前者先深后浅，似先难后易、难度均化，而后者循序渐进，便于管理、便于突击。由于研究涉及水动力条件、施工组织、造价等多个方面，因此，可组合多种手段，对比分析，综合评判。青草沙水库工程方案研究和验证的技术路线及过程见图 4-15。

分析地形和河势，对选定的堤线结合施工作业段划分，提出各种可能的实施顺序及龙口选址方案，并以水流影响为主要因素归结成大类

在二维潮流数值模拟初步分析的基础上，从施工组织和投资经济等方面定性分析，剔除第一类设隔堤分成多围区的方案；同时初选出第二类顺堤多龙口方案和第三类侧堤深槽龙口方案的代表方案——顺堤 6 个龙口方案和深槽龙口方案

对多龙口方案和深槽龙口方案，用潮流模型计算分析汛期、非汛期和截流合龙期三个阶段相应设计标准下各种进展状态（堤身高度、长度和堤段位置与分布等）的流场特性，结合结构和施工能力，评价方案的风险和优劣

对深槽龙口方案，采用二维、三维潮流数模及整体定床和动床物模，深化研究、验证优化实施顺序及龙口布置。各个手段的具体做法和主要目标如下：

二维潮流数值模型	**三维潮流数值模型**	**水库整体物理模型**
采用 MIKE21 商业软件，大小两套模型嵌套，大模型范围自长江江阴至口外东经 123°，北起吕泗、南到芦潮港；小模型范围自长江口南支的浏河口至南北港的横沙共青圩。大模型为小模型提供边界，小模型计算分析各种潮流条件下堤线上各段进展方案及相关组合情况下，未断流口门上流速特征和工程影响范围，推荐水力条件优的方案	运用 MIKE3 模型对二维潮流模型推荐的方案，进行对比性验证计算，在关注二维数模重点研究的口门流场特性和工程影响范围的同时，利用三维优势，对相关区域的底流速与冲淤相关的底流剪应力场，提供施工过程冲淤可能的初步判断	整体物模建立在交通部河口试验中心长江口整体变态模型上，平面比尺 1 000、竖向比尺 125；模型范围上至利港下到口外—30 m 等深线；定床验证范围为南北港及口门区域，边界条件为 2006 年 9 月下旬大潮；动床范围为七丫口至南北港出口，动床验证用 2005—2007 年地形，边界条件为季节概化流量及潮汐。试验目的主要是为验证数模推荐方案的流场特性，推断施工期可能的冲淤

综合分析，完善推荐方案。在数模计算和物模试验的基础上，进行施工组织设计，完善推荐实施顺序的施工要求和风险控制要求

图 4-15 堤坝实施顺序研究技术路线

4.3.2.2 实施顺序方案论证

1) 水力分析

水力数值计算表明,对第二类方案,涨落潮流的主流向与顺堤几乎平行,沿顺堤布置的上下游龙口之间水流相位差可达 1 h 左右,进出水步调不一,导致在涨落潮过程中龙口规模作用部分相互抵消;无论选择几个龙口,以及单龙口的规模如何调整,每个龙口上的最大流速都超过 3.5 m/s,下游端的龙口最大流速总是最大,设计标准下龙口流速超过 6 m/s;进出龙口的水流流向与潮流推进方向近乎正交,导致龙口附近存在强烈的涡流,与涨潮沟口门上水流进出平顺形成对照,既不利于水流进出,又影响龙口安全保护;切断深槽进口的侧堤抬升到一定高度后过顶流速较大,从 −5.0 m 至 0.0 m 高程,流速从 3.4 m/s 增至 6.0 m/s,高程超过 1.0 m 后流速开始回落;在深槽侧堤抬升过程中,顺堤上龙口或顺堤沿线沟槽上进出水流速明显增加。由此判断,用常规抛填沙袋和抛石筑堤工艺,侧堤施工过程中因遭遇大潮高流速而发生"冲刷-抬升-再冲刷"拉锯作业的风险很大,堤身不易出水断流;此外在侧堤抬升至 −4.0 m 之前,顺堤沿线必须全面实施保护,龙口必须构筑完毕,这就要求在侧堤施工的同时,顺堤也要全线开工,至少是全线护底开工。

对第三类方案,计算和整体试验均表明,在设计标准潮流条件下,深槽(侧堤)由 −10.5 m 河床填高到 −4 m 以下,对整个涨潮沟水域流场影响甚微;在深槽(侧堤)不高于 −4 m 高程时,顺堤线上除两个大的沟槽外其余堤段可同步填高;为了避免沟槽段有较大的水流变化,沟槽段应尽量维持现状,也可结合沟槽段护滩适当抬升整平至 −1.0 m(原沟槽面高程约在 −3.0 m 以上)。按对深槽龙口影响不明显、遭遇主汛期设计标准潮型时龙口上流速不超过 6 m/s、沟槽内流速不超过 3 m/s 的要求,同时结合实际地形拟定的上下游两个沟槽保留宽度分别为主汛期 6 km 和 3 km,主汛期后收缩至 3 km 和 1 km。深槽龙口形成后可将两个沟槽按先上游后下游的顺序逐个合龙断流,两个沟槽断流后主龙口上的流速可控制在 6.5 m/s 以下。

水力分析表明,先堵深槽对顺堤上流场影响较大,而且深槽抬升过程中过堤流速增大,不易断流。

2) 施工组织强度分析

从施工组织的角度,多个小龙口合龙难度相对较小,但风险点分散,合龙同步的施工组织难以保证,不同步则极有可能因一个龙口滞后而使整个工程合龙失败。第三类方案顺堤施工比较容易,难度集中在深槽龙口上,高流速难以避免。第三类方案分析论证的方法、条件、工程进度等主要工况组合汇总见表 4-3。

表 4-3 水流数值模拟主要计算方案

研究目的	初步分析两个阶段(2008 年汛后～2009 年汛前第一阶段,2009 年汛后～2010 年汛前第二阶段)过程的水流特点,以便安排实施进度				
研究手段	二维数学模型				
水文条件	1. 汛期十年一遇潮差潮型(考虑渡汛) 2. 2006 年 9 月实测潮型(复核)			非汛期十年一遇潮差潮型(汛后合龙)	
实施时机	第一阶段实施方案比选			第二阶段实施方案比选	
研究方案	编号	(1)	(2)	(3)	(4)	(5)
	方案简述	仅实施侧堤,比较顶高程 −8 m 至 2 m 等 6 种方案	顺堤中上段的三个沟槽升高至 0 m 高程	同时实施沟槽护底、高滩及侧堤潜堤等 5 个方案	顺堤上游两段抬高至 1.5 m,下游沟槽留 500 m 缺口	在(4)基础上,顺堤由 1.5 m 高程出水,同时抬升侧堤至不同高程,深槽留 800 m 龙口等 6 个方案

研究目的	对推荐方案复核验证				
研究手段	物理模型、二维和三维数学模型				
水文条件	汛期十年一遇潮型	非汛期十年一遇潮型		12月份十年一遇潮型	
实施时机	一阶段复核	第二阶段（合龙前）		合龙	
研究方案　编号	（6）	（7）	（8）	（9）	（10）
研究方案　方案简述	高滩出水、沟槽护底、侧堤实施至－3 m	上游沟槽抬升至1.5 m，同时收缩中间沟槽	上游沟槽抬升出水，侧堤抬升至0 m，形成主副龙口	封堵中间沟槽	深槽龙口抬高或抬高同时收缩截流

4.3.2.3　施工顺序实践与应用

对多方案施工组织反复研究并多次论证之后，最终采用方案三，形成"全线多点作业，先护底后筑堤，先高滩出水，后沟槽截流，最后集中力量封堵龙口"的整体控制和实施顺序方案。其最大优势在于虽然龙口流速很高，但风险点集中，易于管理和采取强化措施，可操作性强。

第三类方案的具体做法归结为：开工顺序，全线（多点）同步，护底超前；断流顺序，先高（滩）后低（槽）；沟槽封堵，由上（游）往下（游），逐个进行；主龙截流，分层抬升，超强作业。施工组织以主汛期为界，将整个大堤合龙前建设分为两个阶段：一阶段实施布置见图4-16，包括全部沟槽的铺排护底；二阶段填筑一阶段留后的堤段，要求在主汛期结束后至当年或次年初主龙口合龙前达到断水。

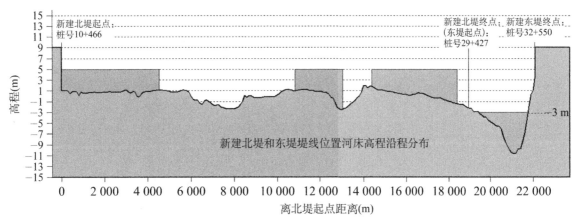

图4-16　青草沙围堤分期实施布置示意图

1）一阶段大堤施工作业面及推进方式（图4-17）

一阶段大堤施工总体进度控制要点为：北堤高滩段形成渡汛断面，同时港汊完成护底形成纳潮口，同时东堤堤身抬高至－6 m。

一阶段各工序推进顺序和推进方式：软体排铺设→高滩段袋装砂平行提高至渡汛断面（堤身施工须满足超前护底300 m的要求）→港汊完成护底形成纳潮口（护底尽可能尽快完成）→临时堤头或持续推

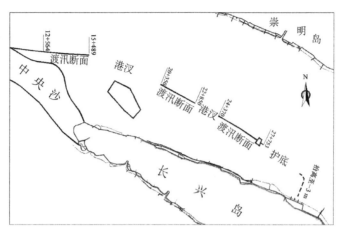

图 4-17 青草沙围堤一阶段施工布置示意图

进,或形成堤头保护→同时东堤分层抛填袋装砂堤身抬高至 −6 m 和铺设软体排。

2) 二阶段大堤施工作业面及推进方式(图 4-18)

二阶段大堤施工进度控制要点为：北堤形成渡汛断面,北堤上两个纳潮口由上而下先后形成副龙口,同时东堤堤身平行抬高至 −3 m,东堤堤身平立堵推进至 5.5 m 以上,东堤主龙口保护结构施工完成→副龙口截流。

二阶段各工序推进顺序和推进方式：1♯纳潮口多点平立堵推进形成渡汛断面→1♯纳潮口合龙→同时 2♯纳潮口平立堵推进形成副龙口→同时 3♯纳潮口多点平立堵推进至 5.5 m 以上(−3 m 以下平行抬高,−3 m 以上袋装砂堤身施工采取多点出水平行抬高与立堵推进相结合)→同时主龙口袋装砂平行抬高至 −4 m→主龙口护底保护结构施工→800 m 主龙口保护结构施工完成→2♯纳潮口副龙口截流。

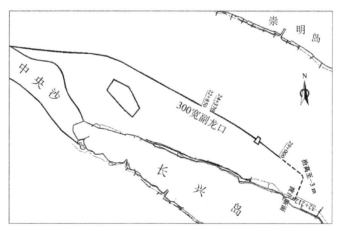

图 4-18 青草沙围堤二阶段施工布置示意图

3) 施工顺序实践与应用效果

施工实践证明,计算和验证揭示的不利水力现象都在实践过程中有一定程度的反映,但未发现明显超过预计的不利水力条件和冲刷情况。其中,上游沟槽附近地形变化复杂,沟槽中的水流流向与堤线斜交,加之随着堤身抬高,围区内外侧水位差逐步显现,因而此沟槽封堵前流态最为复杂,局部瞬时实测流速达到约 4 m/s,比预计情况稍高,但历时较短;下游沟槽水流较为平顺,实际情况与研究结果接近,虽较高流速持续时间比上游沟槽长,但最大实测流速在 3.5 m/s 以下,未产生不利情况。截流前半年多时间内,主龙口上实测最大流速 5.15 m/s,比研究揭示的设计标准下 6.5 m/s 流速小,龙口流态平稳,直至截流成功。

为避免堤身抬高引起流场变化而导致周边河床和滩面冲刷,应超前铺排护底。合理确定超前护底的范围有利于合理施工组织,既避免了因铺排护底超前要求过高而影响后道工序实施、从而影响工期,又避免了铺排护底超前不足而引起的冲刷,大大减小了未及时保护造成的不必要的工程损失,意义重大。计算和物模揭示,滩面越深超前护底距离可以越短,高程在 −8.0 m 以下的深槽"超前"300 m 以上即可,局部受光电缆搬迁而影响铺排护底的堤段,"超前"按 150 m 控制,实践证明这样的距离是合适的。

4.3.3 防冲保滩

长江口江心沙洲上提下移、沟槽左摆右移,冲淤交替,是长期的自然现象,这种现象有一定的规律,但至今尚未被完全掌握,具有明显的多变性。青草沙水库位于南北港分流口这一河势变化较大且十分敏感的位置,南支上段及南北港分流口河势变化直接影响青草沙的边滩的冲淤。长江口沙洲及水下河床动荡多变,洪水、风浪、强潮及水中含沙量和河势的变化,都是引起岸滩的剧烈变化,导致堤坝破坏。因而素有护堤先护脚,护脚先保滩的做法。青草沙水库工程岸段河势及水库堤前滩势的稳定是保证水库堤坝安全的首要条件,护堤必先保滩。

在探讨河口滩地冲刷机理及全面分析中央沙沙头及两侧以及青草沙水库实施后可能的冲刷态势的基础上,总结分析现有保滩护底结构形式及实用性,提出适合本工程特点的滩势控制与保滩护底的平面布置方案及新型结构形式。采用三维流场数值模拟计算和进行护滩防冲物理模型试验研究,分析水库大堤全线在设计护底方案下,滩前可能的冲刷范围、冲刷形态及深度,确定合理的保滩护底工程措施和防护范围,为围堤工程护底设计与优化提供科学依据。

4.3.3.1 工程水域潮流分析

根据地质勘察报告,工程所在区域表层基础为松散粉砂层,下卧土层为高压缩性、强度低的淤泥质土。表层粉砂层具有颗粒细、粒径均匀、松散的特征,极易因水流作用而掀扬和运移。随着水库堤坝的构筑,必然会引起周围流场的局部改变,通常会使沿堤流发育而加剧堤侧滩地冲刷,进而危及建筑物自身的稳定和造成河势的不良变化,因此要求采取有效措施控制建筑物周边河床冲刷的护滩结构。

根据经验分析,发生冲刷的主要原因有两种:一是整体水域的河势变化造成的冲刷;二是工程实施后对水流有一定的阻水作用,形成沿堤流和绕堤流,引起工程周边冲刷。

青草沙水库所在的水域地貌形态为大片江心沙洲后拖一条基本平顺相连的带状沙脊,沙脊离岸1.2~4.0 km,顺流向长约 30 km,沙脊及其上游端沙洲构成包络面积约 48 km² 的河口大型涨潮沟。工程区水下地形复杂,河床泥沙可动性较强,加上受上游长江径流以及下游潮流形成的往复流的影响,水流条件复杂,互动因素较多,堤前滩势变化频繁,冲淤互现。青草沙水库堤线布置在此沙脊上,根据水流测验和二维及三维数值模拟发现,涨潮时来自横沙小港的强劲涨潮流贴岸向上游,而落潮流经新桥通道斜向入北港,主流偏北,在青草沙水域下段涨落潮流流路明显不一致。分析流场还可发现,以沙脊为界,沙脊内侧涨潮沟内下段涨潮时流速大于沙脊外侧,而落潮时则是沙脊外侧流速大于内侧。由于这种速度差的存在,导致水流在一定范围内存在流速梯度,流速梯度的剪切效应导致涡流产生,进而导致水体中高含砂的落淤,形成沙脊。

随着涨潮沟向上游延伸,沟内的水流强度逐渐减弱,水动力逐渐减小,水流冲刷能力降低,因而沟槽逐渐变浅;落潮时涨潮沟上端的落潮流主流一般偏外侧,头部水流不急,易于落淤,从而形成沙洲。落潮漫过沙洲进入涨潮沟的水流没有沟槽外主流顺畅,导致沙脊内侧沟槽中水位和流速低于沙脊外侧,一方面产生了穿过沙脊的横向流,另一方面产生了与涨潮时方向相反的剪切效应和涡流。在涨落潮周期性交替作用下,涨潮沟形态维持动态平衡,一旦水域中水沙情况发生大的变化或者流场受到人为干扰,涨潮沟也将因之调整。

水流分析验证了涨、落潮流流路不一致是涨潮沟成因的理论,同时推断因水流在相对固定的平面位置上存在平面速度梯度,产生水平涡流,可能是产生涨潮沟与主槽间沙脊的力学机理。

4.3.3.2 防冲护滩方案物理模型论证

研究目标:在已有河势分析、数学模型及物理模型试验成果基础上,根据实测地形资料以及水库堤线布置方案,通过局部动床物理模型试验,研究水库大堤全线在设计护底方案下,滩前可能的冲刷范围、冲刷形态及深度,确定合理的保滩护底工程措施和防护范围。

1) 模型设计

(1) 模型范围。根据研究目标,模型采用南北方向固定边界控制方案(图4-19)。模型上游以浏河口作为上边界,下边界至横沙岛。该河段长约50 km,最宽处近20 km。模型的平面比尺为1:450,垂直比尺为1:150,变率为3。模型范围均按2006年7月地形设计,原型面积达800 km²,模型面积为4 000 m²。

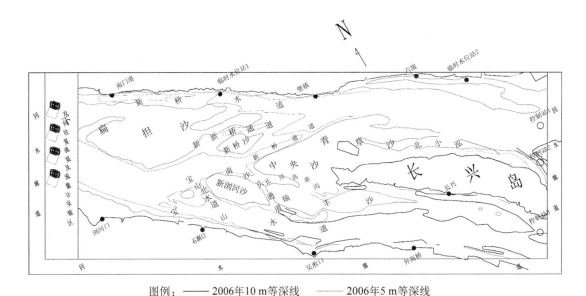

图例: —— 2006年10 m等深线   —— 2006年5 m等深线

图4-19 模型范围和边界

(2) 模型控制。模型上边界通过双向轴流泵和流量计实现四口门流量闭环控制,下边界采用潜水泵实现潮位闭环控制,水泵的流量控制利用供电频率变频来实现。

2) 水文条件与试验方案

(1) 水文及边界条件。为了保障工程护底措施的安全与经济性,试验要考虑最不利的水文条件组合,同时又要符合长江口的实际情况。

① 上游流量。首先,施放大通站洪季流量 46 000 m³/s,直至护滩堤局部冲刷达到平衡状态。然后,施放 92 600 m³/s 流量 40 d 左右(模拟 1954 年大洪水情况),再施放大通站洪季平均流量直至冲刷再次达到平衡状态。

② 潮型。在验证潮型的基础上确定,拟选取保证率为 95% 的潮差,横沙站潮差 3.85 m 左右。

③ 模型地形。浏河口至南北港上段采用 2006 年 7 月实测地形;北港采用 2006 年 10 月实测地形;南港下段采用 2006 年 11 月实测地形。由于中央沙沙头近年来冲刷变化剧烈,中央沙头部采用 2007 年 1 月地形制作。

(2) 试验方案。主要分为两类:一类方案是在中央沙圈围及青草沙水库工程堤线全部建成后,研究并优化堤线附近不同堤段的护底排宽度,同时对格坝与护滩丁坝的数量进行优化;二类方案是研究新浏河沙护滩及南沙头通道限流潜堤工程实施后,一类方案确定的护底宽度有无进一步优化的必要,同时南堤护滩丁坝有无进一步优化的可能。方案详见表 4 - 4。

表 4 - 4 试验方案设计

方 案 类 别	工 程 布 置	试 验 目 的
一类方案	按中央沙圈围、青草沙水库工程堤线以及中央沙头部顺格坝布置	提供护底排外的冲刷坑深度和几何形状,设计单位进行滑移稳定性校核,调整及优化不同堤段的护底宽度
二类方案	在一类方案确定的中央沙头部顺格坝间距和坝前铰链排护底宽度的基础上,增加新浏河沙护滩及南沙头通道限流潜堤工程	研究有新浏河沙护滩及南沙头通道限流工程的条件下,一类方案确定的护底铰链排还能否满足要求

3) 试验研究的几个重点

(1) 东堤附近堤段局部冲刷。鉴于东北堤连接段冲刷的机理较为复杂,有可能涨潮动力是影响稳定的主要因素,特别是青草沙水库工程实施后,封堵了北小泓涨潮槽,使得该处水流动力条件更为复杂。局部冲刷试验的水文条件为上游大通洪季流量 46 000 m³/s、下游横沙 3.85 m 潮差(试验中间施放 92 600 m³/s 流量,简称洪季流量),但是上述试验采用水文条件是否还是造成东堤附近堤段最不利的水文条件组合,值得分析。为此,在物理模型试验中安排了一组试验,该试验的水文条件为上游大通洪季流量 11 000 m³/s、下游横沙 3.85 m 潮差(简称枯季流量)。通过对两组不同水文条件下试验结果的对比分析,确定造成东堤堤段护底排前沿最大冲刷坑的水文条件,同时为东堤附近堤段的工程设计、施工以及护底排之间的搭接方式(上游向下游搭接还是下游向上游搭接)提供科学依据。

由试验结果分析可知:在枯季流量水文条件下,东堤附近堤段护底排前沿最大冲刷坑明显比洪季流量条件下大,尤其是东堤转弯段的局部冲刷坑最大深度增加了 1.5 m 左右;其他堤段依然是洪季流量下冲刷坑最大。所以,东堤附近堤段大堤的稳定由涨潮流控制,该堤段的护底排设计以及现场施工应该更加关注涨潮流的影响。

(2) 水库大堤各堤段护底排前沿冲刷坑。在河口地区建设涉水工程,工程堤线附近一般都会出现局部冲刷坑,冲刷坑的发展会影响到工程建筑物的稳定,进而给工程安全带来重大隐患。为了保障工程建筑物的稳定,必须在工程内外侧铺设护底排,把工程附近的局部冲刷转移到护底排的外侧。护底排的稳定关键在于护底排外侧局部冲刷坑的深度与坡度,一般来说护底排越长,护底排外侧冲刷坑越小,冲刷坑的坡度也越小。只要护底排的长度选择合理,就能保障护底排的稳定,同时涉水工程的稳定也就得到满足。

物理模型试验研究的目的,就是分析青草沙水库工程实施后,水库大堤全线护底排前沿最大冲刷坑的几何形态(包括冲刷坑的深度与坡度),为护底排宽度的确定提供技术支持。

对护底排宽度的研究分为两种情况:一是没有新浏河沙护滩与南沙头通道限流工程(简称无限流工程);二是有新浏河沙护滩与南沙头通道限流工程(简称有限流工程)。

研究表明,由于水库工程堤线各处水流条件差异较大,导致堤线各段护底排前沿冲刷坑变幅很大,其中西堤冲刷坑最大,东堤与南堤次之,北堤最小。限流工程实施后,西堤北侧冲刷坑冲刷幅度增加,最大冲刷幅度增加 2.19 m,北堤上段也有所增加,最大冲刷幅度增加 0.67 m;北堤中下段与东堤基本没有变化;西堤北侧与南堤冲刷坑冲刷幅度减小,西堤南侧最大冲刷幅度减小 1.91 m,南堤最大冲刷幅度减小 0.76 m。

(3) 东堤丁坝护滩效果。东堤附近堤段本身水动力条件复杂,加上青草沙水库工程的建设截断了北小泓的水流,使得该处水流条件变化较大,东堤附近堤段的滩前局部冲刷变得更为复杂。根据研究表明:在涨潮流控制下(大通洪季流量 46 000 m³/s+下游横沙 3.85 m 潮差)东堤附近堤段的局部冲刷坑明显比在落潮控制下(大通洪季流量 11 000 m³/s+下游横沙 3.85 m 潮差)产生的冲刷坑大,尤其是东堤转弯段的局部冲刷坑最大冲刷深度增加了 1.5 m 左右。为了保障东堤转弯弧段稳定性,拟在东堤转弯段增加一条丁坝,通过调整局部流场,在丁坝两侧靠近大堤附近形成缓流区,进而形成对大堤的保护。

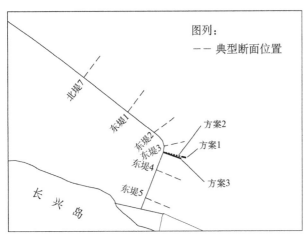

图 4-20 东堤丁坝方案布置图

模型试验,在东堤转弯段增加一条丁坝,丁坝总长度 530 m,高程从+4 m 到+2 m(图 4-20)。在此基础上对丁坝长度减少 100 m 及减少 100 m 后顺时针旋转 6°的方案进行了试验对比。

根据试验观察,东堤丁坝建设后,在丁坝的南北两侧靠近大堤附近都形成了较大的掩护区,泥沙在丁坝的两侧均有较大幅度的淤积,但是在坝头形成了较大的冲刷坑。

根据试验可知,东堤丁坝的建设,减小了东堤附近堤段的局部冲刷,影响最为明显的部位是东堤转弯段,在转弯段北侧护底排外侧甚至出现淤积,丁坝的建设起到良好的护滩保堤效果,但是在潜堤头部形成较大冲刷坑。从护滩保堤效果角度分析,东堤丁坝三个平面布置方案之间没有太大差异。

4.3.3.3 水库围堤前沿滩地冲刷坑分析及护底范围计算

1) 整体河势变化造成的冲刷预测

根据河势演变分析及动床物理模型试验,按整体水域的河势变化造成的冲刷分析,在无保滩护底措施情况下,若干年后北堤上段堤前岸滩可能形成冲刷深槽,南堤中段槽底高程约达-10 m;西堤槽底高程达-17~-10 m;北堤上段先期护底槽底高程达-15~-11 m;北堤中段槽底高程达-10~-6 m;北堤下段、东堤上段及堤头段槽底高程约达-11 m。

2）沿堤流、绕堤流引起冲刷分析

除东堤堤头段拟采用丁坝外，其他各段均采用适用滩地变形能力强、对河床边界条件改变较小、对近岸及周边水流影响较小的混凝土联锁块软体排护底保滩。因此，东堤堤头段丁坝采用丁坝冲刷深度计算公式计算；其余混凝土联锁块软体排护底保滩段采用平顺护岸冲刷深度计算公式计算。

（1）沿堤流引起的冲刷分析。围堤堤前沿堤流产生的冲刷深度可根据《堤防工程设计规范》D2.2 的计算公式计算。

① 水流平行于岸坡产生的冲刷可按下式计算：

$$h_B = h_p + \left[\left(\frac{V_{cp}}{V_{允}} \right)^n - 1 \right]$$

式中　h_B——局部冲刷深度（m），从水面起算；

　　　h_p——冲刷处水深（m），以近似设计最大深度代替；

　　　V_{cp}——平均流速（m/s）；

　　　$V_{允}$——河床面上允许不冲流速（m/s）；

　　　n——与防护岸坡在平面上的形状有关，一般取 0.25。

② 水流斜冲防护岸坡产生的冲刷可按下式计算：

$$\Delta h_p = \frac{23 \tan \frac{\alpha}{2} V_j^2}{\sqrt{1+m^2} g} - 30d$$

式中　Δh_p——从河底算起的局部深度（m）；

　　　α——水流流向与岸坡交角（°）；

　　　m——防护建筑物迎水面边坡系数；

　　　d——坡脚处土壤计算粒径（cm）；

　　　V_j——水流的局部冲刷流速（m/s）。

根据物模试验成果，工程区段在 90 000 m³/s 洪水作用下临近主槽落急流速南堤中段为 2.02 m/s；西堤和北堤上段先期护底为 2.50 m/s，北堤中段为 2.25 m/s；北堤下段、东堤上段及堤头段为 2.34 m/s；东堤下段为 1.75 m/s。南堤、西堤河床泥沙中值粒径 $d_{50} = 0.074$ mm；北堤先期护底河床泥沙中值粒径 $d_{50} = 0.118$ mm；北堤中段河床泥沙中值粒径 $d_{50} = 0.069$ mm；北堤下段河床泥沙中值粒径 $d_{50} = 0.081$ mm；东堤河床泥沙中值粒径 $d_{50} = 0.095$ mm。

（2）丁坝坝头局部冲刷分析。由于丁坝冲刷的计算公式较多，而坝头冲刷坑的深度是保滩工程设计、防护和加固所需的重要参数，所以选择多种不同的公式进行计算验证分析。

①《堤防工程设计规范》推荐公式。根据《堤防工程设计规范》附录 D.2.1 非淹没丁坝冲刷深度计算公式，即

$$\Delta h = 27 K_1 K_2 \tan(\alpha/2) V^2 / g - 30d$$

$$K_1 = e^{-5.1\sqrt{V^2/(gl)}}$$

$$K_2 = e^{-0.2m}$$

式中　Δh——冲刷深度（m）；

V——丁坝的行进流速(m/s);

K_1——与丁坝在水流法线上投影长度 l 有关的系数;

K_2——与丁坝边坡坡率 m 有关的系数;

α——水流轴线与丁坝轴线的交角,当丁坝上挑 $\alpha>90°$ 时,应取 $\tan\alpha/2=1$;

g——重力加速度(m/s²);

d——床沙粒径(m)。

对于河床质粒径较细时,可按《堤防工程设计规范》附录 D.2.1-4 公式计算,即

$$\Delta h = 2.8V^2 \sin\alpha / \sqrt{1+m^2}$$

式中符号意义同上。

按以上公式计算,堤头最大冲刷深度为 5.53 m。

②《航道整治工程技术规范》推荐公式。根据《航道整治工程技术规范》堤头局部冲刷深度计算,计算公式如下:

$$h_p = \left(\frac{1.84h}{0.5L+h} + 0.020\,7\,\frac{V-V_c}{\omega} \right) LK_m K_\alpha$$

$$K_\alpha = \left(\frac{\alpha}{90} \right)^{\frac{1}{3}}$$

$$V_c = 3.6(hd)^{\frac{1}{4}}$$

式中　h_p——计算水面下冲刷坑的最大水深(m);

h——计算水面下冲刷前拟建丁坝坝头处的水深(m);

L——丁坝在过水断面上的有效投影长度(m);

K_m——与丁坝头部边坡系数有关的系数;

K_α——与丁坝轴线和流向之间夹角 α 有关的系数(α 以°为单位);

ω——泥沙颗粒沉速(cm/s);

V——流向丁坝头水流的垂线平均流速(m/s);

V_c——泥沙的冲刷流速(m/s);

d——泥沙粒径(m)。

3) 冲刷深度综合分析

河势变化是本工程堤前岸滩稳定的决定因素,堤坝或保滩工程形成后引起的局部流场改变则会进一步加快加剧堤前岸滩冲刷。冲刷坑计算结果见表 4-5。

表 4-5　冲刷坑计算

部位	冲刷坑深度(m)		推荐方案形式
	按平顺护岸冲刷计算	按丁坝冲刷计算	
南堤中段	0.5~1.03	/	混凝土联锁块软体排护底
西堤	/	8.45~11.70	顺坝加混凝土联锁块软体排护底(已实施)
北堤上段先期护底	0.4~4.63	/	混凝土联锁块软体排护底(已实施)

（续表）

部位	冲刷坑深度（m）		推荐方案形式
	按平顺护岸冲刷计算	按丁坝冲刷计算	
北堤中段	0.69～3.55	/	混凝土联锁块软体排护底
北堤下段及东堤上段	0.70～3.82	/	混凝土联锁块软体排护底
东堤堤头段	/	7.16	丁坝加混凝土联锁块软体排护底
管桩丁坝头部	/	13.73	混凝土联锁块软体排护底
东堤下段	0.56～1.99	/	混凝土联锁块软体排护底

4）横向护底范围确定

护滩结构横向范围由堤身软体排宽度和两侧余排宽度组成。堤身软体排宽度由堤身底部的宽度确定。堤前余排宽度的确定，应根据堤（坝）所在区域河演分析成果以及水流、波浪、河床质等条件，预测可能出现的冲刷深度和冲刷边坡，要求冲刷后形成的边坡能满足堤（坝）整体稳定的要求。

横向余排宽度的确定参照《水运工程土工合成材料应用技术规范》（JTJ 239）9.2.7 条规定计算，计算公式如下：

$$L \geq k_p \Delta h_p \sqrt{1 + m^2}$$

式中　L——软体排横向余排长度（m）；

　　　k_p——褶皱系数，取 1.1～1.3；

　　　Δh_p——预计冲刷深度（m）；

　　　m——河床稳定边坡系数［$m = \cot \alpha$，其中 α 为河床冲刷后的坡脚（°）］。

根据长江口深水航道工程实测资料，在长江口粉细砂基础上，已建导堤发生冲刷的地段，其冲刷边坡一般在 1：2～1：4，冲刷深度大多在 1.5～5.0 m 以内。青草沙水域河床滩面和土层的地质条件与深水航道工程基本相同，故冲刷坑边坡按 1：2～1：4 考虑。堤前余排保护范围按堤前深槽逼岸，护滩坡度取 1：2～1：4。将理论计算成果与上海河口海岸科学研究中心的物理模型试验进行了比对，表明理论计算的冲刷深度合理。堤前护滩混凝土联锁块软体排宽度见表 4-6。

表 4-6　混凝土联锁块软体排宽度计算

部位	理论计算冲刷坑深度（m）	物模试验最大冲刷坑深度（m）	堤前深槽高程（m）	混凝土联锁块软体排宽度（m）
南堤中段	0.5～1.03	1.79	−10	30～42
西堤	8.45～11.70	11.69	−17～−10	45～115
北堤上段先期护底	0.4～4.63	5.05	−15～−11	55～65
北堤中段	0.69～3.55	1.41	−10～−6	45
北堤下段及东堤上段	0.70～3.82	2.1	−11	45
东堤堤头段	7.16	3.45	−11	50
管桩丁坝头部	13.73	7.78	−11	70
东堤下段	0.56～1.99	1.9	−11～3	20

4.3.3.4　防冲保滩方案应用

1）保滩结构形式调查与适用性分析

在径流、潮流、风浪等诸多动力因素的作用下,海堤(海塘)堤前岸滩会出现淤涨、冲刷、冲淤交替等复杂的过程,若堤前的滩涂不断受到冲刷,堤脚将会出现淘空失稳现象,危及堤身安全,故"护堤先护脚""护脚先保滩"。

近50年来,在上海崇明、长兴、横沙三岛及长江南岸、杭州湾北岸岸滩冲刷岸段陆续兴建了大量丁坝、顺坝及护坎保滩工程,对所处岸段的堤前滩地保护及大堤堤身安全的保护发挥了巨大的作用。为了汲取以往保滩工程的成功经验与教训,对各种保滩结构形式进行了调查。调查结果表明,保滩护底方式通常有两类:一是通过在堤前设丁坝、顺坝、软体排加抛石等保滩护底;二是通过在堤前设桩基、沉井等保滩护底。丁坝、顺坝、软体排加抛石为上海地区常用保滩护底结构,属"柔性结构",其优点是本身可以自我调整,适应性强,可以"随遇而安",对建筑物的自身稳定非常有利;桩基、沉井方式属"硬"抗冲,投资较高,适用于滩地冲刷变化范围大、深度深、堤前滩地或环境受限制的堤段,上海地区较少使用。

(1)丁坝保滩。丁坝主要适用于以潮流影响为主的堤岸,是上海地区最常用的保滩措施,它的保滩机理主要是通过将主流挑离河岸堤防,并尽量争取在坝田区形成淤积,从而解除堤岸承受冲刷的威胁。对受风浪剥蚀为主或波浪掀沙与水流冲刷同时起作用的岸滩,以顺坝保滩或丁顺坝结合效果比较明显。上海地区保滩丁坝均为淹没丁坝,当挑流的作用太大时坝头处易形成冲刷坑以致坝头损坏坍失。坝头损坏坍失的原因主要是潮流受丁坝阻挡产生沿堤流,在坝头附近产生的涡流(立轴涡流和横轴涡流)对坝脚滩面的强烈淘刷作用,使坝头坝脚滩面刷深形成巨大的冲刷坑,导致坝头块体失稳坍落,进而随着冲刷坑的进一步内移而使坝体破坏。一旦形成上述情况,将使坝头修复变得十分困难,工程造价大幅增加。因此对于新建丁坝,当潮流作用很强时,不宜采用长丁坝挑流形式,而应选用短丁坝群组合挑流的形式,但为了避免丁坝头部形成冲刷坑,进而连片形成近岸冲刷槽,宜采用勾坝形式,当涨落潮潮流作用相差不大的情况下采用T形勾坝形式,对单个丁坝则加强坝头的护底保护措施。

对于堤前滩面很低而潮流作用又很强,必须采用丁坝挑流的保滩工程措施时,可以考虑采用管桩丁坝。由于传统的抛石丁坝坝体高,抛石量大,不仅工程投资大幅增加。而且还涉及软弱地基承载力问题,必须进行地基处理,增加施工难度、施工时间等。采用管桩丁坝不仅使抛石工程量大量减少,降低工程投资,还提高了坝体的稳定性,上海化学工业园区东南转角实施的即为此类型,其挑流保滩效果明显。

(2)顺坝保滩。顺坝保滩主要适用于风浪剥滩作用为主、具有向岸流作用的岸段,杭州湾北岸上海地区应用较普遍,长江口亦有部分岸段应用。此结构布置可以顺应水流方向,对保滩岸段的河势影响较小,但对于工程前沿滩地低、堤脚处滩地坡度较陡的岸段,顺坝工程量较大,虽保滩效果较好,但投资大,建成后维修量也大;对堤前滩地较高且坡度较缓的岸段,此结构形式投资小,较为合适。为了防止坝前滩地的侵蚀,与丁坝相结合的保滩护底效果较好。

(3)软体排保滩。软体排主要适用于堤前滩地低、护底结构受波浪作用力小的岸段。采用软体排平顺护底的方式施工快,适用滩地变形能力强,对河床边界条件改变较小,对近岸及周边水流的影响也较小,对于低滩岸段是较为理想的保滩护底方式。软体排护底是在传统的柴排抛石基础上进化而来,它对堤前滩地的保护机理,主要是利用抗冲材料——软体排直接铺敷在堤脚一定范围形成连续的覆盖式护底,从而达到保护堤前滩地免受水流和波浪的冲刷。混凝土联锁块软体排具有较好的整体性和柔性,可随河床冲刷坑的形成而下沉,排布对被保护的下部土体有可靠的封闭作用,防止土体被水流带走,上层的混凝土联锁块可有效抵御水流的冲刷,从而保护被覆盖护坡的稳定。

（4）抛石保滩。在滩坡上直接抛石形成防冲保护层，是最古老而常用的保滩方法，在不易建坝或不宜建坝、又不具备铺软体排的时候，抛石护底仍是一种较为合适的方法，常辅以柴排等，施工较为方便，效果也比较好，但抛石易滚落，维护工作量大，常常是一汛一修。

2）杩槎防潮保滩研究

长江口潮汐作用强劲，径流影响很大，风浪也不可忽视。传统的丁坝和目前应用较多的软体排防冲护底也都有一定的使用缺陷，对滩坡较陡、流向往复需要尽量控制河势影响的情况，河口常见的保滩护底方法局限尤为突出，因而研究新型保滩护底结构十分必要。

杩槎在径流式河流中缓流淤沙防冲效果良好、经济性突出，因此，考虑将其推广到潮汐河口保滩工程，为此进行了一系列模型试验研究。研究内容、过程与成果如下。

（1）试验内容。以往杩槎大多用在受径流影响的江岸护岸的工程经验表明，在水深很大、坡度很陡的江岸杩槎保滩效果依然较好。但青草沙水域水下地形复杂，受上游长江径流以及下游潮流形成的往复流影响的区域，杩槎保滩护岸经验尚无，须研究杩槎保滩护岸措施在往复流的影响下是否能有效降低堤前的水流流速、阻止堤前的深槽逼岸。针对杩槎群的布置方式、尺寸大小、抛投方式，对杩槎群减速效果的影响等问题进行了以下试验研究：

① 无杩槎防护情况下铰链排护岸岸脚的冲刷状况；

② 杩槎固脚方案的可行性试验；

③ 通过杩槎固脚不同抛护方案的冲刷试验比较，提出适宜的固脚抛护方案（包括杩槎抛投方式、杩槎抛投层数、杩槎的平面位置、杩槎抛投的平面尺寸）。

（2）模型设计。模型试验分定床和动床进行，定床模型试验用于模型边界条件的率定及调整，动床模型在定床的基础上改造而成。

① 相似准则及比尺。模型按重力相似准则进行设计，并兼顾阻力相似、几何正态，分清水定床及清水动床模型进行。试验采用 1∶50 模型加大比尺 1∶25 水槽模型试验研究铰链排的护脚冲刷。

② 模拟范围。模型的模拟范围须根据本工程的研究内容、模型比尺以及室内供水规模进行确定，在 1∶50 模型比尺下，长度方向的模拟范围分别约为 2 000 m，模型宽度方向两种比尺下的模拟宽度分别为 260 m。

③ 潮流模拟。青草沙北堤受上游长江来流以及下游涨落潮的影响，坡脚的冲刷是顺岸的往复流动造成的。往复流的冲刷试验结果随模拟方法的不同而有差异，因此，采用模拟一个涨落潮过程的方法，即对涨落潮过程进行模拟，试验中根据数学模型提供的计算结果，采用非恒定流模拟系统对上下游边界的潮流量及潮位进行实时跟踪与控制，模拟实际的涨落潮对坡脚的冲刷过程。该方法最大优点是可以模拟顺岸往复流动对河道岸滩的冲淤过程，试验得到的结果更接近原型实际的冲淤情况。

④ 杩槎的模拟。模型中的杩槎几何尺寸根据原型尺寸按几何相似换算确定，杩槎模型材料采用多种复合材料混合制作而成，制作完毕的杩槎须满足密度比尺 $\lambda_\rho = 1$，即模型杩槎的密度与原型相等（图 4 - 21）。

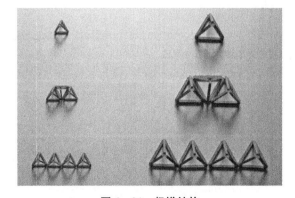

图 4 - 21 杩槎结构

⑤ 软体铰链排的模拟。由于试验的主要任务是研究枕槎对软体铰链排坡脚的防护可行性及适宜的抛投方式,不研究坡脚以外大范围的岸坡冲刷及防护,因此为了节省试验经费、加快试验进度,对软体铰链排进行了简化模拟,试验中主要保证模型铰链排能适应岸滩由于冲刷形成的变形,放宽对软体铰链排的尺寸及密度等的限制。

⑥ 河床土层模拟。青草沙北堤上段区域的土层分为3层,浅表层为沙性土,中层为黏性土,下层也是沙性土,而且每一土层还夹有小层。通常情况下,黏性土层的抗冲性能要比沙性土好,因此,基于工程安全考虑,试验中选取其中抗冲能力薄弱的表层沙性土作为模拟对象。

(3) 试验方案。

① 枕槎群布置方案一。顺水流方向长度20 m,垂直水流方向宽度15 m,与铰链排搭接(重叠)3 m,高度5 m(高度方向铺设枕槎4层),采用人工规则排列方式,枕槎群顺水流方向之间的净间隔长度为10 m(图4-22)。

图4-22 枕槎群布置方案一

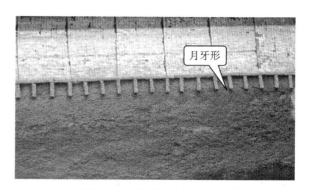

图4-23 枕槎群布置方案二

② 枕槎群布置方案二。平面上采用梳齿形布置,该布置方案的枕槎群在平面上呈不完全间断布置,梳齿的间隔长度(顺水流向)为15 m,梳齿、梳背的宽度3 m。抛护整体宽度(垂直水流方向)15 m,枕槎群的厚度采用两层,约2.5 m。每100 m(含两侧第一个梳齿)梳齿加宽到5 m、加厚到4层(图4-23)。

③ 枕槎群布置方案三。在布置方案二的基础上,加宽梳齿(增加顺水流方向长度),并且为了平面布置简单,取消梳背,采用布置方案一的间断抛投方式。枕槎群布置方案三顺水流方向长度15 m,垂直水流方向宽度也为15 m,与铰链排搭接(重叠)3 m,枕槎群厚度约两层(高度约2.5 m)(图4-24)。

④ 枕槎群布置方案四。平面形状同布置方案三,只是高度方向增加了一层(枕槎高度约3.75 m)(图4-25)。

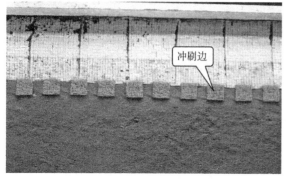

图4-24 枕槎群布置方案三

图4-25 枕槎群布置方案四

⑤ 杩槎群布置方案五。主要考虑工程量小和施工方便等因素，尝试了单层杩槎连续铺设方式，该方案沿铰链排排脚连续铺设 15 m 宽的杩槎群，单层铺设，与铰链排搭接 3 m(图 4-26)。

（4）试验成果。

① 定床模型边界潮流量和潮水位控制满足非恒定流试验要求，试验范围内流态及流速分布与计算值一致，表明采用嵌套模拟方法是可行的。

② 无杩槎群防护情况下，铰链排排脚以外约 70 m 范围内形成条状冲刷带，在铰链排排脚附近固体与

图 4-26　杩槎群布置方案五

散粒体泥沙接触部位冲刷最为严重，有些部位由于铰链排排脚泥沙被淘刷，出现铰链排排脚凹陷变形现象，1998 年在洪水全潮 24 h 冲刷条件下，试验测得最大冲刷深度约 2.2 m。

③ 杩槎群布置方案一，防护效果最好，但是高度方向上采用 4 层，工程量及施工难度较大。杩槎群布置方案二、三和五这三种方案虽然 24 h 全潮冲刷期间铰链排排脚没有发生冲刷，但均在紧贴杩槎群外缘即开始冲刷，长期受时间累积效应的影响，边缘处的杩槎将会塌陷而造成冲刷带逐渐向铰链排排脚发展，影响护岸安全。

④ 杩槎群推荐方案（杩槎群布置方案四）在全潮 24 h 冲刷后，铰链排排脚附近未观察到有冲刷现象，主要冲刷发生在距离铰链排排脚 20～65 m 宽度范围内，冲刷形态呈"长条状"，在杩槎群外侧存在约 8.0 m 的边缘保护宽度，最大冲深约 1.76 m。

⑤ 杩槎群推荐方案四在长历时（四个全潮、原型 96 h）试验条件下，铰链排排脚附近仍未观察到有明显的冲刷现象，主要冲刷发生在距离铰链排排脚 20～65 m 宽度范围内，在杩槎群铺设起始约 130 m 范围内，无明显的边缘保护宽度，在该长度范围之后，杩槎群外侧存在约 8.0 m 的边缘保护宽度，最大冲深约 1.97 m，在两杩槎群之间的上游 2/3 长度范围内有一定的淤积现象，淤积厚度约 0.5 m。

⑥ 兼顾节省工程量和防护效果两方面，杩槎群抛投长度选择 10～20 m 比较适宜，而杩槎群间隔长度选择以不大于 10 m 为宜。

⑦ 杩槎群后滩面水流的减速率总体上随着杩槎群相对高度的增加而增加，但相对高度大于 0.7 后，增加趋势减缓。

（5）试验成果应用。杩槎群护滩自身稳定性好，在单向径流式河道中使用效果较好，有多年实践经验。试验成果表明，在潮汐河口往复流中杩槎群减速率可达 30%～70%，并有明显的稳定、减速、促淤、护岸功能。与常规的抛石丁顺坝、PHC 桩式坝和混凝土联锁块软体排相比，具有较好的经济性和易于实施、便于维护的特点。

3) 青草沙水库保滩总体布局与应用

保滩总体布局与结构选型，与地形和河势及滩势演变趋势密切相关。根据物理模型和理论计算确定的冲刷坑范围和深度，研究制定了"统筹兼顾，顺势而为，远近结合，动态调整"的总体原则，分堤段研究与之相适应的保滩工程结构形式。在总结认识保滩结构的挑流、缓流、覆盖等机理分类的基础上，优化改进铰链排、抛石、丁顺坝和杩槎等护滩结构，从工程整体上确立了连堤式、分离式和动态式三大类组合的防冲护滩总体方案，工程平面布置详见图 4-27。

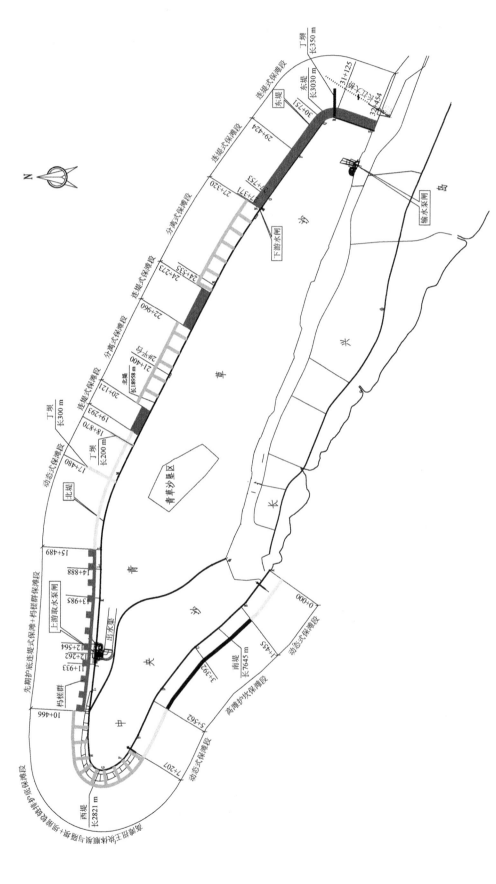

图 4 - 27 青草沙水库保滩工程总体布局

（1）连堤式。连堤式保滩的特征是保滩结构与堤身连为一体,同步结合实施。其保滩机理是堤身抬升前在堤基及两侧一定范围内采用连续覆盖式护底（软体排体）,防止河势变化及施工阻水作用造成滩面冲刷。其优点是对河床边界改变小、对近岸及周边水流影响小、适应变形能力强、节省投资。适用条件是堤基及堤前滩面较低的深槽逼岸冲刷堤段,但采用挑流或缓流类保滩结构（如丁坝和顺坝等）不仅会引起河势和滩势的剧烈变化而且费用高。

根据三维数学模型和整体物理模型研究,水库采用连堤式保滩堤段为:

① 北堤上段深槽段（先期护底段）。该段处于青草沙水库北堤上段,长5 023 m。该段位于新桥通道的南侧,工程区水下地形复杂,河床泥沙可动性较强,有微弯的凹岸特征,易于冲刷。加上受上游长江径流以及下游潮流形成的往复流的影响,水流条件复杂,互动因素较多,堤前滩势变化频繁,冲淤互现,该段已在中央沙堤坝建设时同步完成连堤式保滩护底结构。保滩结构为抛石护底及混凝土联锁块软体排加砂肋软体排护底。施工期根据滩势监测发现,北堤上段先期护底工程离堤轴线500 m范围以内边滩处于全面冲刷后退态势,深槽持续向堤身逼近,在岸滩后退的同时,边坡刷深、变陡。北侧深槽槽底河床基本维持在-14.0~-17.0 m,并向堤身逼近。为此根据动态调整的原则,及时开展了杩槎在潮汐河口往复流条件下保滩应用研究,在原排体排头一定范围抛投杩槎群进行缓流,增强保滩能力。北堤上段保滩护底结构断面详见图4-28。

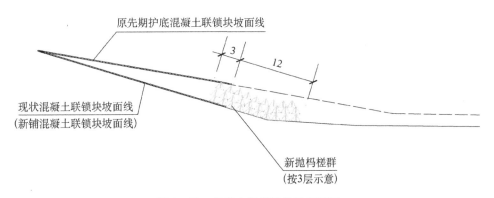

图4-28　北堤上段保滩结构断面图

② 北堤中下段低滩段。北堤中下段低滩段分为三段,总长4 245 m,分别位于纳潮口上。采用连堤式保滩结构,即采用适用滩地变形能力强、对河床边界条件改变较小、对近岸及周边水流影响较小的混凝土联锁块软体排护底,在堤坝堤脚外铺设混凝土联锁块软体排,混凝土联锁块厚度为0.16 m。其内侧为水库堤坝堤脚抛石护底。北堤中下段保滩护底结构断面见图4-29。

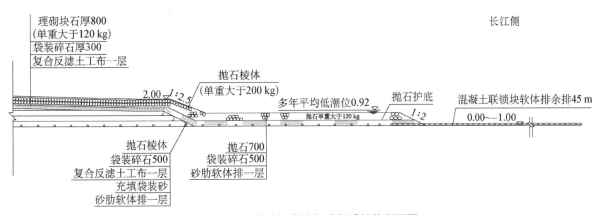

图4-29　北堤中下段连堤式保滩结构断面图

③ 东堤深槽段。东堤位于水库的下端,总长 3 030 m,横穿深槽,滩面低。东堤深槽段采用连堤式混凝土联锁块软体排护底;东堤转角堤头段,该段在采用连堤式混凝土联锁块软体排护底的基础上,增设丁坝挑流,即在软体排连堤式保滩的同时,在其外侧设置一条斜长丁坝,丁坝长 310 m。

(2) 分离式。分离式保滩的特征是保滩结构与堤身分开设置,即根据地形、地貌特点和冲刷趋势,分别对陡坎和堤前滩地采用针对性保滩。分离式保滩的机理是外侧深槽或陡坎采用连续覆盖式护底(软体排体),其优点是对河床边界改变小、对近岸及周边水流影响小、适应变形能力强、节省投资;堤脚滩地维持现状,或利用原有芦苇护滩保土,或增设隔坝缓流保土。

适用条件是:堤基及堤前滩面较高、宽度达到 40 m 以上,一般生长有保土护滩能力较强的芦苇;外侧深槽或陡坎有逼岸发展趋势;采用挑流类丁坝等保滩会引起河势和滩势的剧烈变化而且费用高。

① 南堤高滩深槽段。南堤高滩段,堤前 40~50 m 范围滩面高程达 3.5 m,生长有保土护滩能力较强的芦苇。高滩外侧为深槽陡坎,在往复流作用下,陡坎持续后退,深坑逼岸。为此南堤高滩段采用分离式保滩,即在陡坎上采用宽 30~42 m 混凝土铰链排护坡护底保滩,上部维持芦苇现状,局部进行补种。混凝土铰链排厚 0.16 m,排布采用 230 g/m² 机织布加 150 g/m² 无纺布针刺复合。南堤高滩段保滩断面结构见图 4-30。

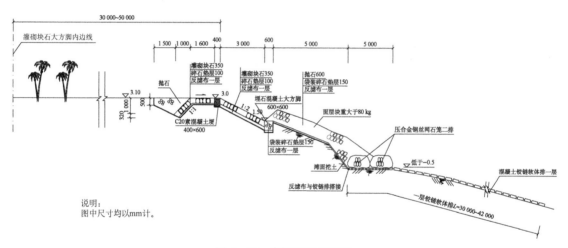

图 4-30 南堤保滩断面图

② 西堤高滩段(中央沙沙头顶冲段)。西堤及南堤尾部(中央沙沙头段)属高滩堤段,堤前 40~80 m 范围滩面高程达 2.5 m。从总体形态上看,中央沙沙头呈鱼嘴形态,外侧为分流口,属明显顶冲堤段,近年来随扁担沙包下移南压,顶段持续后退。为控制滩势变化,该段采用分离式保滩结构,即在高滩外侧设置顺坝,顺坝外侧采用软体排护坡护底,顺坝内设一定密度的隔坝降低沿堤流从而保土保滩。西堤保滩断面结构见图 4-31。

③ 北堤中下段高滩段。北堤中下段高滩段分为两段,总长 5 886 m,分别位于水库北堤中段和下段的两个小沙体上。滩地高程为 0.3~1.9 m,0 m 线至堤前距离 25~250 m,堤前 -6~-9 m 深槽距 0 m 线较近,且有深槽逼岸的趋势,0 m 线外现状滩地坡度为 1:6~1:10。保滩护底采用分离式保滩,即低滩软体排与高滩格坝相结合的保滩方式,保滩结构断面详见图 4-32。

(3) 动态式。根据三维数学模型和整体物理模型研究,对于冲淤态势不明朗的堤段采用动态式保滩,即根据跟踪监测分析情况,按实际冲淤情况和发展趋势实时动态调整保滩方案。水库采用动态式保

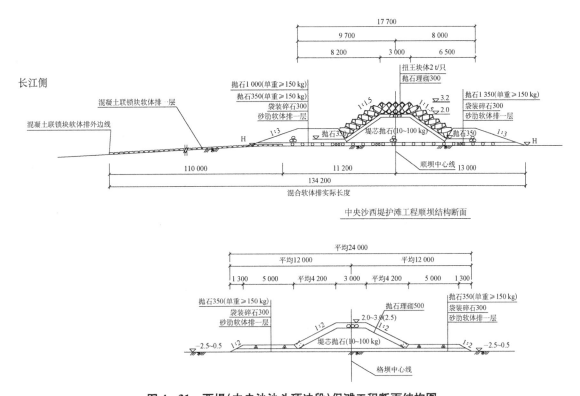

图 4 - 31 西堤(中央沙沙头顶冲段)保滩工程断面结构图

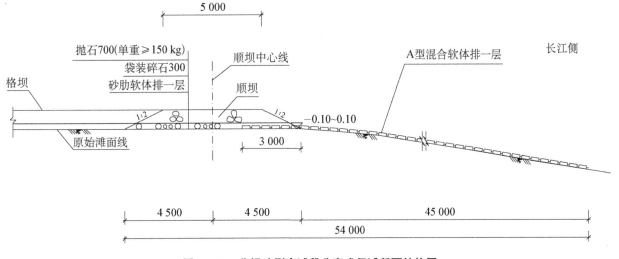

图 4 - 32 北堤冲刷高滩段分离式保滩断面结构图

滩的堤段有:

① 南堤高滩段。南堤高滩段,堤前 40～50 m 范围滩面高程达 3.5 m,生长有保土护滩能力较强的芦苇。考虑南沙头通道处限流堤工程的实施会对该岸段堤前的滩地稳定更为有利,采用动态分期实施方案,即先期利用在中央沙圈围工程已实施的护坎及 5 m 抛石护滩结构,加强观测,根据以后实际冲淤情况确定是否须实施工程保滩。

② 先期护底下游段。该段位于北堤中上段,长 3 804 m。工程初期滩面较高,堤脚外侧 0 m 高程的

沙体较宽(约 300 m 左右),冲淤态势不明朗,故先结合堤身实施堤前 20 m 抛石护底及其外侧 20 m 砂肋软体排护底结构,以防风浪对堤脚的冲蚀。后续加强观测,视水库工程、南北港分流整治后新桥通道河势变化情况而定,即采取动态实施方案。该段护底结构详见图 4 - 33。

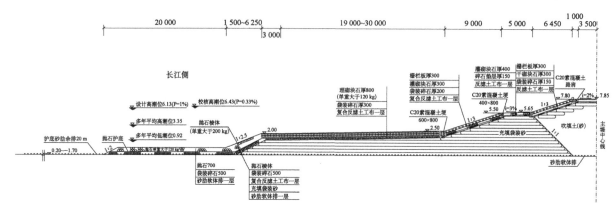

图 4 - 33　先期护底下游段护底结构断面图

工程开工一年后,该段堤脚外侧附近滩面发生显著刷深,以外滩面沙体淤积,形成外沙内泓,为此动态增设了两条丁坝,坝头顶高程 2.0 m,坝根与水库堤坝外侧大方脚顺接,高程 3.0 m;采用抛石构筑,顶宽 3.0 m。两条丁坝分别长 300 m 和 200 m。

4.3.4　建设期河势滩势动态跟踪监测与效果分析

4.3.4.1　监测目的和意义

青草沙水库工程水域受长江径流、天文潮汐、大风及风向等的综合影响,水情十分复杂,且圈围面积大、堤线长,施工周期长、施工风险大,为指导施工并确保施工按计划顺利进行和已施工的工程安全,对工程沿线和周边水下地形进行跟踪监测,以便及时优化调整。

4.3.4.2　监测内容研究

1) 局部河势水下地形测量

局部河势水下地形测量所涉及的区域为新建青草沙水库及中央沙南堤、西堤中心线外侧 2 000 m 的范围,定期测量的目的就是为了及时掌控施工时河势地形变化情况,以便及时调整施工进度和优化大堤保滩工程。

2) 固定断面测量

固定断面布设为垂直于现有新建大堤的堤中心线,间隔为 200 m,重点关注堤外侧的深槽陡坎的变化趋势,为动态保滩结构的实施提供依据和支撑。

3) 滩面地形变化跟踪测量

滩面地形变化跟踪测量所布设的测线是根据大堤施工的内外侧堤脚和铺排的排头线位置进行设定的,走测线大致与堤轴线平行,在大堤吹沙和土方施工期间,沿着内外侧的堤脚和排头线位置进行条件允许情况下的隔日走测,关注重点是及时发现大堤沿线铺排范围内的地形变化情况。

4) 纳潮口龙口地形测量

重点关注纳潮口及东堤主龙口收缩截流期间纳潮口及龙口水下地形的冲刷情况,确保这些在短时间的施工能顺利进行。

建设期河势滩势动态跟踪监测(水下地形动态跟踪监测)项目详细见表4-7。

表4-7　监测项目

序号	项目名称	测量内容	测量周期及频次	工期
1	局部河势水下地形测量	地形测量(测线须固定位置)	共5年,每年上下半年各一次,总计10次	确定测量时间后30 d内
2	工程区域固定断面测量	断面测量(断面固定)	共3年,每月一次,有洪水、台风时,在洪水、台风后立即开展测量	确定测量时间后15 d
3	新建堤外侧滩面跟踪测量	断面测量(断面固定)	共18个月,隔日进行	测量后第二天
4	中央沙南堤和西堤外侧滩面测量	断面测量(断面固定)	南堤共两年,每两个月测量一次,总计12次;西提两年,一年4次,总计8次	确定测量时间后10 d内
5	纳潮口及龙口水下地形测量	地形测量(测线须固定位置)	保护期6个月每月2次;龙口收缩截流期3个月每天1次	保护期确定测量时间后7 d内;收缩截流期测量后第二天

4.3.4.3　监测效果分析

从连续几年的水下地形跟踪监测情况看,自青草沙工程建设以来,整个水库大堤外侧的滩势变化与设计预期基本一致,但在北堤上段受上游河势的变化影响,北堤上段约5 km的堤段(先期护底段)外侧深泓持续逼岸;中央沙南侧中段,受外沙淤涨的影响,中间局部岸滩陡峻;其余大部分岸滩尚为稳定,滩势近期局部有冲有淤,总体上基本稳定。

动态监测为施工的顺利推进和保滩措施的动态实施提供了依据,施工期间根据监测成果及时实施了北堤上段先期护底段枬槎保滩和北堤中上段两根短丁坝。

由于堤线长,以下仅对部分监测项目选取部分分析成果介绍如下:

1) 局部河势水下地形测量

自2007年年底水库开始施工至2010年4月,总计完成8次局部河势测量。其中第1、3、5、7次为汛期后测量,第2、4、6、8次为汛期前测量。根据这8次的测量资料,采用自主研发的三维水下地形分析处理软件按照前后顺序的冲淤分析处理,详见图4-34～图4-36。

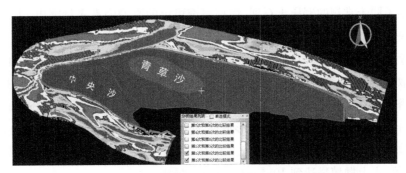

图4-34　第1次河势地形与第8次河势地形冲刷、淤积分析图

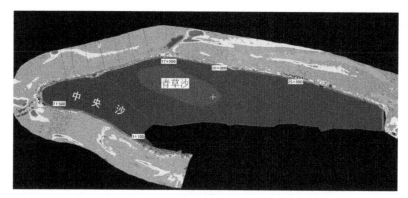

图 4 - 35   2009 年汛期河势范围内的地形变化总图

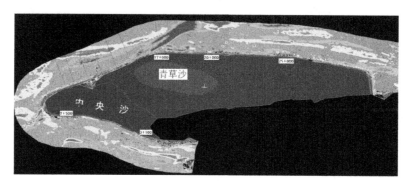

图 4 - 36   2010 年汛期河势范围内的地形变化总图

2）固定断面测量

新建堤坝约 22 km，固定断面间距 200 m，共计 115 个断面，堤外测量时间 3 年，共计完成 36 次测量成果。

4.4   水力充填堤坝渗流特性研究及控制技术

水力充填筑堤工艺是随沿海地区实施圈围造地工程而逐步发展起来的，已成为一种常规工艺。尤其是像上海地区因缺乏筑堤土石材料，水力充填工艺可以利用长江口大量淤积泥沙，结合航道疏浚要求、就地取材，可大大降低工程投资，因此水力充填筑堤得到了较好的发展和应用。

水力充填堤坝不同于常规的碾压土石坝，堤坝渗透稳定的影响因素多且突出，主要由其特殊的构筑方式和构筑条件决定，具体体现在以下几个方面。

（1）堤身构造具有特殊性。水力充填堤坝采用吹填袋装砂筑堤，堤坝两侧为吹填土工管袋棱体，堤芯中上部为吹填散砂，堤身底部滩面上一般铺设一层护底防冲的土工织物软体排。由此吹填管袋之间及与护底排体的搭接处都极易形成孔隙，尤其对于深槽堤段采用水上抛填袋，袋体采用高强土工布，水上散抛，无规律性排列，极难密实。即使堤身形成后部分孔隙也很难弥合，在水库运行后可能形成固定的渗漏通道。试验显示：堤芯吹填砂的渗透性一般在 $10^{-3} \sim 10^{-4}$ cm/s 量级，土工管袋结构的透水性为吹填砂体的 2~4 倍，水上抛填袋达到 $10^{-3} \sim 10^{-2}$ cm/s 量级。

（2）堤基土渗透性大、抗渗透变形能力弱。受到河口海湖相沉积特点影响，堤基土在空间上分布不均匀，尤其是表层土，层位不稳定，离散性大。上部砂质粉土和粉砂层一般厚度在 5~20 m 之间，密实度松散～稍密,属于不易判别渗透变形类型的土质,且特殊的沉积环境导致渗透破坏形式多变,既有可能发生管涌,也有可能发生流土。流土破坏时,临界坡降在0.85～1.35,渗流破坏主要由砂层的水平破坏控制,而试验得出的水平坡降为0.08～0.13;管涌破坏时,临界比降到0.5～0.8之间。因此堤基土渗透性大、抗渗透变形能力极弱。

（3）施工工艺特殊且质量控制难。水力充填堤坝筑堤工艺主要采用水下抛填和吹填工艺,中高滩采用人工赶潮作业,深低滩采用船上作业。且均为临水施工,水力充填存在施工速度快、施工质量控制难度大、施工质量不确定性因素多等特点。堤身密实完全依靠土体自重水上水下自然固结。堤坝承受一定水头后,容易形成连续贯穿性的渗漏通道。

（4）堤坝坡面反滤结构特殊。与碾压土石坝的干地施工条件不同,潮汐河口地区水库堤坝施工受到潮水影响,因此传统的级配反滤层施工质量无法保证和控制。青草沙水库堤坝坡面上虽设置了反滤复合土工布和袋装碎石组成的反滤层,但反滤层与堤脚先期为保护管袋的抛石结构之间无法在水下形成连续整体,该处恰好又是流土破坏时出逸坡降最大产生部位。另外在实际施工过程中,因施工抛石备料、机械设备的穿行以及整理边坡过程中的削切,反滤层的施工质量很难得到保障。

（5）堤坝承受双向渗透水流。青草沙水库在运行过程中咸潮期和非咸潮期库内水位不断变化,库内最大水位差达8 m,同时库外潮水位每日两涨两落,最大潮差达5 m以上。因此水库堤坝存在双向渗流稳定问题,既存在库内向库外的渗流（稳定渗流）,也存在库外向库内的渗流（非稳定渗流）。

（6）渗透破坏具有隐蔽性。青草沙水库最高蓄水位7.00 m,比库外100年一遇高潮位高,且库内水位变化较为缓慢,而临江侧潮位起伏变化较快（一天两潮）,因此库内向库外渗流状况比库外向库内危险。库内向库外渗流,下游坡为长江口（潮涨潮落）,加之堤脚有保滩护底抛石结构,边坡或堤脚一旦出现问题,很难发现,而且反滤层修复难度大。

由于国内目前类似的潮汐河口建设水力充填堤坝水库的工程经验不多,对于充砂管袋堤身以及抛填袋装砂斜坡堤堤基的综合渗透系数和土工布的抗渗作用尚缺少研究,渗流数值计算参数和渗透稳定控制标准难以确定,计算依据不充分。因此,通过堤坝渗控专题技术研究,揭示水力充填坝渗流特性,为堤坝渗流及渗透稳定分析、渗透稳定标准确定及防渗技术研究奠定基础。主要包括：通过室内测定试验、现场抽（注）水试验以及水工模型试验等试验途径,揭示水力充填坝渗流特性、不同渗透变型的临界渗流坡降及土工布的防渗反滤作用,确定水库堤坝堤身综合渗透系数;通过数值分析和水工模型试验,充分论证水库堤坝采取渗控措施的必要性和防渗措施的合理性,针对青草沙水库工程渗控的重要性和复杂性,进行渗控工程措施的研究和经济比较;通过开展现场防渗试验工程,论证防渗体施工的可行性和可靠性,为大规模渗控工程实施及质量评估提供充分的依据。

4.4.1 水力充填堤坝渗透特性研究

水库堤坝筑堤材料、堤基土层的渗透特性研究主要采用室内测定试验和现场抽（注）水试验以及水工模型试验等方法,相互验证补充,综合确定水库堤坝堤身和堤基渗透系数、临界渗流坡降及单宽渗流量等。

4.4.1.1 现场注水试验

1）试验目的

通过对已建类似工程进行现场注水试验,掌握其渗透特性。

2）试验方法

采用钻机钻孔;钻孔部分下套管,非试验段下套管,试验段不下套管;向套管内注入清水,使管中水位至套管顶面,记录注水时间和水头高度;管中水头下降值的观测时间,按 30 s 间隔测 5 min、1 min 间隔测 10 min、5 min 间隔测 45 min、10 min 间隔测 60 min,最后测定该段静止水位(约 12 h)。对于较强的透水土层,观测时间间隔和总观测时间可适当缩短。

3) 试验成果

四个已建堤坝工程(中央沙堤坝、陈行水库、永丰圩、南汇五期圈围)的现场注水试验成果见表 4-8,现场注水试验结果表示的是各土层的水平向渗透性。从注水试验成果来看,各典型堤段堤身土工管袋充填结构的透水性一般大于其堤身吹填砂体的 2~4 倍,建议取平均值——3。堤身土渗透变形类型部分表现为管涌,部分表现为流土,建议根据具体渗透变形类型取小值用于设计分析。

表 4-8　不同已建堤坝堤身土层渗透特性指标

| 堤坝 | 编号 | 土层名称 | 渗透系数 k_{20}(cm/s) | | 临界渗透坡降 | 破坏渗透坡降 | 破坏形式 |
			水平	垂直			
中央沙	1	土工管袋堤身土(注水试验)	3.162×10^{-3} (3.62×10^{-3})	2.022×10^{-3}	0.663	0.750	管涌
	2	堤身吹填沙土(注水试验)	2.130×10^{-3} (2.62×10^{-3})	1.100×10^{-3}	0.725	0.838	管涌
陈行水库	1	堤身吹填砂体(注水试验)	6.232×10^{-4} (7.345×10^{-4})	8.486×10^{-4}	0.938	1.063	流土
	2	堤身土工管袋(注水试验)	1.068×10^{-3} (2.665×10^{-3})	8.341×10^{-4}	0.779	0.903	流土
永丰圩	1	堤身吹填砂体(注水试验)	1.228×10^{-3} (1.78×10^{-3})	7.326×10^{-4}	0.759	0.859	管涌
	2	堤身土工管袋(注水试验)	3.999×10^{-3} (1.11×10^{-3})	2.451×10^{-3}	0.779	0.903	管涌
	3	灰黄色细砂(注水试验)	9.110×10^{-4} (3.68×10^{-4})	9.162×10^{-4}	0.783	0.898	管涌
南汇五期	1	堤身吹填砂体(注水试验)	1.018×10^{-4} (5.17×10^{-4})	1.018×10^{-4}	1.2	/	流土
	2	堤身土工管袋(注水试验)	2.175×10^{-3} (8.57×10^{-4})	1.452×10^{-3}	1.2	1.313	流土

4.4.1.2　水工模型试验

1) 试验目的

在水槽中模拟堤身断面结构,掌握其渗透特性。

2) 试验方法

试验在 8 m×0.3 m×1 m 的玻璃水槽内进行,按照试验方案模拟的堤身结构来布置,分别有:①充泥管袋棱体堤身结构;②抛填砂袋堤身结构;③堤芯吹填砂结构;④设计拟定的浅滩北堤断面;⑤设计拟定的深滩东堤断面。

根据试验水槽尺寸,选定测定三种堤身单独结构(充泥管袋棱体堤身结构、抛填砂袋堤身结构、堤芯吹填砂结构)的渗透性能时,试验模拟采用1∶2比尺,即 $\lambda_L=2$;进行浅滩和深滩典型断面试验时采用 1∶10,即 $\lambda_L=10$。

按照水力充填堤坝典型断面的结构来设计如图4-37～图4-39所示的模拟断面。

上、下游各有竖井式升降平水设备以调整水位。砂模型的顶面、底面、侧面都装有测压管。装好后的顶板以螺孔压杆压牢,并在板的各边界用玻璃胶密封,只留溢出。测压管测量渗流水头分布,录像机记录试验过程,并测渗流量等。

采用青草沙砂源地砂进行有针对性典型堤段的试验,故应按照砂模型规律推算天然原型。砂模型比尺的推导与水工模型类似,模型主要采用 Fr 相似准则进行设计,模型长度比尺 $\lambda_L=\dfrac{L_N}{L_M}$,比尺 λ 的脚标是物理量,各量的脚标 M 代表模型,N 代表天然原型。模型几何比尺 $\lambda_L=\lambda_h$(水平与垂直),流速比尺 $\lambda_v=\dfrac{\nu_N}{\nu_M}$,流量比尺 $\lambda_Q=\dfrac{Q_N}{Q_M}$。

图4-37 1∶2比尺下充填管袋模型试验示意图

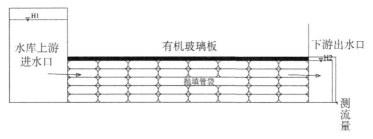

图4-38 1∶10比尺下抛填管袋模型试验示意图

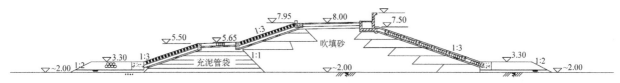

图4-39 堤坝浅滩堤身结构模型试验示意图

3)试验成果

试验过程见图4-40,典型的试验成果见图4-41、图4-42。应用抛填管袋水槽试验和管涌筒8组试验结果,均为1∶10试验结果,用局部三维渗流有限元法数值模拟试验比尺条件和相应水头条件,主要比较了 $J=0.05\sim0.2$ 条件下8组试验结果和数值结果。用实测结果进行反演计算,反演出相应抛填袋孔隙渗透性。然后将该渗透性换算到实际比尺抛填管袋堆放,计算相应的综合渗透系数。两种试验结果对比后,推算到原体土工管袋的综合渗透系数平均为 $5.6×10^{-3}$ cm/s。根据深滩断面试验结果的渗流场分布,渗流安全隐患存在于管袋间的接触渗透、上下游坡的出逸和下游土工管袋的流沙破坏。抛填沙袋的充填度对防渗效果的影响较大。

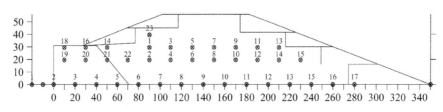

图 4-40 孔压测量仪器布置

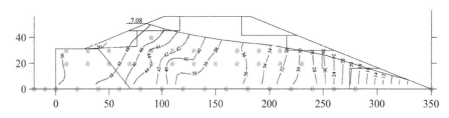

图 4-41 浅滩吹填结构模型在水位差 50.8 cm 下渗流场

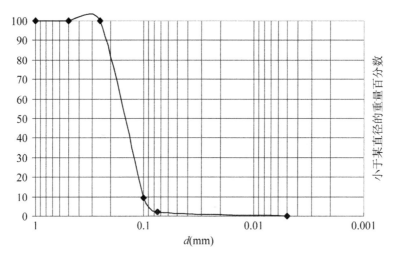

图 4-42 下游溢出物颗分测试结果

通过大量的试验,掌握了充泥管袋棱体堤身结构、抛填砂袋堤身结构、堤芯吹填砂结构、浅滩堤坝断面以及深滩堤坝断面的渗透特性。

4.4.1.3 室内测试

1)试验目的

对现场的土样进行室内渗流土工试验,测定堤身土样的渗透特性。

2)试验方法

采用南 55 渗透仪进行土样渗透性测试。对原样砂源样和扰动样还采用大型管涌仪进行了渗透系数对比测试。对于黏性土,渗透系数测试采用变水头法,而砂土和砂质粉土采用常水头测试方法。同时,采用管涌仪进行渗透变形测试。

3）试验成果

对试验成果进行分段统计分析，得出地基土渗透特性参数。从大量土样试验结果可以看出，堤坝堤基广泛分布的砂质粉土和粉砂是决定堤坝堤基渗流稳定的关键层，由于堤线长，各处的表层渗透变形形式和特性不一。总体上，北堤上段和下段、东堤段以及长兴岛海塘、中央沙南段下段表层为砂质粉土或粉砂，粉土和粉砂渗透系数在 $10^{-3} \sim 10^{-4}$ cm/s 量纲，黏土渗透系数在 $10^{-6} \sim 10^{-7}$ cm/s 量纲，为流土破坏，临界坡降在 $0.85 \sim 1.35$；北堤中段、中央沙南堤上段和中央沙西堤堤基表层为粉砂，属于管涌破坏，临界坡降为 $0.5 \sim 0.8$。

堤坝筑堤形成后，运行中除中央沙和长兴岛海塘堤基表层有相对弱透水层外，其余堤段均为透水砂层出露，在双向水流的作用下，堤脚砂层出逸坡降最大，此时的破坏主要由砂层的水平破坏控制，而试验得出的水平坡降为 $0.08 \sim 0.13$。

4.4.1.4 综合分析

1）渗透系数

（1）堤基土层。堤基土层渗透系数基于室内渗透试验和现场注水试验成果，综合分析确定。

（2）充填砂堤身。新建大堤堤身渗透系数通过工程类比、室内模型试验及原位测试等手段综合分析得出。

新建大堤堤基、堤身土层渗透系数取值见表 4-9、表 4-10。

表 4-9　新建大堤堤基各土层渗透系数

土层	K_H(cm/s)	K_V(cm/s)
①₃₋₁ 粉性土混黏性土	8.650×10^{-4}	3.548×10^{-4}
①₃₋₂ 砂质粉土	1.8×10^{-3}	1.301×10^{-3}
①₃₋₃ 淤泥质粉质黏土	3.79×10^{-6}	3.31×10^{-6}
②₃₋₁ 砂质粉土	4.474×10^{-4}	2.692×10^{-4}
②₃₋₂ 粉砂	1.342×10^{-3}	1.118×10^{-3}
②₃₋₃ 砂质粉土	8.158×10^{-4}	6.980×10^{-4}
④ 淤泥质黏土	9×10^{-7}	9×10^{-7}

表 4-10　新建大堤堤身填土渗透系数

土层	K_H	K_V
堤芯吹填砂	2.045×10^{-3}	1.616×10^{-3}
土工管袋吹填砂	3.232×10^{-3}	1.563×10^{-3}
抛填土工袋装砂	3×10^{-3}	3×10^{-3}

2）渗控标准的确定

青草沙水库渗控目标主要是将堤身和堤基的渗透坡降控制在允许范围内。

（1）堤基允许比降选用值。采用临界比降的小值平均值作为标准值，除以安全系数 2.0，得到各典型堤段的允许渗流比降值。具体结果见表 4-11。

表 4-11 各典型堤段地基允许渗流坡降

序号	堤段名称	桩号	破坏类型	允许坡降 J_c
1	北堤上段	9+600～15+000	流土	0.41
2	北堤中段	15+000～23+700	管涌	0.35
3	北堤下段（西段）	23+700～26+100	管涌	0.35
4	北堤下段（东段）	26+100～29+400	流土	0.42
5	东堤段	29+400～32+440	流土	0.42
6	长兴岛海塘段	CX0+000～CX15+597	流土	0.50
7	中央沙南堤东段	0+000～5+200	流土	0.50
8	中央沙南堤西段	5+200～7+700	管涌	0.34
9	中央沙西堤	7+700～9+600	管涌	0.34

（2）堤身渗流控制标准。根据水工模型试验成果，采用平均临界比降 0.13 除以安全系数 1.5，同时考虑到土工反滤层的作用，将允许比降提高 50%，接触冲刷允许比降为 0.13。

（3）堤坡渗流控制标准。

① 坡面的临界渗透比降。坡面渗出段的临界渗透比降可按下式计算：

$$J_c = \frac{\gamma'_1}{\gamma}(\tan\phi - \tan\beta)\cos\beta + \frac{C}{\gamma}$$

浸没段的临界比降可按下式计算：

$$J_c = \frac{\gamma'_1}{\gamma}(\cos\beta - \sin\beta/\tan\phi) + \frac{C}{\gamma\tan\phi}$$

式中　γ——水的容重；

　　　γ'_1——土的浮容重；

　　　C——出口段坝体填土的凝聚力；

　　　ϕ——土的内摩擦角；

　　　β——坝坡坡角。

② 堤坡允许比降选用值。堤坡允许渗透比降根据计算临界比降除以安全系数 1.5，同时考虑到土工反滤层的作用，将允许比降提高 50%，各堤段出逸比降允许值汇总见表 4-12。

表 4-12 各典型堤段堤坡允许渗流坡降

序号	出渗部位	堤段名称	特点	允许坡降 J_c
1	渗出段	中央沙围堤	200 g/m² 机织布	0.16
2		北堤、东堤	380 g/m² 复合土工布	0.20
3		长兴岛老海堤堤身	粉质黏土、草皮护坡	0.29
4	浸没段	长兴岛随塘河岸坡	无反滤	0.26
5			有反滤	0.39

4.4.2 水力充填堤坝渗流数值分析技术研究与应用

4.4.2.1 水位变动特点与代表工况

青草沙水库工程地处长江潮汐河口,水库堤坝双侧临水,承受双向水头。库内水位根据水库调度要求不断变化,库外水位受长江潮汐影响,潮汐为非正规半日浅潮。由于水库两侧的水位均随时间不断变化,渗流分析应根据实际情况考虑非稳定渗流或稳定渗流情况,并根据具体情况进行渗流水位组合(表4-13)。库外潮位为非规则半日潮,一天两升两降,应采用非稳定渗流计算,由于库内外水位运行变动的周期和速度差异较大,可近似认为库内水位恒定而长江侧水位非恒定,按照半日潮特点进行非稳定渗流计算。

表 4-13　青草沙新建堤坝渗流计算水位组合

渗流方向		计算工况	库 外 潮 位	库 内 水 位
库外→库内	1	非稳定	100年一遇年最高潮位6.13 m	非咸潮期运行水位3.00 m
	2	非稳定	100年一遇非汛期年最高潮位5.30 m	咸潮期死水位−1.50 m
	3	稳定	平均高潮位3.35 m	非咸潮期运行低水位2.00 m
	4	稳定	枯季平均潮位1.93 m	咸潮期死水位−1.50 m
库内→库外	5	非稳定	100年一遇年最低潮位−0.33 m	咸潮期蓄水常水位6.20 m
	6	稳定	枯季平均潮位1.93 m	咸潮期最高蓄水位7.00 m

4.4.2.2 计算方法选择

渗流分析方法可概括为流体力学解法和水力学解法两类。流体力学解法是一种严格的解析法,它在满足定解条件下求解渗流基本方程,然后得到解的解析表达式。水力学解法是一种简化近似的解析法,它基于对土石坝渗流作某些假定以及对局部急变渗流区段应用流体力学解析解的某些成果而求得渗流问题的解答,因此它并不适用于渗流基本方程的求解。近代计算技术的发展和计算机的应用为渗流计算开辟了新的途径,各种复杂情况下的渗流都可以在计算机上模拟出来,同时出现了很多用于渗流分析的程序。

实践证明,利用数值方法求解均质或非均质、各向异性或各向同性以及复杂边界条件的土石坝渗流问题,可以得到满意的解答。对于土石坝渗流问题,已基本上可取代模拟试验。由于数值模拟无需复杂而专门的设备,不像常规物理试验那样需要很长的时间,修改算法和模型都比较方便,并且可以程序化,因而近年来有关渗流分析的数值计算和模拟发展尤为迅速,使得许多渗流力学难于解答的问题得以重新认识。

4.4.2.3 渗流计算成果

按照上述计算参数进行水库环库大堤的渗流稳定分析计算,稳定和非稳定各工况组合对应的堤坡和堤基最大出逸比降、渗漏量见表4-14~表4-18。典型的渗流场图见图4-43。由图4-44可知,流场图合理地反映出外侧海水快速下降引起的流场,高水位时外侧海水渗入堤坝,水位下降时渗入堤坝的水部分向外排出,部分沿着惯性趋势继续向内渗。

表 4-14　两面邻水的新建堤(北堤)渗流计算成果

北堤堤线桩号	渗流方向	计算工况		堤身水平比降	堤坡最大出逸比降	最大出逸比降高程(m)	堤基最大出逸比降	逸出点高程(m)	单宽渗流量[m³/(d·m)]
12+564~15+489段	库外→库内	2	非稳定	0.10	0.31	0.42	0.30	0.42	/
		4	稳定	0.03	0.08	0.00	0.08	0.00	0.51
	库内→库外	5	非稳定	0.14	0.40	0.63	0.33	2.26	/
		6	稳定	0.12	0.27	1.93	0.10	0.60	3.22
	出逸坡降允许值			0.13	0.20		0.35~0.41		
15+489~20+121段	库外→库内	2	非稳定	0.11	0.33	0.55	0.32	0.55	/
		4	稳定	0.05	0.11	−1.00	0.11	−1.00	0.65
	库内→库外	5	非稳定	0.10	0.37	−0.33	0.25	2.60	/
		6	稳定	0.14	0.28	1.93	0.01	2.65	3.15
	出逸坡降允许值			0.13	0.20		0.35		
20+121~29+424段施工断面九初设断面三	库外→库内	2	非稳定	0.10	0.34	0.56	0.33	0.56	/
		4	稳定	0.04	0.12	−1.00	0.12	−1.00	0.86
	库内→库外	5	非稳定	0.15	0.37	1.93	0.25	2.60	/
		6	稳定	0.11	0.27	1.93	0.01	2.65	3.67
	出逸坡降允许值			0.13	0.20		0.42		

表 4-15　两面邻水的老堤(中央沙)渗流计算成果

岸段桩号	渗流方向	计算工况		最大出逸比降		堤基水平比降	单宽渗流量[m³/(d·m)]	出逸点高程(m)
				堤坡	坡脚			
南堤0+000~7+700	外→内	1	短暂	/	0.21	0.17	/	/
		3	长期	0.07	0.01	/	0.26	2.05
	内→外	5	短暂	0.32	0.69	0.32	/	/
		6	长期	0.29	0.59	0.33	1.80	3.92
出逸比降允许值				0.16	0.50	0.13		
西堤7+700~10+466	外→内	1	短暂	0.07	0.04	0.02	/	/
		3	长期	0.12	0.06	0.04	0.53	2.04
	内→外	5	短暂	0.28	0.35	0.35	/	/
		6	长期	0.29	0.25	0.11	2.96	2.70
出逸比降允许值				0.16	0.34	0.13		

表 4－16　两面邻水的新建堤(东堤)渗流计算成果

东堤堤线桩号	渗流方向	计算工况		堤身水平比降	堤坡最大出逸比降	最大出逸比降高程(m)	堤基最大出逸比降	逸出点高程(m)	单宽渗流量 [m³/(d·m)]
29＋424～31＋250 段	库外→库内	2	非稳定	0.09	0.29	−1.50	0.01	3.37	/
		4	稳定	0.04	0.12	−1.50	0.01	−1.50	0.86
	库内→库外	5	非稳定	0.15	0.33	2.85	0.01	2.85	/
		6	稳定	0.14	0.30	2.87	0.01	2.87	4.06
	出逸坡降允许值			0.13	0.20		0.42		
31＋250～32＋150 段深槽龙口段	库外→库内	2	非稳定	0.08	0.33	−1.50	0.01	2.45	/
		4	稳定	0.04	0.14	−1.50	0.01	−1.50	3.54
	库内→库外	5	非稳定	0.13	0.35	−0.33	0.01	1.88	/
		6	稳定	0.12	0.26	2.84	0.01	2.84	10.77
	出逸坡降允许值			0.13	0.20		0.42		
32＋150～32＋454 段	库外→库内	2	非稳定	0.09	0.24	−1.5	0.05	2.04	/
		4	稳定	0.04	0.07	−1.50	0.02	−1.50	2.97
	库内→库外	5	非稳定	0.13	0.37	−0.33	0.09	1.62	/
		6	稳定	0.12	0.32	2.54	0.04	2.54	4.81
	出逸坡降允许值			0.13	0.20		0.42		

表 4－17　单面邻水的老海塘(结合式断面)渗流计算成果

岸段桩号	计算工况	出逸比降计算值				单宽渗流量 [m³/(d·m)]	出逸点高程 (m)
		堤坡	地基	随塘河坡面	随塘河底部		
0＋740～2＋910	稳定流	0.29	0.32	0.28	0.06	1.68	4.46
3＋788～7＋900	稳定流	0.27	0.32	0.27	0.09	1.07	4.41
7＋900～10＋600	稳定流	0.25	0.29	0.29	0.10	1.55	4.43
10＋600～13＋079	稳定流	0.25	0.32	0.25	0.07	1.88	4.40
出逸比降允许值		0.29	0.50	0.26	0.50		

表 4－18　单面邻水的老海塘(分离式断面)渗流计算成果表

岸段桩号	计算工况	出逸比降计算值				单宽渗流量 [m³/(d·m)]	出逸点高程 (m)
		堤坡	地基	塘坡面	塘底部		
0＋000～0＋740	稳定流	/	/	0.20	0.06	1.77	/
出逸比降允许值		0.29	0.50	0.26	0.50		
2＋910～3＋788	稳定流	0.14	0.009	0.46	0.24	1.93	5.00
13＋079～15＋882	稳定流	0.30	0.16	0.36	0.29	2.93	4.15
出逸比降允许值		0.13	0.50	0.13	0.50		

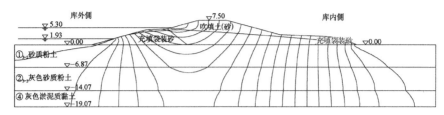

（a）工况 2 下北堤流网

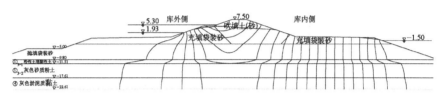

（b）工况 2 下东堤流网

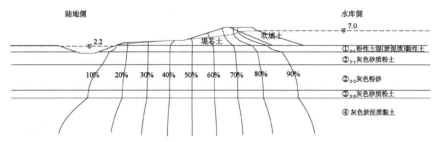

（c）库内高水位下长兴岛海塘流网

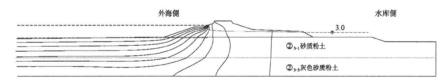

（d）工况 1 下中央沙堤坝流网

图 4-43　工况 2 下典型渗流流网图

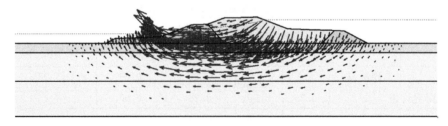

0 h（平均潮位处设为时间 0 点）

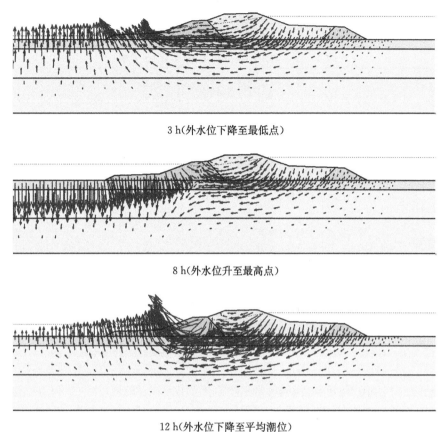

3 h(外水位下降至最低点)

8 h(外水位升至最高点)

12 h(外水位下降至平均潮位)

图 4-44　工况 5 下北堤典型流网图

4.4.3　深厚透水地基上水力充填堤坝渗控措施研究与应用

4.4.3.1　深厚透水地基上水力充填堤坝适用的渗控措施研究

1) 渗控措施适用性初步分析

从渗流条件上看,青草沙水库承受双向渗流,外坡脚受潮汐风浪作用,地形起伏且多块石等杂物,无干施工条件,铺盖和压土平台这类水平防渗形式不适用。

新建及已建中高滩堤坝承受双向渗流作用,堤身采用砂土充填管袋施工而成,渗透性较大,堤坝外侧为长江侧,潮起潮落,因此水平渗控措施和下游(外侧)排渗措施不具有可操作性,因此只能选择垂直防渗措施。

深槽龙口段结构复杂且多为抛石、钢丝网兜等强透水性或者高强土工抛填袋等特殊性材料施工而成,加上承受双向渗流作用,堤坝两侧坡脚均位于水下,因此也只能选用垂直防渗措施,水平渗控措施和下游排渗措施不具有可实施条件。

老海塘段相对简单,承受单向渗流作用,下游侧为长兴岛岛屿侧,具有干施工条件,上游侧为库内水域侧,不具有干施工条件,因此可以考虑采用下游排渗措施和下游水平压渗措施。同时考虑到老海塘自身填筑历史及填筑特点,因此同时对老海塘堤身进行补强,消除现有的渗漏通道隐患。

2) 渗控措施调研

根据工程结构特殊性,对垂直截渗墙的多种工法、近 20 多种具体施工工艺[深层搅拌桩法(单头、双头、多头)、三轴搅拌桩法、TRD工法、双轮铣深搅工艺、垂直铺塑、射水造墙、抓斗成槽造墙等〕进行详细调查,调查结果详见表4-19。

表4-19 常用渗流控制措施(截渗)一览表

形式	施工方法		特点	适用土层	处理深度(m)	工效(m²/d)	主要缺点
垂直防渗	深搅法	TRD工法	防渗墙体整体性好;切削装置整体高度低	各种地质条件	<47		价格较高
		双轮铣深搅工艺	墙体适应变形能力强;施工简单,材料浪费少;精确度较高	砂质粉土、砂砾石层	<60	价格高	
	置换法	垂直铺塑	土工膜防渗效果明显;防渗帷幕整体性好;变形能力强;成墙简单,施工快,造价低	各类土层、<10 cm砂卵石层	<20	200~250	需泥浆护壁;轴线弯度较大时无法施工;破损后修补不易
		射水造墙22 cm	技术简单方便;防渗墙整体性强;检测方便;造价低	砂、土层、<10 cm砂卵石层	<30	80~120	需泥浆护壁;工效一般;接缝质量不易控制
		抓斗成槽造墙	适用地层范围广;防渗墙整体性好,质量可靠;检测方便	各类土层、砂卵石层	<50	120~150	需泥浆护壁;设备体积大;工效一般,砂层、淤泥层工效很低;接缝质量不易控制
		液压开槽造墙	施工速度快,造价较低;防渗墙整体性好,质量可靠	砂壤土、粉土、黏土	<40	150	需泥浆护壁;接头处理不易控制
		振动板桩灌注墙	墙体整体性好;工效高,造价较低;不需泥浆护壁	砂性土、淤泥土和小卵石层等	<20	300	大卵石、块石地层和致密砂性土层造墙困难
		锯齿掏槽造墙	防渗墙完整性较好	砂、土层、<10 cm砂卵石层	<47	100	需泥浆护壁;接头处理不易控制
	高喷法	高压喷射灌浆	适用地基条件广,对施工场所要求不高	各类土层、砂卵石层	<60~70	80~100	人为因素影响大;溢出浆液环境影响大;墙厚薄不均
	挤压法	钢板桩	施工速度快;对周边环境影响小	各类土层			工程造价高;维修难度大
		振动切槽	墙体连续性好;工效高,造价适中;不需泥浆护壁	各种土层	<25	250~350	机械笨重;振动对周边的影响较大
		振动沉模防渗板墙	墙体连续完整,不产生接缝;工效高;不需泥浆护壁	砂性土、淤泥质土和小卵石层等	20	300	在卵、块石地层和致密砂性土层造墙困难

(续表)

形式	施工方法		特点	适用土层	处理深度(m)	工效(m²/d)	主要缺点
垂直防渗	深搅法	深层搅拌桩法	不需泥浆护壁;施工简单,造价低	各类土层、<10 cm砂卵石层	<20	100~150	不能伸入硬土层;工效一般;墙体均匀性比三轴差
		三轴搅拌桩法	适用地基条件较广;不需泥浆护壁;施工简单可靠;造价适中	各类软硬土层,含砂砂层、卵石层	<32	100~150	不能伸入硬基岩;工效一般;需较大的施工平台

4.4.3.2 试验工程研究

1) 水泥土防渗墙现场试验工程

根据调研及初步分析,水泥土垂直防渗墙比较适合于青草沙水库水力充填堤坝的防渗,但由于水力充填堤坝的特殊性和施工技术理论的不成熟,必须通过试验来验证施工工艺有效性,检验并优化相关工艺的设计参数,明确相关工艺的施工参数,并通过试验工程评价质量检测手段,完善检测方法,建立质量控制及评定标准。

(1) 试验目的和要求。

① 检验相关工艺的设计参数,如墙体渗透系数、28 d抗压强度、抗折强度、变形模量、允许比降、最小墙厚等。

② 研究提出相关工艺的施工参数,如水泥和添加料用量、高喷的喷浆压力、旋转和提升速度等。

③ 通过试验评价分析检测手段,完善监测方法。

④ 通过现场试验,检验推荐方法对特殊结构的适用性,检验施工工法对土工织物的穿越效果,对施工中发现的问题进行研究,提出相关改进处理措施。

(2) 试验工程布置方案。根据现有条件,采用初拟的两种工法(SMW水泥土搅拌桩、高喷法),针对两种特殊堤身结构(吹填土+砂肋软体排、吹填土+高强土工布袋装砂+砂肋软体排)进行试验对比,试验组合详见表4-20。

表4-20 试验内容一览表

代 表 原 型			施 工 方 法	备注
典型剖面	防渗墙深度(m)	堤身结构		
北堤	≥26	吹填土+砂肋软体排	SMW水泥土搅拌桩、高喷法	两组试验
东堤	≥26	吹填土+高强土工布袋装砂+砂肋软体排	SMW水泥土搅拌桩、高喷法	两组试验
			拉森钢板桩	

现场原型试验平台位于水库内,长120 m,宽40 m,纵向按不同工艺分为四块试验区,分为双排ϕ650 mm搅拌桩、单排ϕ850 mm搅拌桩、高喷以及塑性混凝土墙试验区,每块试验区长40 m;横向按模拟堤段结构的不同分为两个试验部分,一侧为吹填土+砂肋软体排,另一侧为吹填土+高强土工布袋装砂+砂肋软体排,测试成墙工艺对土工材料的适用性。

考虑到吹填堤身沉降固结等因素,原型试验应在试验平台建成2个月后开展。

（3）试验工程研究结论。

① 根据三种施工工艺成桩质量及试验成果，ϕ850 mm 搅拌桩最好、ϕ650 mm 搅拌桩次之，旋喷＋摆喷较差。

② 没有切割刀具的搅拌桩钻头，施工时能将土工布呈圆形切割下来；安装切割刀具的，则可以将土工布切割成不规则的条块状，并随着搅拌头、叶片带出土体。

③ ϕ850 mm 三轴搅拌桩沿堤轴线走向施工时，施工机械荷载作用下的边坡稳定可以满足施工要求。

④ 从整体上看，检测孔的倾斜程度从大到小依次为：旋喷＋摆喷＞ϕ650 mm 搅拌桩＞ϕ850 mm 搅拌桩，这在一定程度上与桩体质量的连续性和均匀性有关，因为在钻机钻进时，钻头有倾向薄弱桩体方向的趋势，连续性和均匀性较好的 ϕ850 mm 搅拌桩在检测时比另外两种桩型更容易保证垂直度；较大的桩径更能保证钻孔真实反映成桩质量。

2）龙口段钢板桩现场试桩

由于东堤深槽龙口段堤身结构复杂，夹有抛石层和多层水力充填袋砂层，透水性强且结构不均匀，初拟推荐采用强度高、适应变形能力强的钢板桩防渗墙方案。

防渗墙推荐采用热轧 U 形钢板桩（拉森锁口）形式，热轧 U 形钢板桩设计参数初拟为厚度不小于 13.4 mm，具体厚度根据现场试桩确定，单桩有效幅宽不小于 600 mm，钢材屈服强度不小于 390 N/mm^2。

这个方案能否成立，取决于沉桩的可能性及对已建堤的变形影响，为此开展了现场原位试桩研究，目的是：

（1）在新建东堤复杂堤身结构中，钢板桩沉桩的可行性；

（2）钢板桩沉桩的设备、工艺、施工方法及施工控制要点；

（3）钢板桩桩型和相应的止水添缝材料等；

（4）为钢板桩沉桩的质量检测提供参考。

试桩施工共进行了两次：第一次采用震动法直接施打钢板桩；第二次采用先行钻孔、三轴搅拌桩施工和打桩机悬挂液压振动锤在初凝后的三轴搅拌桩内插入钢板桩。两次研究结论是：

第一次试桩表明，在东堤采用震动法施打钢板桩防渗墙是可实施的，同时也验证了日本产 SP-U600×210×18.0 型钢板桩是可用的，而类似试桩设备条件施打欧洲产 SP-U750×220×12.0 型相对困难。但是，由于沉桩振动，路面发生较大沉降，已建的电缆沟及防浪墙也发生了效大的沉降和水平位移变形。沉降变形对已有结构的不利形象在一定程度上超越了可接受范围，表明直接振动沉桩法对东堤不适宜。

第二次试桩表明，东堤先行钻孔后可以实施三轴搅拌桩，但沉桩质量存在一定不确定性，桩体在透水层和抛袋层高程范围有可能形成缩颈。在三轴搅拌桩中实施拉森钢板桩仍然有相当大的难度。振动功率大、桩身厚且顺直的桩相对容易施工，三轴搅拌桩中沉桩也更容易，振动影响明显小于直接沉桩，但对前一根桩的垂直度及三轴搅拌桩的强度（龄期）要求严格，一般情况下振动仍然明显，采用仍有风险。

4.4.3.3 深厚透水地基上水力充填堤坝渗控措施应用

试验和计算表明，没有渗控措施的水库堤坝在渗流作用下主要存在以下三个方面的隐患：①出逸点过高导致的散浸问题；②出逸比降过大导致的渗透破坏问题；③浅层弱透水层承受过大水头引起的抗浮稳定不足问题。

渗流控制的原则是前堵后排、保护渗流出口，即控制堤坝的堤身与堤基内的渗流状态，使渗流水头和渗透比降等均在允许的范围内以确保堤坝的安全稳定。

通过渗流计算可知，水力充填堤坝堤坡出逸段可能出现渗透破坏，坡脚部位出逸比降不满足规范要求,堤身与地基接触面会发生接触冲刷破坏,因此,必须有针对性地采取渗控措施,防止渗透破坏。

对工程措施而言,截渗墙的施工不仅需要截渗质量可靠,还须考虑堤身及堤基的特殊工程条件,施工工艺须解决以下几个核心问题:①堤身和堤基多为砂性土,对成槽工艺不利,易塌孔;②堤身均采用充砂管袋结构,成墙工艺必须能有效突破土工布,避免土工布夹杂对墙体强度的不利影响;③在技术合理可行的前提下,必须做到经济也合理,尽量降低工程造价。

为此对垂直封闭截渗墙的多种工法、近20多种具体施工工艺进行详细调查,主要分析研究了高喷法、深层搅拌桩法、三轴搅拌桩法、TRD工法、双轮铣深搅工艺、钢板桩、垂直铺塑、射水造墙、抓斗成槽造墙等工法的适应性。针对工程结构特殊性,初选定了三轴搅拌桩法、高压旋喷桩法和高压摆喷桩法三种工法在现场构造施工场地进行试桩,试桩场地完全按水力充填堤坝构造特点进行建设。试桩主要对上述三种工法功效、施工质量、固化剂掺量和相应施工参数进行了分组对比,同一工法又进行不同设计参数的对比。

试桩后质量检测表明,三轴搅拌桩具有桩架设备稳重、垂直度易控制、墙体均匀性和连续性好、质量可控性强且造价低廉等诸多优点,尤其对水力充填堤坝内土工织物管袋堤基上排布切割效果较好,因而最终选定三轴搅拌桩作为垂直截渗墙的主要施工工艺。

因堤顶总宽度为9.5 m,且库内侧布置有防浪墙和电缆沟,不满足三轴搅拌桩的工作面要求。研究通过利用堤坝外坡平台搭设支架平台解决这一问题。

针对各堤段自身条件和渗流主要矛盾,结合施工技术和质量控制能力,因地制宜确定工程方案,具体如下:

1) 两面邻水的新建堤坝

北堤采用单排三轴搅拌桩防渗墙(ϕ800@600)形成封闭式垂直防渗墙,水泥掺量20%,墙体渗透系数小于5×10^{-6} cm/s,28 d抗压强度0.5~1 MPa,允许比降大于30;防渗墙顶高程7.3 m,底部进入下卧淤泥质黏土层2 m,防渗墙平均长度达26 m以上。北堤典型渗控设计断面见图4-45。

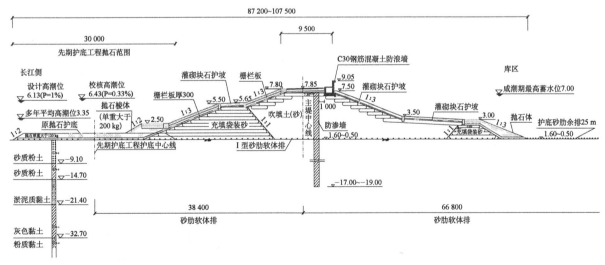

图4-45　北堤典型渗控设计断面图

2) 两面邻水的老堤

中央沙堤坝采用单排三轴搅拌桩防渗墙(ϕ800@600)形成封闭式垂直防渗墙,水泥掺量20%,墙体渗透系数小于5×10^{-6} cm/s,28 d抗压强度0.5~1 MPa,允许比降大于30;防渗墙顶部高程7.3 m,底部标高-17 m。典型设计断面见图4-46。

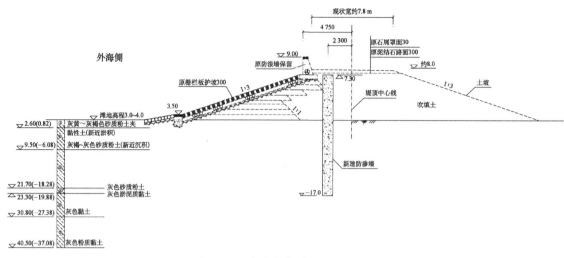

图 4－46　中央沙典型渗控设计断面

3）深槽龙口段

考虑到东堤水力充填砂袋堤身夹有 2 m 厚抛石层、双向挡水最大水头差 6.5 m，透水性极强，采用了钻-喷-铰相结合的"两列（三轴搅拌桩）一夹（高压旋喷桩）"新型防渗墙结构，三轴搅拌桩桩长约 25 m，ϕ800@600，水泥掺量 20％，通过改进钻进工艺和切割方法，解决了抛填砂袋中三轴搅拌桩施工成型。东堤典型设计断面见图 4－47。

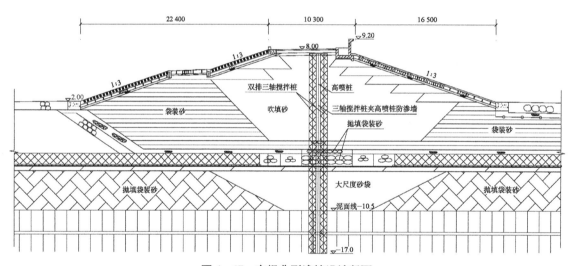

图 4－47　东堤典型渗控设计断面

4）单面邻水的老海塘

老海塘段加高加固采用库内侧加固（结合式断面）和库内新建（分离式断面）两种形式。分离式断面，新老堤之间填平处理后无须专门防渗处理。结合式断面在通过对"填土压重"措施以及"贴坡排水"措施的深入技术经济比选后，选定采用简单可靠的"填土压重"渗控方案，并采用高压旋喷灌浆工艺进行堤身的动、植物洞穴等封堵，旋喷顶标高 7.3 m，底标高 0.0 m。典型渗控设计断面见图 4－48。

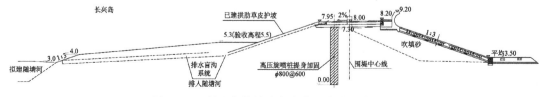

图 4－48　长兴岛海塘结合式典型渗控设计断面

4.4.4 防渗墙质量检测方法及评价标准研究

软土地基防渗处理一般采用高压喷射注浆法(旋喷、摆喷、定喷)、水泥土搅拌法和注浆法,适用于水利水电、水运、市政和建筑等工程须防渗的地基,防渗处理深度一般为 $10 \sim 20$ m,渗透系数要求一般为 1×10^{-6} cm/s。在防渗处理工程完工后须对工程进行检测,检查其效果是否满足设计要求。现行规范如上海市标准《地基处理技术规范》、建设部标准《建筑地基处理技术规范》(JGJ 79)等中未明确规定检测方法,只对处理后防渗体的强度要求做了一些规定,并较笼统地规定须检测防渗体的连续性和均匀性,虽然提出了压水试验进行检测,但无具体要求,总体来讲无一种较直观的方法来检测评定防渗效果,而《水电水利工程高压喷射灌浆技术规范》(DL/T 5200)、《水利水电工程钻孔压水试验规程》(SL 31)和《水利水电规程注水试验规程》(SL 345)等规范虽明确了一些检测及评定方法,但对于上海及周边地区的软土地基防渗工程适用性不强,而且防渗墙属于隐蔽工程,检测难度很大。

因此,通过防渗试验工程研究验证,确定垂直防渗体施工的主要控制参数及质量检测方法。主要包括:研究钻孔注水试验、压水试验、围井试验各自的特点和适用性,运用综合手段,建立相关关系,提出水力充填堤坝的防渗墙设计合理的参数指标,建立防渗墙墙体物理力学指标评定标准和工程质量评定标准。

4.4.4.1 渗透性检测

对旋喷桩和三轴搅拌桩防渗墙的渗透性进行了室内渗透试验、钻孔压力注水试验以及围井渗透试验等三种测试方法研究。

通过对不同成果的对比分析,可以得出如下结论:

(1) 现场钻孔渗透试验中,旋喷桩渗透系数多出现在 $1.0 \times 10^{-5} \sim 1.0 \times 10^{-4}$ cm/s,搅拌桩渗透系数多出现在 5.0×10^{-6} cm/s 以下,搅拌桩试验结果好于高喷桩。旋喷桩的渗透系数偏大,也从侧面反映出高喷技术施工操作的稳定性明显要比搅拌桩差,质量控制难度大。

(2) 通过进行不同龄期的渗透试验,可以看出,渗透系数对龄期的敏感性远远小于桩体成桩质量(成桩的连续性),因此,墙体的连续性必须作为墙体质量主要检测内容之一(图 4 - 49)。

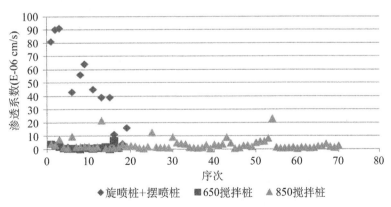

图 4 - 49 不同成墙工艺渗透结果分布图

(3) 渗透性检测应以原位钻孔渗透试验和围井渗透试验为主,室内拌合物渗透试验由于养护条件标准等因素影响,得出渗透系数明显低于原位测试成果。

4.4.4.2 连续性均匀性检测

针对防渗墙连续性,现场组织了钻孔取芯检测、面波勘探试验、地质雷达法、地质地震映像方法、开挖检查等五种方法进行对比研究。

现场共对 2 个施工导孔及 37 个检测试验孔进行了孔斜测试,测斜结果见图 4-50,钻孔取芯芯样见图 4-51,连续性统计分布成果详见图 4-52,同一位置 17 d 龄期与 34 d 龄期勘探的连续搅拌桩面波 Z—V 域典型频散曲线对比见图 4-53,地质雷达探测剖面见图 4-54,直线段 850 搅拌桩地质地震映像探测成果见图 4-55。

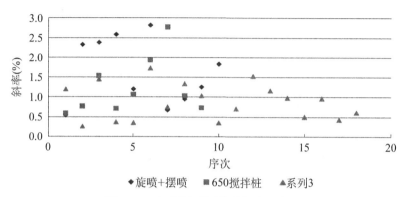

图 4-50　不同桩型测斜孔斜率分布图

图 4-51　直线段 850 搅拌桩钻孔取芯照片组图

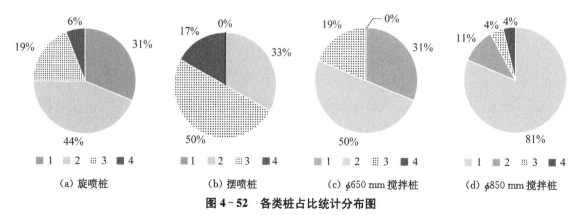

(a) 旋喷桩　　(b) 摆喷桩　　(c) φ650 mm 搅拌桩　　(d) φ850 mm 搅拌桩

图 4-52　各类桩占比统计分布图

1—15.0 m 以下有芯样,芯样整体较为完整,连续性、均匀性好;2—10.0 m 以下芯样较差,10.0 m 以上芯样整体较为完整;3—15.0 m 以下有水泥土芯样,整体上芯样破碎,成块状、短柱状;4—芯样整体上破碎,仅取到少量水泥块

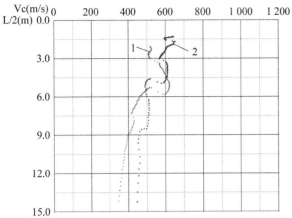

E:\大堤防渗试验段\12-物探\排桩520\E1.SWS
E:\大堤防渗试验段\12-物探\排桩606\E1.SWS

（a）直线段搅拌桩 CL－24e

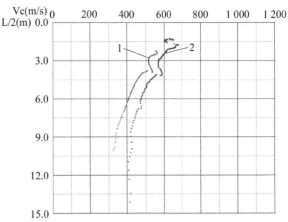

E:\大堤防渗试验段\12-物探\排桩520\E2.SWS
E:\大堤防渗试验段\12-物探\排桩606\E2.SWS

（b）直线段搅拌桩 CL－24w

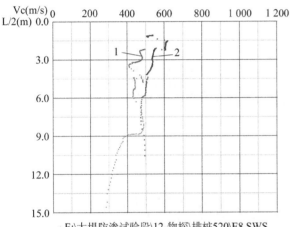

E:\大堤防渗试验段\12-物探\排桩520\E8.SWS
E:\大堤防渗试验段\12-物探\排桩606\E8.SWS

（c）直线段搅拌桩 CL－21w

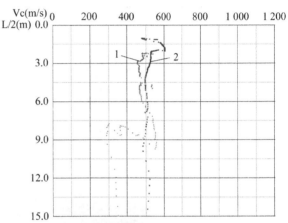

E:\大堤防渗试验段\12-物探\排桩520\E9.SWS
E:\大堤防渗试验段\12-物探\排桩606\E9.SWS

（d）直线段搅拌桩 CL－20e

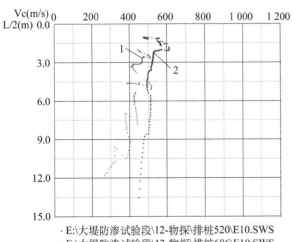

E:\大堤防渗试验段\12-物探\排桩520\E10.SWS
E:\大堤防渗试验段\12-物探\排桩606\E10.SWS

（e）直线段搅拌桩 CL－20w

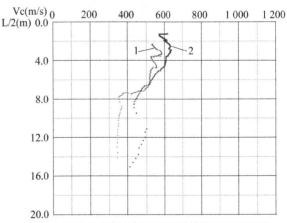

E:\大堤防渗试验段\12-物探\排桩520\E15.SWS
E:\大堤防渗试验段\12-物探\排桩606\E15.SWS

（f）直线段搅拌桩 CL－17e

图 4－53　直线段搅拌桩瞬态瑞雷面波频散曲线对比组图

1—17 d 龄期；2—34 d 龄期

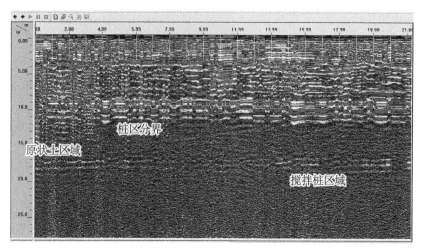

图 4-54 地质雷达探测剖面图

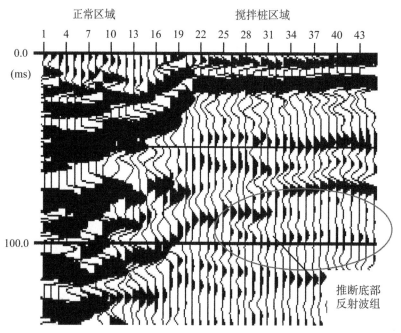

图 4-55 地质地震映像探测剖面图

分析这些图片可以得到以下几点认识：

（1）从钻孔取芯和渗透试验来看，3 个试验孔的钻孔取芯芯样整体上较为完整，下部芯样（尤其是 20 m 以下）硬度稍差、取出易松散破碎；3 个试验孔渗透试验结果较好，渗透系数为 $4.9\times10^{-7}\sim4.0\times10^{-6}$ cm/s。

（2）根据各个测点的频散曲线可以看出，搅拌桩剪切波速平均值 17 d 龄期为 400 m/s 左右，34 d 龄期为 500 m/s 左右，60 d 龄期为 550 m/s 左右，均比原状土有了较大程度的提高，并且随着龄期的增加而增加，尤其是 17 d 以前波速值增加较快，后期波速值增加变慢。剪切波速从上至下有逐渐降低的趋势，这种趋势 17 d 龄期较为显著，34 d、60 d 龄期时已不明显。这说明搅拌桩上部水泥土早期硬化速度快于下部，到 34 d 以后上部、下部水泥土的硬度差别已经不大。

4.4.4.3　力学特性检测

根据力学特性检测需求,选取如下测试方法进行研究:①室内抗压试验;②钻芯取样力学检测。

对不同土层和不同拌和方法制作的立方体在相应龄期进行抗压试验,得到强度与龄期的关系曲线,见图4-56。

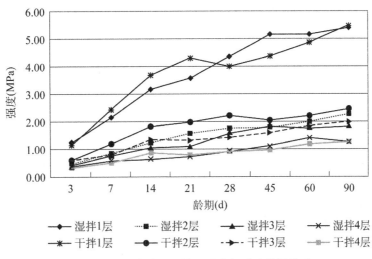

图4-56　室内水泥土抗压强度与试验龄期关系

通过以上数据对比分析基本可以看出:

(1)旋喷+摆喷桩芯样28 d龄期换算强度的最大值和平均值均明显高于搅拌桩芯样28 d龄期换算强度。

(2)旋喷+摆喷桩芯样28 d龄期换算强度离散性较大,搅拌桩芯样28 d龄期换算强度相对小得多,这说明整体上旋喷+摆喷桩水泥土芯样均匀性不及搅拌桩水泥土芯样。

(3)虽然成桩水泥土不均匀,但是取样进行试验的水泥土较为完整,强度和弹性模量试验的结果会高于室内制样试验结果;整孔芯样难以达到完全均匀,受到土层的影响,强度和弹模结果仅代表相应部位芯样情况,引用于整个桩身时应谨慎使用,必须结合芯样的连续性进行分析,桩体的连续性和均匀性与成桩工艺关系密切。

4.4.4.4　水泥土防渗墙综合评价指标体系

成墙质量检查的内容为墙体的连续性、完整性、均匀性检测及物理力学性能指标检测。可结合开挖检查、钻孔取芯检测、无损检测、安全监测和其他专题研究成果资料等,全面分析各项检测成果和整体防渗效果,进行综合评价。根据工程试验成果,经综合分析,最终确定适用于三轴水泥土搅拌桩防渗体的检测标准。

1)施工期质量检验

在施工期,必须每根桩都有一份完整的质量检验单,承包商和监理签名后作为施工档案。质量检验至少包括下列项目(但不仅限于):

(1)桩位:定位偏差对于防渗桩不得大于50 mm,套接一孔法施工成墙。

(2)桩底高程:+500 mm(向下),-100 mm(向上)。

(3)桩身垂直度:桩的垂直度偏差不超过0.5%。

(4)桩身水泥掺量:按设计要求和试验最终确定的水泥掺入比检查每根桩的水泥用量,每台班不少于3次。

（5）施工参数（压力、水泥浆量、提升速度等），停浆处理方法等。

（6）桩身施工质量和水平搭接情况，检测有无断桩、少桩、裂缝、未搭接、空洞等现象。

2）成墙后质量检验

完工后质量检验应在施工结束28 d（特殊项目除外）后进行，不合格者应进行补强处理。检验点一般宜布置在有代表性的剖面和敏感点上，如防渗帷幕的中心线、施工发生异常情况的部位、地层复杂的区段。

（1）桩头（深度宜超过停浆面下0.5 m）检查，目测检查桩体的均匀性，测量成桩直径。检验点的数量应为施工防渗桩总根数的1%。

（2）防渗墙的渗透系数采用现场钻孔，孔内压力注水（8 m水头）检测时不大于5×10^{-6} cm/s的保证率为80%，其中最大值不得大于5×10^{-5} cm/s，且出现位置不得过于集中。压力注水检测检验点数量为防渗桩总根数的1%。

（3）全桩长钻孔取芯，取芯芯样完整率要求大于80%；对芯样进行室内抗压试验和抗渗试验，桩身28 d无侧限抗压强度不小于$0.5 \sim 1.0$ MPa（淤泥质黏性土取小值，砂性土取大值），室内抗渗试验不大于5×10^{-6} cm/s。钻孔取芯检验点数量：防渗桩总根数的2%；室内抗压试验和抗渗试验为取芯检验孔的30%。

4.5 主要结论

（1）针对青草沙水库新建大堤深水段筑堤的建设条件、特点和水动力特性，改进了适用于深水急流条件的水力充填砂堤坝结构，将抛填砂袋堤身和常规充填袋装砂斜坡堤有机结合。针对抛填砂袋的保砂性、施工期砂袋在波浪水流作用下的稳定性、砂袋材料强度的可靠性以及抛填堤身的密实性等关键技术，研究提出了抛填砂袋的充填材料、袋布材料、砂袋尺度以及施工方式等控制性指标要求，并在工程实施过程中得到了较好效果。研究开发了$400 \sim 500$ m³/h吹砂船与大型专用铺排充灌船组合配套施工工艺，解决了100 m×30 m大型通长砂袋的充灌和铺设难题，并研制了独立的四翻板抛袋施工技术，提高了施工效率，为工程的顺利实施提供了保障。

（2）针对工程区的地形地貌特点、水流条件、工程实施方式及总工期等实际情况，通过物理模型及多套二维、三维数学模型，对70多种实施顺序方案组合进行了详细的验证优化，探讨了涨潮沟沙脊地貌形成及维持的水动力机理，揭示了长距离高强度江心筑堤的河床和沙洲冲刷特征；据此提出了"全线多点作业，先护底后筑堤，先高滩出水，后沟槽截流，最后集中力量封堵龙口"的整体控制和实施顺序；制定提出各工段、各道工序的进度和尺度控制要求，其中超前铺排长度由通常要求的1.5 km以上，缩短到200 m左右，大大提高了筑堤进度。

（3）提出保滩结构的挑流、缓流、覆盖等机理分类；优化改进铰链排、抛石、丁顺坝和枵槎等护滩结构，并重点研究了枵槎在河口地区潮汐流和径流双重作用下保滩的可行性；从工程整体上创新运用了连堤式、分离式和动态实施式组合防冲护滩方案，有效避免了大型河口复杂分流口水域大范围短历时圈围引起的急剧河势调整。

（4）通过现场钻孔取样、注水试验、室内渗透性和渗透变形测试、水工模型试验、工程类比分析等综合手段，研究了水力充填堤坝堤身和堤基土的渗透特性，提出了相应的渗流控制指标与参数。首次运用水工模型试验,模拟管袋填充度、袋间夹缝等因素对渗透性的影响,并通过结合原位测试试验,系统地揭示了长江口新沉积土及水力充填堤坝的渗透特性和渗透破坏机理。通过数值计算分析和施工工艺及土工布反滤效果分析,论证水库大堤采取渗控措施的必要性和防渗措施的合理性;并针对性地开展水力充填堤坝渗控措施的试验工程,研究选定各工艺的作用机理、施工技术和施工工艺参数、质量检测手段、质量控制要点等。发明了两层(三轴搅拌桩)一夹(高压旋喷桩)新型防渗墙结构,三轴搅拌桩桩长约 25 m,直径 850 桩按间距 600 套打,水泥掺量 20%,通过改进钻进工艺和切割方法,解决了抛填砂袋中三轴搅拌桩施工成型,从而攻克水力充填砂袋堤身夹有 2 m 厚抛石层、双向挡水最大水头差 6.55 m 的截渗难题。通过防渗试验工程研究,验证了钻孔注水试验、压水试验、围井试验各自的特点和适用性,运用综合手段,建立相关关系,确定了垂直防渗体质量检测方法,建立一套适用完备的水泥土防渗墙质量综合评价指标体系。这些成果的成功运用,使得在土工模袋堆砌体及水下抛填袋装砂体的防渗理论及措施研究方面均有所突破。

5 江心新沉积土地基上泵闸建筑关键技术

5.1 概述

5.1.1 研究背景

长江口已建类似的避咸蓄淡水库取水方式多为水泵提水入库,取水规模较小,而青草沙水库因库容大,取水建筑物规模大、数量多。取水泵站设计流量 200 m³/s(1 728 万 m³/d),取水闸总净宽 70 m,最大设计流量可达到 910 m³/s,下游水闸总净宽 20 m,为国内潮汐河口避咸蓄淡水库首次采用泵闸联动、上下游水闸联合的取水方式。根据青草沙水库上游(西北侧)进水、下游(东南侧)出水,使水库范围内水体充分流动的原则,上游取水泵闸闸(站)址为青草沙水库头部新建北堤上段,处于南北港分流口段;下游水闸闸址为新建北堤下端,均受往复潮汐流影响,且侧向进出水,流态极为复杂。上游取水泵闸南侧离中央沙北堤较近,引水渠长度较短,引水出流易对已建中央沙北堤造成冲刷;下游水闸位于离东堤约 2 km 的水库尾部,位于沙脊线上,前后滩低水深,进出水渠均须通过挖槽与滩地顺接。上游泵闸和下游水闸的进出水口均为明渠布置,设计单宽流量达 13 m³/s,地基均为粉砂或粉砂夹淤泥质地基土,极易冲刷,必须通过采用合理的防冲布置和结构形式解决防冲消能问题,并减小取水通道沿程水头损失。

另外,上、下游取水建筑物均有远离陆地的特点,带来施工需要解决的交通、运输、安全等一系列问题。而且由于取水建筑规模大、数量多,位于江心新沉积土沙脊上的取水泵闸,其围堰面积超过 14 万 m²。

输水干线进水口是青草沙水库水源地原水过江管工程直接从水库取水的口门工程,原水经输水闸井后与岛域输水干线相接,通过过江管输向五号沟泵站。岛域输水干线、过江管均采用盾构施工。输水干线设计供水规模 708 万 m³/d;为满足将来发展的需求,以 850 万 m³/d 作为校核。输水闸井作为输水干线的头部,既要满足输水量的要求,又要确保具有一定的淹没深度,使进入输水管(为 2 根内径 5 500 mm 的输水管,水库起点输水管中心标高为 −9.00 m)的水流不产生漩涡和吸气性漏斗,确保水流从水库平顺进入输水管,避免不良水流对输水管的损坏,同时进水井又要满足盾构机械出洞与输水管检修的功能要求,难度大,要求高。

上游取水闸工作闸门承担着青草沙水库的主要引水工作,闸门日开启频繁,经常动水启闭并局部开启调节流量。闸门局部开启运行时,尾水位较高,形成淹没出流。闸门底缘受回流尾水扰动,易诱发振动。闸址地处长江口,工作条件恶劣,有较大风浪及涌潮,水流条件复杂。因此,闸门局部开启运行时水动力作用下的振动问题是危及闸门安全运行的重要问题。妥善解决好流激振动问题,成为闸门能否长期安全运行的重要因素。工程所在地为长江口,具有风浪大、湿度大、空气含盐度高的特点。一般在每年的枯水季节长江口有咸潮入侵,水质盐度超标。由于液压启闭机活塞杆长期暴露在空气中,容易锈蚀,液压机活塞杆工作频繁,因此对活塞杆的防腐、耐磨要求很高。潮汐河口水库工程的拦沙、清污问题一直是备受重视的问题,同时又是一个复杂的难题。

针对上述潮汐河口大型泵闸的水力学问题、复杂水工结构设计与计算、新沉积土的地基处理及建筑物变形协调,以及金属结构的特殊要求等,在查阅大量资料以及借鉴同类工程经验的基础上,通过数模计算分析、物模试验验证等研究,为工程设计及实施提供技术保证,同时通过对取、输水建筑物的设计关键技术的研究总结,提出对类似河口地区的取输水建筑物设计的系统解决方案,为今后类似工程的设计提供借鉴。

5.1.2 研究内容

针对长江口大型避咸蓄淡水库的三类重要的取、输水建筑物的布置及结构设计,从平面布置、结构选型、地基处理、基坑围护、消能防冲、防渗设计、拦沙拦污与金属结构技术等方面进行专题研究,主要研究内容如下:

1) 江心大型取、输水泵闸布置与水力控制技术

(1) 通过数学模型分析和水工物理模型试验等手段,研究取水泵闸总体布置方案与其相应取水口流态特征,优化确定取水建筑物合理平面布置方案。

(2) 研究延长导流墙和增加导流墩消除侧向 90°进水的消能防冲措施,以减小消力池、海漫内表面大范围回流产生的可能性,减少今后运行中对结构的安全影响。研究上游泵闸出水渠弯道段的流态,增加整流措施,调整流态,减少冲刷。

(3) 研究进水井流道形态以满足各种工况下的流态要求,力求进入输水管道的流态良好,不产生漩涡和吸气性漏斗,水流平顺进入输水管线。

2) 新沉积土江滩上泵闸建筑复杂结构变形协调控制技术

(1) 研究进水井与岛域输水管线及涵闸之间的不均匀沉降要求,达到相邻结构间变形协调。研究进水井在各种工况下的结构应力和变形,满足结构安全要求。

(2) 研究复杂软土地基与上部结构的特点,借助三维仿真数值计算确定地基处理方案,减少盲目性,设计方案与实际情况较贴近。

(3) 研究泵闸与堤坝连接堤地基处理采用梯级布置桩长,使沉降值逐步变化,相邻结构变形保持协调。

(4) 根据泵闸须承受双向水头、地基透水性强的特点,研究延长渗径及垂直防渗墙相结合的方案,设置封闭的连续式旋喷桩,以解决闸基防渗和侧向防渗问题。

3) 临江透水地基泵闸深基坑围护技术

(1) 研究基坑围护结构与泵站主体结构相结合的建造方案,以缩短工期、节省投资。针对穿越较厚粉砂土层基坑地连墙,研究搅拌桩护壁,以提高地连墙成槽施工中槽壁稳定性,减少槽底沉渣,使槽壁平直,保证地连墙施工质量。

(2) 针对基坑平面尺寸大、深度深、井壁孔洞多、流态要求高、兼作盾构接收井受力复杂等难点,通过数值模拟,科学确定内衬浇筑、支撑拆除及孔洞处地连墙拆除等施工参数,解决施工中的基坑围护和永久结构稳定问题。

（3）根据基坑布置特点,研究对地连墙位移、变形、支撑轴力、坑底隆起、地下水位的进行动态监测,为基坑施工提供保障。

4）潮汐河口水库取水闸门与拦沙拦污技术

（1）对取水闸门操作设备选型进行研究,采用镀陶瓷活塞杆等新材料、新技术。进行取水闸门完全水弹性模型试验,根据模型试验及计算分析成果,提出对闸门的优化,论证闸门运行的可靠性及适宜的运行条件。

（2）分析清污机的选型要求,研究多功能清污机的主要结构及设计特点。研究利用清污机桥设置拦沙闸,水闸侧设置拦污漂拦截江面漂浮污物进入水库。

5.1.3 技术路线

青草沙水库上游泵闸、下游水闸、输水泵闸三处枢纽建筑物,分别担负水库从长江取水、水库排水和向市区原水厂输水的任务。泵闸建筑物的特点是规模大、结构复杂、基坑大而深、水文气象条件复杂、施工环境较差,涉及江心筑围堰、深基坑围护、软土地基处理、建筑物与大堤的连接处理、相邻结构的变形协调、进出水口的抗冲处理等平原地区泵闸设计中的常见问题,以及潮汐河口地区特殊的地质、水文、气象条件下带来的技术难题,研究思路和技术路线见图5-1。

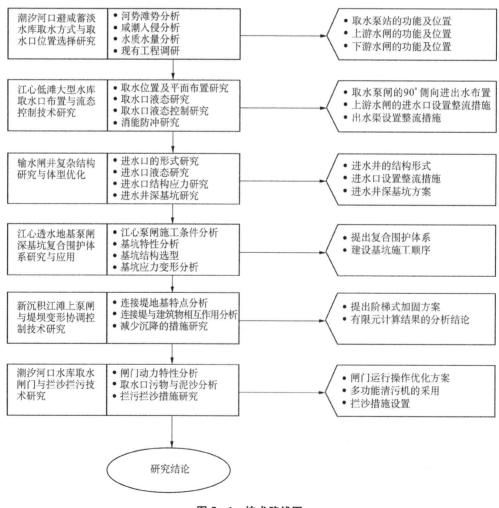

图5-1 技术路线图

5.2　潮汐河口大型取、输水泵闸建筑水力控制技术

5.2.1　取水泵闸选址及进出口流态特征分析

5.2.1.1　取水泵闸选址方案

取水泵闸选址主要考虑地形地质条件、施工难易程度、方便管理运行及工程投资等因素,根据前期研究成果拟定三个方案,经综合比选确定,并通过数学模拟计算成果加以验证。

1) 方案一:前期初定闸(站)址方案

取水泵闸位置设在青草沙水库西北端的新桥通道内,泵闸出水渠正对中央沙圈围北围堤,防冲槽末端距中央沙北围堤堤脚 300 余米。

2) 方案二:下移约 1 500 m 的方案

将闸(站)址移至下游约 1.5 km 处,中央沙北围堤离水闸较远,出闸水流能迅速扩散。

3) 方案三:上移至头部与北堤斜交布置方案

由于中央沙库区按围垦工程先期实施,中央沙圈围北堤与青草沙水库北堤相交,由交点起向下游约 3 km 处,两堤之间形成狭长区域。本方案将闸(站)址移至两堤相交处并转向与北堤斜交布置,使闸中心线与中央沙圈围北堤基本一致,出闸水流沿两堤之间狭长区域流向下游库区。

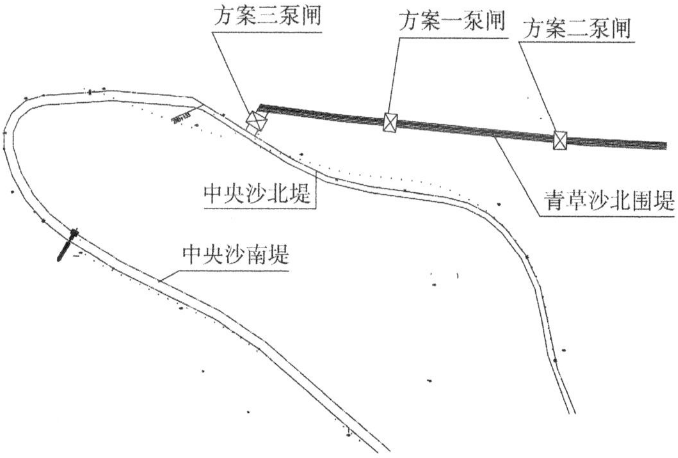

三个站址方案的相互位置见图 5-2。

图 5-2　方案一、二、三位置示意图

5.2.1.2　取水泵闸选址合理性论证

1) 局部水流特征数学模型分析

取水泵闸(站)方案数学模型计算采用荷兰 Delft 3D 软件。取水泵闸(站)闸址方案比选包括两方面:一是闸附近的局部流场,特别是涨潮和落潮时的进口流场特征;二是闸址附近的库区流场及对中央沙北围堤的影响分析。因此模型要求比较精细,库内外水位组合应既能反映上游水闸附近及相邻库区的流态特征,又能解决计算时间的矛盾。上游水闸闸址方案比选采用的水位组合为长江侧设计水位 3.35 m,库内水位 2.70 m。各方案由于出水渠的开挖长度、布置位置和方式有所不同,因此过闸平均单宽流量也略有不同,一般在 $10\sim13\ \mathrm{m^3/s}$。

(1) 方案一(前期初定闸址方案)。数模计算成果显示,水流在过闸后由于受中央沙北围堤的影响,水流逐渐转向,而后水流迅速扩散。中央沙北围堤附近局部流速较大,可达 $1.0\sim1.5\ \mathrm{m/s}$。在闸址上游库区上半部分流速很小,在 $0.005\ \mathrm{m/s}$ 以下,存在大小不等的两个回流。

图 5-3 为水流在过闸后的流场图(最大单宽流量 13 m³/s)。由图可见,涨落潮时的进口流场无明显差别,流场对称均衡。水流过闸后由于受中央沙北围堤的影响,水流逐渐转向,而后水流逐渐扩散。中央沙北围堤附近流速一般小于 1.0 m/s,在平行于中央沙北围堤的出水渠边缘局部流速可达 1.0 m/s 左右,在出水渠中最大流速可达 1.18 m/s。在闸址上游库区上半部分流速很小,在 0.01 m/s 以下。在出闸水流的两侧分别存在较小的回流。

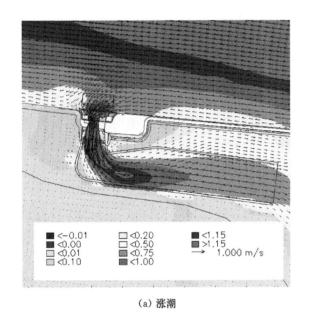 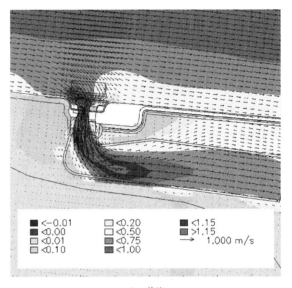

(a) 涨潮   (b) 落潮

图 5-3　方案一水流在过闸后的流场图

(2) 方案二(下移约 1 500 m 的方案)。图 5-4 为闸址下移约 1 500 m 方案水流在过闸后的流场图。由图可见,水流过闸后水流基本平顺,扩散迅速。中央沙北堤附近流速小,不大于 0.5 m/s,不会影响中央沙北围堤。在库区内存在大小不等的两个回流,在闸址上游约 800 m 以上水域,流速很小,小于0.01 m/s。

(3) 方案三(头部闸址斜交方案)。图 5-5 为头部闸址斜交方案水流在过闸后的流场图。由图可

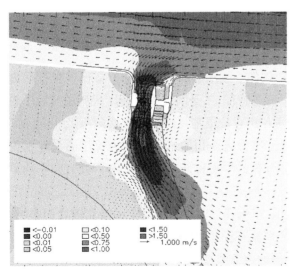 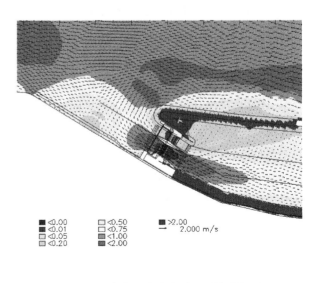

图 5-4　方案二水流在过闸后的流场图   **图 5-5　方案三水流在过闸后的流场图**

见,过闸后水流比较平顺,而后水流迅速扩散。但中央沙北围堤附近局部流速较大,可达 1.0～2.0 m/s,高流速区相当于又一个闸室长度,北围堤需要保护的范围较大。在闸址与库区北大堤之间存在一个回流,回流强度较大。

2) 综合分析

结合工程造价,各方案综合比较见表 5-1。

表 5-1　各方案优缺点综合比较

方　案	优　点	缺　点
方案一 (前期初定闸址方案)	① 泵闸轴线与堤线正交布置,引渠进口对称,涨落潮流场对称均衡,进口流态较好; ② 泵闸进水渠外滩地较平缓,河床稳定,对工程安全有利; ③ 闸址离已建中央沙圈围北堤较近,施工较方便; ④ 闸址上游区域较小,有利于减少死水区	① 出闸水流不顺,须转向; ② 出闸水流顶冲中央沙圈围北堤,冲刷堤脚,须采取保护措施; ③ 出水渠开挖工程量较大; ④ 35 kV 电缆较长
	可比工程投资: 24 788.44 万元	
方案二 (下移约 1 500 m 的方案)	① 泵闸轴线与堤线正交布置,引渠进口对称,涨落潮流场对称均衡,进口流态较好; ② 泵闸进水渠外滩地较平缓,河床稳定,对工程安全有利; ③ 闸址区域库区开阔,出闸水流平顺,中央沙圈围北围堤已远离水闸,不受出闸水流顶冲; ④ 35 kV 电缆最短	① 闸后存在回流区,缓流区面积较大; ② 水闸正对地势倾斜库区,出闸水流顺势流向库区南侧,对带动北堤沿线水体流动不如方案一
	可比工程投资: 23 060.37 万元	
方案三 (上移至头部与北堤斜交布置方案)	① 出闸水流平顺; ② 在闸和堤之间存在回流区,缓流区小; ③ 闸址建在中央沙圈围北堤与青草沙水库北堤相交处,泵闸引水渠右岸引堤可利用中央沙圈围北堤改建而成,节省了部分土建工程量; ④ 闸址紧靠已建中央沙圈围北堤,施工方便安全,降低了施工难度	① 因泵闸与堤线交角很小,引水渠左右岸不对称,进水口涨潮流态不顺,存在分缓流区; ② 进水渠位于水库头部,防护工程量较大; ③ 出闸水流高流速区靠近北围堤,防护范围较大; ④ 出水渠开挖工程量很大; ⑤ 35 kV 电缆最长
	可比工程投资: 27 035.83 万元	

从上述分析比较可以看出:①在水闸进、出水流态方面,方案二相对较好,方案三进水流态相对较差,方案一出水流态相对较差;②在施工难易程度方面,方案三相对较好;③在安全可靠方面,三个方案相差不大;④在对中央沙圈围北堤的影响方面,方案二较小;⑤在运行管理方面,三个方案泵闸结合运行管理都方便;⑥在工程投资方面,方案二最低。

显然,方案一除因中央沙圈围北堤的影响出闸水流态相对差一些外,其他方面都相近或优于方案二。若通过调整平面布置,将泵闸轴线向外江侧移动近 100 m,相应地使水闸与中央沙圈围北堤堤脚距离增加 100 m,水流对北堤堤脚的冲刷将大为减弱,出闸水流流态也随之好转。综合多种因素,取水泵闸(站)址采用方案一,并将泵闸轴线向外江侧移动近 100 m,与堤线正交布置,涨落潮状态均为侧向进水。

5.2.1.3 取水泵闸进出口流态数模分析

根据青草沙水库取水方式及上游取水泵闸闸址选择研究成果,水库采用泵闸联动、开敞式渠道取水,上游取水泵闸闸(站)址选定在青草沙水库头部新建北堤上段新桥通道内。为了深入研究取水口的流态特征,采用荷兰Delft 3D数学模型计算分析典型工况泵闸进出口的水流流态。

计算成果表明:涨落潮时的进口流场无明显差别,流场对称均衡。水流过闸后由于受中央沙北围堤的影响,水流逐渐转向,而后水流逐渐扩散。中央沙北围堤附近流速一般小于1.0 m/s,在平行于中央沙北围堤的出水渠边缘局部流速可达1.0 m/s左右,在出水渠中最大流速可达1.18 m/s,在闸址上游库区上半部分流速很小,在0.01 m/s以下,在出闸水流的两侧分别存在较小的回流。流场图详见图5-6。

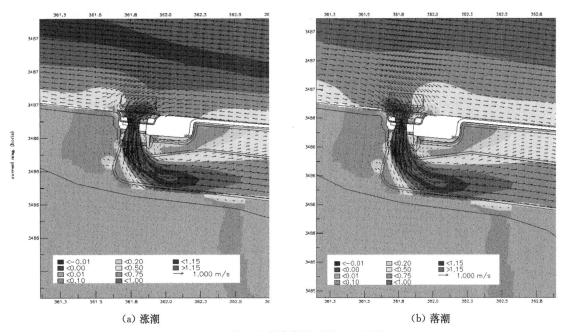

(a) 涨潮   (b) 落潮

图5-6 选定方案涨落潮时进口流场图

由以上流场图可见,取水泵闸以上库区头部流速均比较低,故还须考虑采取其他措施减少死水区。

5.2.1.4 取水泵闸进出口流态物理模型试验验证

对取水泵闸运行水位组合中的控制性工况进行总体布置方案水工物理模型试验验证,进一步分析青草沙水库取水泵闸选定方案(正交布置)的合理性。

为了反映潮流作用对取水口的影响,试验中采用近似模拟方法模拟长江侧水流,即根据取水泵闸附近长江流速分布,在距离取水泵闸一定范围之外,泵闸取水对长江主流流线不再有明显影响,因此物理模型中根据上述范围沿北堤平行线截取500 m宽的江滩作为长江外边界,东、西侧均模拟至距泵闸分界线800 m处,该宽度范围以外的长江水流对泵闸枢纽近区流态已无明显影响,因此可忽略平行于北堤的外边界与长江水流的水量交换,将该边界近似模拟成固定边界,同时在时间序列上将非恒定的潮流过程离散成多个恒定的水位、流速、流向组合进行试验,以分级恒定流代替非恒定潮流过程,近似模拟近岸(北堤)潮流的影响。

物模试验总体布置示意图见图5-7,试验工况见表5-2,试验照片见图5-8~图5-10。

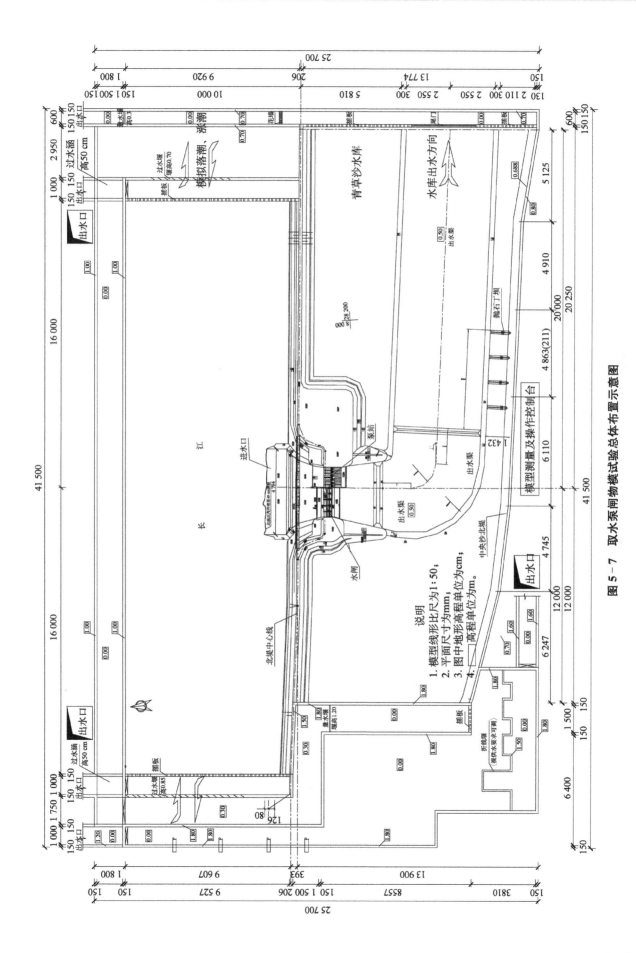

图 5-7　取水泵闸物模试验总体布置示意图

表 5-2　取水泵闸总体布置方案试验引水主要试验工况

工况	潮流	长江水位 (m)	长江近岸流速(m/s)	库水位(m)	运行方式	备　　注
YFZT1	落潮	4.91	0.40	2.00	闸引	消能工况,最大流量 $Q=910\ m^3/s$
YFZT2	涨潮	4.91	0.40	2.00	闸引	消能工况,最大流量 $Q=910\ m^3/s$
YFZT3	落潮	5.03	0.40	4.00	闸引	最高运行水位,水闸过流能力控制工况
YFZT4	涨潮	5.03	0.40	4.00	闸引	最高运行水位,水闸过流能力控制工况
YFZT5	落潮	2.12	1.50	1.00	闸引	平均潮位,近岸流速最大
YFZT6	涨潮	3.35	1.50	2.80	闸引	平均高潮位,近岸流速最大
YFBT1	落潮	0.60	0.40	6.20	泵引	设计运行水位
YFBT2	涨潮	0.60	0.40	6.20	泵引	设计运行水位
YFBT3	落潮	1.93	1.50	6.00	泵引	平均潮位,近岸流速最大
YFBT4	涨潮	1.93	1.00	6.20	泵引	平均潮位

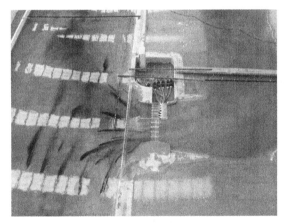 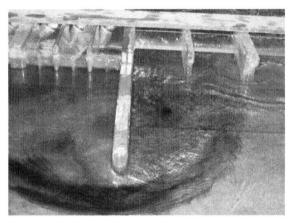

图 5-8　水闸引水工况 YFZT1 取水泵闸近区水流流态 　　图 5-9　水闸引水工况 YFZT5 取水泵闸近区水流流态

图 5-10　泵站引水工况 YFBT1 取水泵闸近区水流流态

试验结果表明：①取水泵闸侧向进水（正交布置方案）总体可行，能满足泵闸引水要求；②进水口体型合理，涨落潮水流均能较为平顺转向，长江潮流的影响主要表现为中部大流速区沿潮流方向有少量偏转；③泵、闸前存在一定范围的回流区，并影响泵站前池进流流量分布的均匀性，导致水闸引水能力下降，须采取局部修改措施消除不良流态。

综上所述，潮汐河口受往复流影响，朝向上游来流方向的开敞式取水口布置虽然落潮工况水流很平顺，但会产生涨潮时段进流流态不利的情况；同样地，朝向下游方向的取水口布置涨潮进流工况比较平顺，但落潮时段进流流态不顺，这对落潮流占优势的工程位置更为不利；而正交取水口若平面布置合理，涨落潮进流流态均可较为平顺。潮汐河口大型泵闸联动的取水口，其出水流态受双向进流流态影响，会有一定摆动，尤其是水闸引水的设计流量大，过闸后相当范围内流速比较大，同时出水渠可能出现回流情况，因此出水渠必须有足够长度调整出流流态。

5.2.2　侧向进水泵闸进口流态控制技术

5.2.2.1　泵闸进口地形条件分析

青草沙水库地处长江口南北港分流口，上游取水泵闸处于中央沙头部外侧的新桥通道内，滩面较低，水深较大，闸（站）址处流量丰沛、水质条件优越，但地形较为狭窄，该处青草沙新建北堤轴线离中央沙北堤轴线只有 600 m 左右。按《水闸设计规范》(SL 265)规定水闸上下游河道直线段长度不宜小于 5 倍水闸进口处水面宽度，以水闸外侧进水口宽约 100 m 计算，水闸引水渠及出水渠直线段长度应为 500 m 以上，则内外侧引出水渠直线总长度应超过 1 000 m；按《泵站设计规范》(GB/T 50265)规定，泵站引渠直线段长度不宜小于渠道水面宽度 8 倍，以泵站进水池进口宽度约 75 m 计算，泵站引水渠长度应为 600 m 以上，地形条件显然不能满足要求。

由于受地形条件的限制，使得泵闸前沿水池水流流态调整不够充分，经上游取水泵闸总体布置研究发现，泵、闸前存在一定范围的回流区，泵站前池进流流量分布不均，以及水闸存在引水能力下降等局部流态问题，因此，必须在现状地形条件下研究取水口流态控制，对平面方案布置进行合理优化，以弥补地形条件的不足。

5.2.2.2　侧向进水进口流态控制技术

针对水闸或者泵站引水时进水口水流不均、流向有少量偏移，以及泵闸导流隔墙墙端绕流等不利情况，进行了多方案多工况的物理模型试验比较研究。

选择对取水泵闸进流最为不利的几组工况对不同取水口体型方案进行试验研究，泵闸引水试验工况详见表 5-3，不同取水口局部体型调整措施对取水口流态控制起到不同的效果。

表 5-3　取水口体型修改试验泵闸引水试验工况

工况	潮流	长江水位(m)	长江近岸流速(m/s)	库水位(m)	运行方式	备注
XZY1	落潮	5.03	0.4	4.0	闸引	最高运行水位
TXZY2	涨潮	5.03	0.4	4.0	闸引	最高运行水位
TXZY3	落潮	2.12	1.5	1.0	闸引	平均潮位 近岸流速最大
TXZY4	涨潮	3.35	1.5	2.8	闸引	平均高潮位 近岸流速最大

工况	潮流	长江水位(m)	长江近岸流速(m/s)	库水位(m)	运行方式	备注
TXBY1	落潮	0.6	0.4	6.2	泵引	设计运行水位
TXBY2	涨潮	0.6	0.4	6.2	泵引	设计运行水位
TXBY3	落潮	1.93	1.5	6.0	泵引	平均潮位 近岸流速最大
TXBY4	涨潮	1.93	1.0	6.0	泵引	平均潮位

1) 导流墩整流方案研究

针对取水口的进流不均及泵闸间导流隔墙的绕流情况,首先研究的是采用导流墩整流措施,即在导流隔墙两侧加设导流墩,分割墙端绕流,强迫水流转向以消减泵闸导流隔墙两侧的回流。经过多方案组合试验比选,在导流隔墙两侧各布置两个分别长15 m、17.75 m的导流墩,导流墩之间、导流墩与泵闸导流隔墙的净距均为9 m。同时在泵站前池进口布置高0.75 m的底坎,水闸引流及泵站引流的整流效果见图5-11、图5-12,实测水闸的过流能力比较见表5-4。

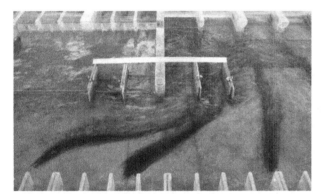 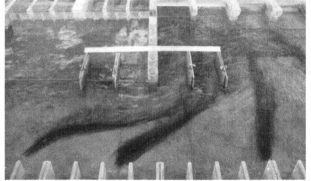

图5-11 导流墩整流方案闸前水流流态(工况 TXZY4)　　图5-12 导流墩整流方案泵站前池水流流态(工况 TXBY1)

表5-4 导流墩整流方案实测过闸流量

工况	潮流	长江水位(m)	库水位(m)	过闸流量(m³/s)	
				原方案	导流墩整流方案
TXZY1	落潮	5.03	4.0	975	1 010
TXZY2	涨潮	5.03	4.0	978	1 013
TXZY3	落潮	2.12	1.0	550	580
TXZY4	涨潮	3.35	2.8	617	656

采用整流墩的整流试验表明,在泵闸导流隔墙两侧设置导流墩的修改方案能有效消减前池回流,均化泵站前池流速分布,改善水泵进流条件;闸前近导流隔墙侧回流区被消除,入闸水流流态良好,水闸过流能力增强,说明增设导流墩整流措施整流效果良好。

2) 泵闸导流隔墙延长方案研究

针对泵闸导流隔墙墙端绕流产生的泵闸进水不良流态,拟定通过加长导流隔墙消减各运行工况下泵闸导流隔墙两侧的回流区。采用两种方案进行模型试验研究:方案一将导流隔墙延长16.5 m,

方案二将导流隔墙延长 33 m 直接与清污机桥桥墩相连接,方案一、方案二整流效果见图 5-13、图 5-14。

图 5-13　导流隔墙延长方案一闸前水流流态(工况 TXZY4)

图 5-14　导流隔墙延长方案二闸前水流流态(工况 TXZY1)

试验研究表明,延长方案一能在一定程度上减弱泵站前池和闸前回流区,改善泵站前池流态和入闸水流流态,但不能完全消除闸前和泵站前池的回流区。导流隔墙延长方案二墙端绕流现象基本被消除,原方案中近导流隔墙侧闸孔前回流区消除,闸前断面流速分布趋于均匀,泵闸进流条件较好,但由于拦污拦鱼栅过流孔数较原方案明显减少,因此过栅流速显著加大,过栅损失增加,如过栅流速最大的工况 TXZY2,平均过栅流速为 2.03 m/s,最大单孔平均流速为 2.48 m/s,流速超过《泵站设计规范》(GB/T 50265—97)条文说明中的过栅流速 1.25 m/s 较多,过栅落差达到 0.87 m,须加以调整。

3) 进水渠加深方案研究

结合以上取水泵闸导流墩整流及导流隔墙延长两方案研究结果,导流隔墙延长方案二的流态最好,故在此基础上,对过大的过栅流速进行调整。为加大过流断面,减小过栅流速,考虑在导流隔墙延长方案二基础上加深进水渠布置方案,即把原进水渠底高程从-2 m 调低到-3 m。进水渠加深方案整流效果见图 5-15。

(a)　　　　　　　　　　　　　　　　　　　(b)

图 5-15　进水渠加深方案闸前水流流态(工况 TXZY4)

研究发现,长江落、涨潮引水时,进水渠加深方案各工况取水泵闸进水口流态与导流隔墙修改方案二进水口流态相近,流态比较均匀,各工况过栅流速较导流隔墙修改方案二有明显减小,但部分工况过栅平均流速仍较大,如闸引工况 TXZY3,平均过栅流速达 1.52 m/s,单孔最大值为 1.77 m/s,过栅落差为 0.505 m;泵引工况 TXBY1,平均过栅流速 0.85 m/s,单孔最大值为 0.96 m/s,过栅落差为 0.15 m。试验证明流态基本能满足要求的前提下,泵引工况过栅流速及过栅水头损失满足规范要求,但闸引过栅流速及过栅水头损失仍需要得到改善。

4)翼墙修改方案研究

经过调整拦污拦鱼栅方案后,水闸引水过栅流速及过栅落差得到改善,为更加均化进水水流,拟定了两种调整取水口两侧翼墙方案进行研究。

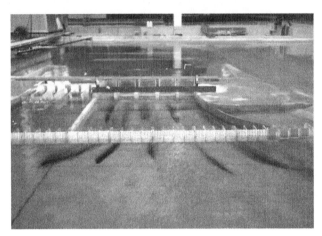

图 5-16 翼墙修改方案一闸前流态

(1)方案一。将翼墙前移,取消栅后岸坡,并将两侧翼墙圆弧半径和转角加以调整,与拦污拦鱼栅墩相接,原方案栅后两侧连接段的边坡改为直立翼墙,拦污拦鱼栅墩有少量南移,水闸侧拦污拦鱼栅由 28 孔调整为 19 孔,泵站侧由 24 孔调整为 13 孔。试验结果显示,过栅流速有所增加,过栅流速分布仍表现为靠近水闸翼墙侧较小,主流居中略偏向泵闸分界线侧,该工况实测过栅平均流速为 1.61 m/s,单孔最大过栅流速 1.92 m/s。由于过栅流速增加,过栅落差相应略有增加,试验实测过栅落差为 0.340 m。方案一布置及流态见图 5-16。

(2)方案二。为了增加进水口的拦污拦鱼栅孔数,将翼墙前移,保留部分栅后岸坡,拦污拦鱼栅孔数较翼墙修改方案一有所增加,闸前调整为 23 孔,泵站前调整为 16 孔。实测过栅流速较翼墙修改方案一略有减小,过栅流速分布仍表现为靠近水闸翼墙侧小,主流居中略偏向泵闸分界线侧,实测各孔平均过栅流速值为 1.36 m/s,最大过栅流速 1.84 m/s。由于位于岸坡上的拦污栅过流量较小,因此实测过栅落差为 0.335 m,较方案一略有降低。方案二布置及流态见图 5-17。

图 5-17 翼墙修改方案二闸前流态

翼墙修改方案二,进流流速相对均匀,流态稳定,其过栅流速及过栅落差基本能满足设计要求,因此,可作为水库取水泵闸的基础布置方案。

5)泵站前池体型修改方案研究

以上取水口体型修改试验中,泵站前池流态已得到较大改善,为进一步优化前池流态,在选定的进水口体型修改方案的基础上,对前池整流措施的体型和布置进行进一步的试验研究。

初步试验中选择导流墩、整流底坎两种整流措施进行观测,两者均有较好的整流作用,考虑到导流墩高出水面可能影响景观,而潜于水下则表层流态改善可能不足,因此选择底坎整流方案。试验中在流道进口前、流道进口前 10 m 和前池坡段前 10 m 处分别布置三个施测断面,以断面流速分布的均匀程度判断修改方案的优劣。经过对底坎的平面位置及不同坎高的多方案比较,得到前池流态相对较优的两种修改方案,方案一采用0.5 m等高底坎方案,方案二在泵站前池平段尾部布置一条不等高底坎,东侧(泵站翼墙侧)30 m坎高0.80 m,西侧(泵闸导流隔墙侧)坎高0.50 m。

前池典型断面流速分布图表明,在前池中布置不等高整流底坎后,前池流速分布在平面上和立面上均变得更为均匀,前池进水流态得到显著改善。

上述水库取水口体型修改试验研究表明,在泵闸导流隔墙两侧增设导流墩,能有效改善泵、闸的进水流态,但在流速分布的均匀性方面尚不理想;延长泵闸导流隔墙对调整流态具有一定的作用,但导流隔墙必须具有充分的长度,泵闸导流隔墙延伸至清污机桥桥墩的方案,能有效地调整泵闸的进水流态;水闸侧过栅流速及栅前、栅后水面落差明显偏大,必须辅助以加大进水渠深度、加大栅条间距等措施,以降低过栅流速、减小过栅落差。因此,取水口体型修改建议采用泵闸导流隔墙延伸至拦污拦鱼栅桥墩、进水渠底(包括清污机桥桥墩底板)由 -2.0 m挖深 -3.0 m,同时翼墙采用翼墙修改方案二,泵站进水前池中布置不等高整流底坎。

根据以上研究成果作为建议方案进行物理模型试验验证,成果表明:采用以上流态控制措施后,各工况入闸入站水流条件良好,引水过流能力满足要求。

5.2.3　泵闸出口消能防冲技术

5.2.3.1　消能防冲布置及计算分析

根据水库调度需要,上游水闸功能是以引水为主、紧急情况下应急排水为辅,因此,内、外侧均设置消能防冲设施,结合本地区类似工程经验,采用下挖式消力池进行底流消能,初拟取水泵闸平剖面布置方案(图5-18),采用经验公式计算上游水闸消能防冲,成果见表5-5。

由计算结果可见,上游取水闸初拟消力池布置满足消能要求;水库侧海漫长度只需50 m,初拟设计值100 m,主要是考虑出闸水流的扩散整理,使进入库内水流流态平稳,减少冲刷。

海漫护底末端表层土为①$_{1-3B}$层砂质粉土夹黏性土,冲刷坑边坡稳定边坡约为1:4,此时抛石护底末端冲刷坑最深处离护底末端约30.28 m,初拟防冲槽单宽抛石量为38.25 m³。

表5-5　上游水闸正向引水工况消能计算成果

项目	单位	计算值						水库侧采用值
		组合1			组合2			
		长江侧	5.03	5.03	5.03	4.91	4.91	4.91	
水位(m)			水库侧	2.0	2.65	4.0	-1.50	0.8	1.6	
过闸单宽流量	m³/s	10.67		13	13	3	7	9.45	
消力池长度	m	21.04		19.33	16.46	16.89	21.26	21.20	23
消力池深度	m	0.77		0.43	/	1.17	1.18	0.92	1.5
消力池底板厚度	m	0.87		0.90	0.73	0.53	0.75	0.83	1.00
海漫长度	m	45.46				49.10			100
冲刷深度	m	第一道防冲槽		9.68			7.93		
		第二道防冲槽		7.57			6.40		

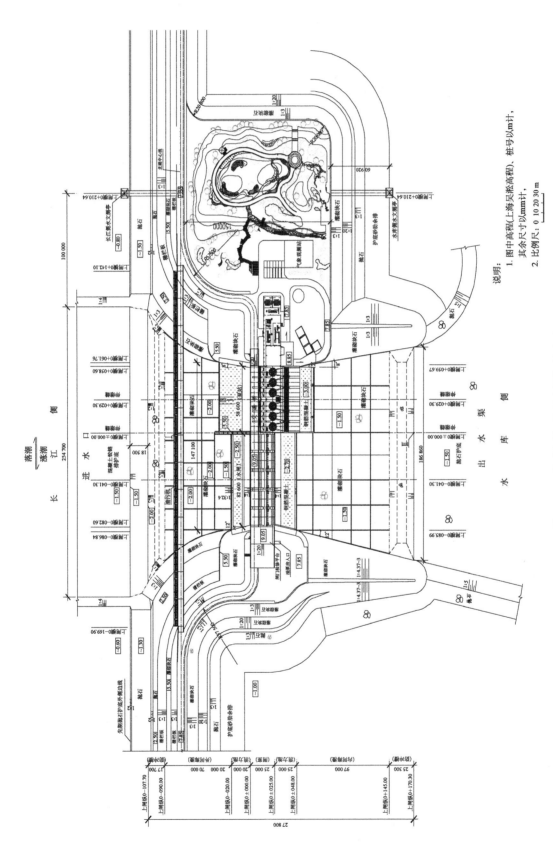

图 5-18 取水泵闸平面布置初拟方案

5.2.3.2 定床物理模型试验研究

1) 总体消能布置方案研究

为了研究上游取水闸的消能布置合理性,选择落潮引水两种工况不利组合对两种消能总体布置方案进行定床物模试验验证,水位组合见表5-6。

表5-6 闸下消能防冲主要试验工况(落潮)

工况	特征	长江水位(m)	库水位(m)	闸门状况	过闸流量(m³/s)
一	消能工况	4.91	2.0	闸门局部开启	910
二	始放工况	4.91	1.5	闸门局部开启	420

两方案消力池及平面布置相同,仅有海漫及出水渠局部高程不同,以比较两者不同的总体消能防冲效果。

方案一:海漫及出水渠底高程均为-1.5 m;

方案二:海漫段底高程为-2.0~-3.5 m,出水渠弯道段底高程降至-3.5 m(两侧导流堤作相应的调整),后接反坡升高至-1.5 m,与第二防冲槽相接,出水渠平直段与方案一相同。

试验中观测到:总体消能布置方案一在消能及初始工况下,消力池均能形成稳定水跃,跃首发生在闸室末端,跃尾接近消力池尾坎。受闸墩影响,消力池中均存在较强的回流区,水流局部集中,出池流速分布不均。经海漫段调整,流速分布逐步趋于均匀;同时,海漫段两侧分别存在较强回流区。

方案一在消能工况下,海漫末局部流速较大,最大垂线平均流速达2.88 m/s。方案一在初始工况下,池后水面跌落明显,实测跌落区最大长度为60 m左右,在池后形成一高流速区。海漫段水面波动明显,对消能防冲不利。出水渠流态与消能工况一相近,弯道西侧回流区略小,出水渠直段北侧回流区明显减小,海漫末局部最大垂线平均流速为2.30 m/s。

总体消能布置方案二流态与方案一相似,在消能工况下海漫段、出水渠弯道段流速有所降低;弯道末端反坡有利于水流扩散,出水渠直段主流区略有扩宽,流速稍有降低。方案二初始工况由于尾坎后水深逐步加大,池后水面跌落区长度减小明显,跌落区最大长度为12 m左右。海漫段及出水渠流态与方案一相近,海漫末及弯道段流速有所降低。

试验表明,初拟消能防冲总体布置合理,基本满足设计要求。消力池内能形成稳定水跃,但从下游水流衔接调整流速分布等方面综合考虑,容量略显不足。始放工况池后水面跌落较为明显,受池内回流影响,出池水流局部集中。出水渠能引导水流基本平顺入库,但两侧存在回流区,平直段主流偏于南侧,局部流速较大,对防冲不利。两种布置方案流态相近,方案二弯道段流速稍低,有利于弯道的防护,弯道末端反坡有利于水流调整。因此,出水渠采用方案二布置方案,消能防冲的其他修改措施在该方案基础上进行研究。

2) 消力池局部布置研究

根据平原地区经验一般采用下挖式底流消能方式,结合经验公式计算结果初拟内侧消力池长23 m,深1.50 m,底板高程-3.00 m,引堤侧侧墙扩散角为12°,消力池净宽从81.1 m扩至86.0 m。内侧消力池斜坡段坡比均为1∶4,内侧长为6.0 m,外侧长为4 m。

上述总体消能布置方案研究中,发现初始工况池后水面跌落较为明显,受池内回流影响,出池水流局部集中,须对消力池作局部修改。因此,需要继续对挖深式消力池的局部布置进行研究,即采用综合式消力池,采用增加池深、池长,加设消力墩、消力坎以及差动尾坎和增设池末反坡等辅助消能工措施,进行研究比较,以选择较优修改方案,保证闸下水跃完整地发生在消力池内。

经多组次试验观测比较,选取两种较优方案进行详细比较研究:

方案一:即在消力池尾部增设 1:5 的反坡,每孔加设高 1.5 m 的连续消力坎,池深增加至 2.0 m (池底高程—3.5 m),总池长增加至 35.5 m(尾部与水闸下游翼墙齐平)的修改方案。消力池修改方案布置见图 5-19。

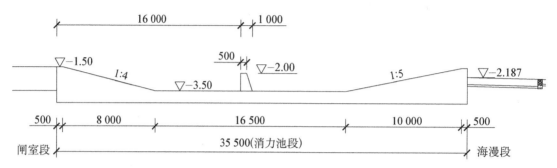

图 5-19 消力池局部调整布置方案一

方案二:沿用原初拟消力池布置方案,消力池长 23 m,深 1.50 m,底板高程—3.00 m,同时增设辅助消能工的措施,即每孔中间增设高 1.5 m 的消力墩,消力池尾坎改为差动式结构,见图 5-20。

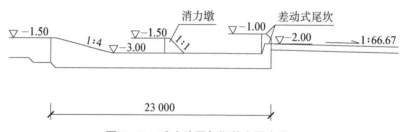

图 5-20 消力池局部调整布置方案二

经初步试验观测,方案一消能工况消力池能形成稳定水跃,跃首发生在闸室末端,跃尾在辅助消力坎处。由于消力坎的整流作用,消力池中虽仍存在回流区,但是强度较小。跃后水流越坎后在池中得到较好调整,再经反坡作用后,出池流速分布较为均匀。海漫段流速分布较为均匀,与原方案相比,出水渠东西两侧回流区范围稍有减小,回流流速较低;初始工况消力池回流较原方案小,出水池水流较为均匀,但仍存在一定的水面跌落,跌落区长度较原方案显著缩短,最大长度为6 m左右。

方案二尾坎改为差动式,一定程度上可缩短坎后水面跌落区长度,但对池内流态影响不大。由于受池中回流影响,出池水流局部集中现象无明显改善;在池中设消力墩对减少池中回流、消减出池水流集中有一定的作用,其作用随墩高增加和墩的间距减小而增强,但墩高过大和间距过小,池中水面明显壅高,有可能影响水闸过流能力。经试验比较,选择尾坎齿顶高程为—1.0 m,齿间高程为—2.0 m,齿宽为1.0 m,齿间距为1.0 m;池内消力墩高1.5 m,宽2.0 m。每闸孔后布置2个,墩间距1.0 m(按闸孔中心线对称布置)。

方案二消能工况消力池内能形成稳定水跃,闸孔两侧跃首位于闸室末端,闸孔中部位于斜坡上,跃尾最远位于消力墩前。受消力墩作用,池内回流区得到一定的压缩,较原方案小,跃后集中的主流向两侧扩散,宽度较原方案加大,经尾坎作用后,原方案中出池水流集中现象基本消除,出池水流水面跌落不明显,东侧回流区较原方案有所减少,较消力池局部布置方案一稍大,回流流速较低;始放工况跃首位于斜坡中部,经消力墩作用,池内回流区较原方案有所减少,墩后主流扩散较原方案增加。经尾坎作用后出池水流较原方案有所均化。池后水面跌落区长度在 10 m 左右,小于原方案,大于方案一。

研究表明,消力池局部布置方案一、方案二均能满足水闸取水消能要求,按消能最优原则采用方案一稍有优势,但方案一库内消力池长度增加了 12 m,水闸侧翼墙及平台也需要作相应调整,投资增加明显,综合考虑后消力池采用局部布置方案二。

3) 出水渠整流措施研究

取水闸消力池之后紧连水库侧海漫,由于水库侧海漫末端南侧约 350 m 即为中央沙北堤堤脚,出水渠出流与海漫水流成 92°转向,水流流态较为复杂,且易对中央沙北堤堤脚产生冲刷,故对出水渠出流应进行深入研究,采取有效措施,保证中央沙北堤的稳定安全。

初拟布置方案为出水渠转弯段(高程为 −3.5 m)设抛石下压软体排保护,延伸至第二道防冲槽末端,并在超出第二道防冲槽 280 m 范围内的出水渠靠中央沙北堤堤脚设四道抛石丁坝,丁坝间距 70 m。通过消能整体试验表明,该布置方案出水渠两侧存在回流区,平直段主流偏于南侧,局部流速较大,对防冲不利。

结合以往工程经验,出水渠较为可行的整流措施有导流隔墙(墙顶高于平均库水位)、近岸丁坝群(堰顶高于平均库水位)、潜坝三种,对这三种布置方案进行初步的流态观测表明,导流隔墙整流效果较好,对库水位的变化适应性强,各库水位下出水渠直段均能获得较为均匀的流速分布,但其水中施工有一定难度;单独丁坝群的布置比较复杂,部分丁坝须布置在出水渠直段,出水渠直段水流主流虽能居中但分布不够均匀,局部流速较大。丁坝头部绕流可能引起较大的局部冲刷,整流效果较差,但其水下施工较导流隔墙容易;潜坝的整流作用在中低水位时较为显著,而在水位较高时则整流作用减弱,其整流效果较导流隔墙差,与丁坝群整流效果相近,但其水中施工较为容易,从兼顾水流条件和施工方便考虑,选择潜坝整流工程措施。

5.2.3.3 动床物理模型试验研究

青草沙上游取水泵闸定床水工模型试验成果表明,水闸引水部分工况出水渠流速较大,部分工况存在着明显偏流,出水渠河床抗冲流速较低,发生局部冲刷的可能性较大,为验证出水渠防冲布置的合理性,预测水闸运行出水渠可能发生的冲刷形态,在定床试验的基础上,进行局部动床试验。

1) 出水渠流态与冲淤分析

泵站运行时,库水位较高,流量较小,库区流速低缓,因此泵站运行对出水渠冲淤影响较小,不起控制作用。

水闸运行,库区水位高于 3.0 m 时,水流普遍上滩,西侧滩地上,近弯道处形成一较大的回流区(与出水渠弯道中回流连成一体)。实测滩地最大回流流速在 0.45 m/s 左右,不致引起滩地明显冲刷,但有可能在回流区内产生一定的淤积,回流区以西为大面积滞水区,流速趋于 0。在东侧滩地上,近泵闸枢纽处存在一较大的回流区,实测最大回流流速在 0.4 m/s 左右。回流区以东,滩地逐步形成顺出水渠方向的流速,实测最大流速在 0.45 m/s 左右。因此东侧滩地也不致发生明显冲刷,但在近泵闸枢纽的回流区内,可能产生一定的淤积。

在泵闸枢纽东南侧中央沙北堤附近狭窄的滩地上,由于布置了五道丁坝,滩地水流通道被阻断,原来存在的较大的滩面流速基本被消除,仅表现为丁坝间的弱回流,最大流速在 0.3 m/s 以下,对中央沙北堤有良好的保护作用,同样,丁坝间可能产生少量淤积。

当库水位 3.0 m 以下,水闸引水时,水流基本位于出水渠内。

出水渠弯道段水流紊乱,流态复杂。但弯道段渠底高程较低(−3.0 m),各工况均有较大的水深,流速相对较低,且出水渠弯道段全部采用1.0 m厚的抛石防护,因此正常运行工况下弯道段不致发生冲刷破坏。

出水渠直段采用抛石局部保护,保护范围为两侧边坡和近坡脚的部分渠底。出水渠直段底高程升高至−1.5 m,水深较弯道段减小,部分工况有偏流现象,局部流速明显大于河床的抗冲流速,渠底可能发生不同程度的冲刷。因此,出水渠直段是闸下局部动床试验重点研究的区域,试验观测各试验工况下的出水渠冲刷形态。

2) 局部动床试验主要工况

局部动床主要试验工况见表5−7。

表5−7　局部动床主要试验工况

工况	长江水位(m)	库水位(m)	引水流量(m³/s)	闸门状况	备注
一	4.91	1.0	548	局开	控制引水
二	5.03	2.0	766.5	局开	控制引水
三	5.03	3.0	910	局开	控制引水
四	3.35	2.0	1 175	全开	超量引水

3) 局部动床的平面范围

根据定床试验成果,各工况出水渠直段的最大流速基本上位于出水渠首端300 m的范围内,300 m以后流速逐步均匀,冲刷能力降低。因此,沿出水渠长度方向模拟500 m左右。出水渠两侧边坡及局部近坡脚渠底均为1 m厚的抛石护坡,出水渠边坡不致发生破坏,因此边坡按定床处理,动床模拟宽度为出水渠底宽255 m。

对于两侧护底(北侧宽10 m,南侧宽30 m),虽本身不致冲刷破坏,但在无保护渠底发生明显冲深时,护底边缘的抛石可能发生滚移,因此,抛石护底部位河床仍按动床处理。出水渠两侧护坡末端20 m区域按动床处理,以模拟末端抛石滚落的影响。

局部动床模型平面布置见图5−21。

图5−21　局部动床模型

4）试验结果

（1）控制引水各试验工况出水渠均发生一定程度的冲刷，渠底普遍冲深最大在 2 m 左右，局部最大冲深 4 m（冲坑最低高程—5.48 m）。防冲槽和两侧护底有部分抛石滚落，但未形成显著破坏，出水渠防护效果良好。

（2）超量引水工况出水渠冲刷明显加强，普遍冲深在 3 m 左右，防冲槽后最大冲深 6 m 左右（冲坑最低高程为—7.5 m），防冲槽和两侧护底有显著变形，防冲槽抛石滚落影响长度为 6 m 左右，右侧护底受影响宽度为 5 m 左右，但未对滩地和中央沙北堤及滩地产生显著影响。

（3）防冲槽和抛石护底边缘的块石因水流冲刷而滚移是一个长期存在的过程，因此建议在运行中加强观测，必要时补充抛石。

（4）超量引水工况下出水渠冲刷显著，防冲槽和两侧护底有显著的冲刷变形，应尽量避免。在超量引水时应加强观测，必要时补充抛石。

（5）超量引水时，水闸海漫末端流速较大，应加强海漫后弯道抛石防护的观测。

5.2.4　闸井式输水口形式与流态控制技术

5.2.4.1　进水口布置要求分析

输水闸井作为输水系统的首部，进水口应满足以下要求：

（1）必须合理安排进水口的位置和高程，在任何工作水位下，进水口都能引进必需的流量。

（2）进水口要求水流平顺并有足够的断面尺寸，按最大流量 Q_{max} 设计，并满足输水管盾构出洞要求。

（3）不允许有大的污物进入输水管线，因此进水口要设置拦污、清污等设备。进水口须设置检修闸门，以便在输水系统发生事故时紧急关闭，截断水流，避免事故扩大，也为输水系统的检修创造条件。

（4）进水口布置要合理，进口轮廓平顺，流速较小，尽可能减小水头损失。

（5）进水口要有足够的强度、刚度和稳定性，结构简单，施工方便，造型美观，便于运行、维护和检修。

输水干线采用重力流有压隧洞输水方式，为了与水库平顺衔接，根据进水口地形特点及输水管道的布置，采用明渠引水、有压进水的进水口布置方式。有压进水口的流态主要与进水口的布置、高程和轮廓尺寸等有关。

5.2.4.2　进水口淹没深度分析

岛域输水干线采用两根内径为 $\phi 5\,500$ 的输水管，为了使进入输水管的水流不产生漩涡和吸气性漏斗，确保水流从水库平顺进入输水管，输水管必须具有一定的淹没深度。

输水管最小淹没深度计算按《水利水电工程进水口设计规范》（SL 285）附录 B 有关公式进行。计算方法如下：

（1）从防止产生贯通式漏斗漩涡考虑，最小淹没深度 S：

$$S = CVd^{1/2}$$

式中　S——最小淹没深度（m）；

　　　d——输水管直径（m）；

　　　V——输水管平均流速（m/s）；

C——系数,对称水流取 0.55,边界复杂和侧向水流取 0.73。

经计算,从防止产生贯通式漏斗漩涡考虑,最小淹没深度计算值为 3.3 m。

(2) 为保证进水口内为压力流,最小淹没深度 S:

$$S = K\left(\sum \Delta h_i + \frac{V^2}{2g}\right)$$

式中　K——安全系数,应不小于 1.5;

　　　S——最小淹没深度,应不小于 1.5～2.0 m;

$\sum \Delta h_i$——输水管前总水头损失(m);

　　　V——输水管内水流平均流速(m/s)。

经计算,为保证输水管进水口内为压力流,最小淹没深度计算值为 0.92 m(小于 2 m,按 2.0 m 取值)。

综合考虑上述两种情况,最小淹没深度取较大值为 3.3 m。

按照水库起点输水管中心标高 −9.0 m,内径 5.5 m 计算,管顶标高为 −6.25 m,则在咸潮期最低运行水位 −1.5 m 工况下,考虑输水管前各项水头损失后,管顶以上淹没深度达 4.25 m,满足最小淹没深度的要求。

5.2.4.3　进水口形式研究

根据以上进水口布置和流态控制的基本原则,考虑水库水位变幅(最高设计水位为 7.0 m,死水位为 −1.5 m)的特点,研究了四种形式的进水口结构方案。

1) 方案一:输水涵闸＋进水井结构形式

该方案进水口主要结构包括引水渠、拦污栅、进水池、输水涵闸和进水井。输水涵闸主要用于输水管线检修时,截断水流,保证输水管线无水检修。涵闸由四孔组成,单孔宽 6.2 m,净高 5.5 m,底板面高程为 −4.0 m,垂直水流方向总宽为 30.8 m,顺水流方向总长为 16.0 m。进水井的主要功能是作为岛域输水管线的进水池,又是输水管道盾构机的接收井,满足盾构机分解出洞要求,同时输水管线检修时,检修人员和检修机具可从进水井进入。进水井设为两仓,单仓净宽 13.0 m,顺水流方向长 14.6 m,垂直水流方向总宽 33.0 m,顺水流方向井总长 19.6 m。每两孔涵闸与 1 仓进水井结合一根输水管线形成一条独立的输水流道。方案一的平面及剖面结构形式见图 5-22。

2) 方案二:输水涵闸＋进水井＋渐变段结构形式

为了保证水流更顺畅地进入输水管线,在方案一的基础上,在输水管前沿增设一渐变段,从而改善进水井到输水管的水流条件,减少水头损失。根据一般经验渐变段长度为管径的 1.5～2.0 倍,结合盾构机出洞尺寸要求,本方案渐变段长度设为 13.0 m。方案二的平面及剖面结构形式见图 5-23。

3) 方案三:方形深式进水口结构形式

按照一般的电站进水口形式,对上述方案结构进行改进,以进一步改善水流条件。进水口结构包括进口段、闸门段和渐变段,进水口前沿设进水池、拦污栅桥和引水渠。渐变段长 10.0 m,内径由闸门端的方形(宽 8.5 m×高 5.5 m)渐变为圆形(直径为 5.5 m)。闸门段长 10.65 m,内设导流墩墙,布设四孔闸门。进口段长 3.8 m,进口前沿采用圆弧与上部横墙相连接。本工程的水库为平原水库,输水管线埋于地表以下约 12.5 m,为保证较优的水流条件、减少水头损失,满足设备的布置需要和输水管线的顺畅衔接,进水口所有结构均须通过深开挖深基坑围护施工,进水口与进水池挡土高度都非常高,特别是进水

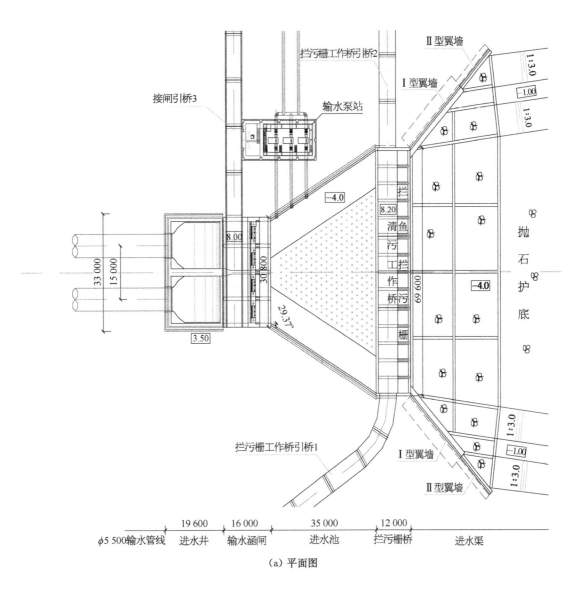

（a）平面图

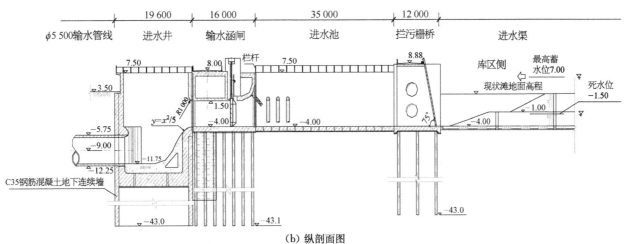

（b）纵剖面图

图 5‑22　方案一结构布置图

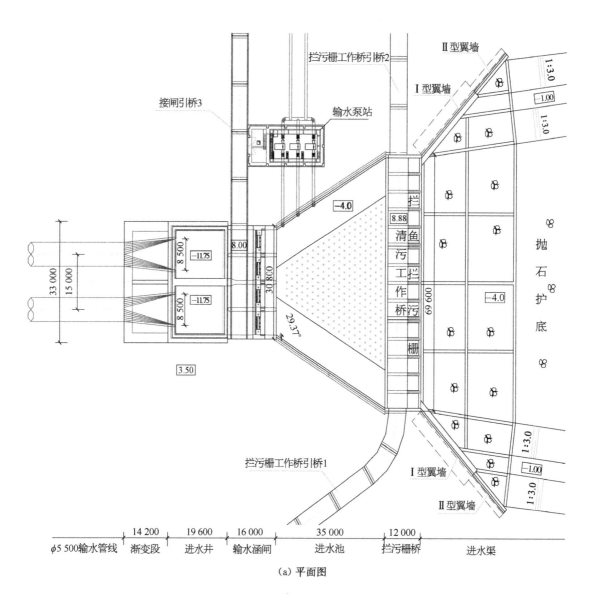

（a）平面图

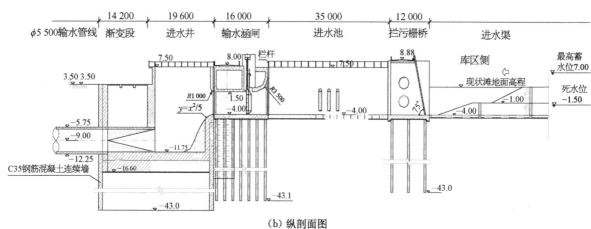

（b）纵剖面图

图 5-23　方案二结构布置图

池两侧的挡墙悬臂最大高度达 17.70 m,挡土最大高度达 13.70 m,不但挡墙本身结构复杂,而且施工基坑围护难以实施。方案三的平面及剖面结构形式见图 5-24。

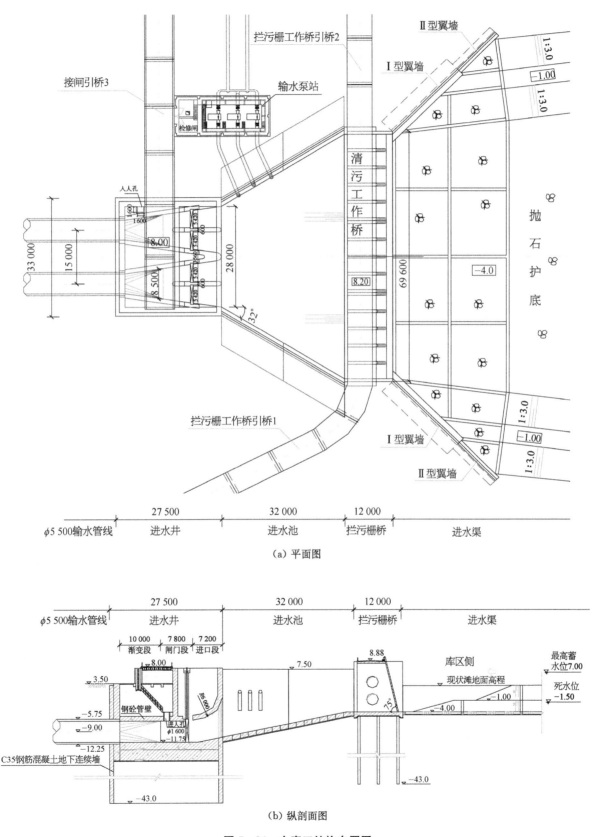

（a）平面图

（b）纵剖面图

图 5-24 方案三结构布置图

4) 方案四：圆形深式进水口结构形式

充分利用圆形基坑地连墙自身形成圆环、刚度受力较为合理、无须设置基坑开挖时的围檩支撑的特点，较好地解决了方案三存在的挡土高、基坑围护施工难度高等困难，并将渐变段、闸门段、进口段和进水池均布置于圆形地连墙结合桁架支柱围护结构内。围护结构外部地连墙的内半径为 30 m，地连墙厚 1.0 m。围护结构的内部为柱梁结构，各层横梁之间采用钢筋混凝土斜撑杆连接，从而形成内部的梁柱框架结构。外部的地连墙与内部框架之间通过水平桁架和斜桁架相连接，构成了基本上以地连墙抗拉和柱梁桁架受压的围护结构系统。围护结构内部布设进水口，进水口结构基本上与方案三相近。内外围护结构顶部布置环形交通道，以满足进水口巡视与闸门、拦污栅的检修维护要求。方案四的平面及剖面结构形式见图 5-25。

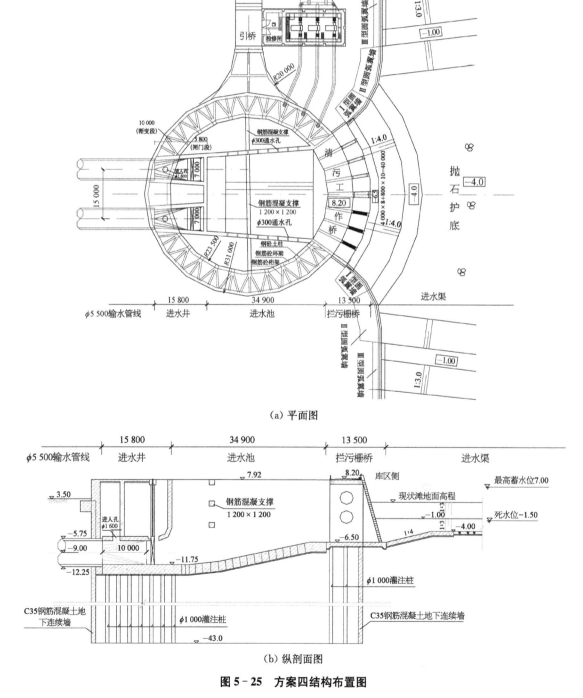

(a) 平面图

(b) 纵剖面图

图 5-25　方案四结构布置图

四种进水口方案比较见表 5-8。

表 5-8 进水口结构形式方案比较

方案	水流条件	结构合理性	水锥防护	占地面积	可比工程费用(万元)
方案一	能够满足流量和输水管线的淹没深度要求,进水井与输水管线连接部位可能存在水流不顺问题(经通过模型试验验证)	整个进水口由拦污栅桥、进水池、输水涵闸、进水井组成,结构紧凑,受力条件好。施工比较方便	敞开式进水井,防水锥效果好	较小	7 822.35
方案二	能够满足流量和输水管线的淹没深度要求,进水井与输水管线连接部位水流较平顺	较方案一增加了渐变段,增加工作井长度,基坑面积加大,基坑围护难度加大	敞开式进水井,防水锥效果好	稍大	8 593.89
方案三	能够满足流量和输水管线的淹没深度要求,从引水渠到输水管线水流比较平顺	省去输水涵闸,事故检修闸门结合进水口布置,工作井长度较方案一长,基坑围护难度加大,特别是进水池位置,最大基坑深度达 19.1 m,为满足过水流量要求,进水池须做成喇叭形,其最大宽度达 68.0 m,给进水池的基坑支护和施工带来很大难度,且因挡土高度达 13.7 m,挡墙结构复杂,施工存在很大难度	检修闸门位于进水流道内,开关闸门易产生水锥	稍大	9 101.13
方案四	能够满足流量和输水管线的淹没深度要求,从引水渠到输水管线水流比较平顺	圆形基坑由于地连墙自身可形成圆环刚度,受力较为合理,无须设置基坑开挖时的围檩支撑,但其空间利用率较低,占地面积大,土方开挖量大,造价较高	检修闸门位于进水流道内,开关闸门易产生水锥	最大	9 778.47

根据表 5-8,四种方案均满足过流流量要求和输水管线的淹没深度要求,从输水功能上都是可行的。方案二较方案一增加渐变段,工程费用和施工难度较大。方案三水流较方案一、二平顺,但结构复杂,特别是进水池挡土高度大,基坑支护施工困难,且工程费用较方案一多出 1 278.8 万元。方案四水流条件与方案三相近,但围护结构也非常复杂,结构受力不明确,实施较困难,施工工期长。

综合考虑上述各方面因素,由于方案一具有施工经验成熟,工程费用较省,故设计推荐方案一。

5.2.4.4 输水闸井进水流态控制技术研究

为了验证和优化进水口体型,满足进水口各工况输水量要求以及进水井中不发生吸气型贯穿性漏斗,确保输水管线的正常运行,委托河海大学进行了整体水工物理模型试验。进水口输水规模见表 5-9。

表 5-9 进水口输水规模

计算工况	水库水位(m)	正常运行工况		事故检修工况	
		设计过闸流量(m³/s)	校核过闸流量(m³/s)	设计过闸流量(m³/s)	校核过闸流量(m³/s)
咸潮期	−1.50~7.00	72.91	86.90	51.03	60.83
非咸潮期	2.00~4.00	87.70	105.20	61.39	73.64

注: 事故检修工况:进水井一孔过流、一孔检修,涵闸两孔过水;
　　正常运行工况:进水井两孔过流,涵闸四孔过水。

图 5-26 试验模型全景图

模型按重力相似准则设计,兼顾阻力相似。根据试验要求,采用模型比尺 $\lambda_l = 35$。模型模拟包括整流段和尾水池,模型总长度约 26.0 m(相对于原型约 900.0 m),总宽度 6.0 m(原型 210.0 m)。模型全景见图 5-26。

1)水流流态与水头损失

(1)进水池无导流隔墩。双管输水时(流态观测采用 3 倍设计流量),上游引水渠来流平顺,进水井内有局部水面微凹现象。

单管输水时,上游引水渠来流平顺,水流经过拦污栅后,进水池内水流侧向收缩较大,进水井内水面波动明显,有局部水面微凹现象,输水管前两侧有间歇性吸气漩涡发生,吸入的气泡均被水流带走,输水管顶无气泡聚集。

单根输水管线检修运行时,相应输水管前的总水头损失大于 0.3 m,不能满足设计要求,须对结构布置进行局部优化,以提高输水效率;其余工况下输水管前的总水头损失均小于 0.3 m。

(2)进水池内增设导流隔墩。为改善进水池内水流流态,减少输水管前的总水头损失,在涵闸前的进水池内设置导流隔墩。

设置导流隔墩以后,各工况下上游引水渠来流平顺,过拦污栅水流平稳;正常运行情况下输水管前进水井内未发现吸气漩涡的不良流态,但单管检修工况下,进水井内均有间歇性吸气漩涡发生。输水管内水流在 5 倍管径后水流趋于平顺,无气泡积聚等不良水力现象。

为确定合理的导流隔墩长度,分别采取了不同长度(7.00 m、10.5 m、14.00 m、17.5 m、21.00 m)进行模型试验,与无导流隔墩方案进行比较,单管检修流量 60.83 m³/s、库水位为 -1.50 m 时输水管前水头损失见表 5-10。

表 5-10 不同长度导流隔墩总水头损失

试验方案	1	2	3	4	5	6
导流隔墩长度(m)	0.00	7.00	10.5	14.00	17.50	21.00
总水头损失(mm)	32.12	30.07	28.05	26.23	26.89	27.10

由表 5-10 可知,中墩长 14 m 时,水头损失最小。未设隔墩时,进水池内水流侧向收缩严重,因墩前绕流作用,输水涵闸有效过水断面减小,从而使水头损失增大;在涵闸前进水池增设隔墩后,使墩前绕流提前,改善了输水涵闸内水流流态,减小了水头损失,但当隔墩过长时,进水池内水流流线转折过大,反而使水头损失增大,因此试验成果表明设 14.00 m 长的隔墩最为适宜,能有效减少水头损失,提高输水效率。进水池内设置 14 m 长隔墩后,进水池段、涵闸段、进水井段水头损失最大值均发生在咸潮期单管检修工况(相应库水位 -1.50 m,流量 60.83 m³/s),最大总水头损失为 25.18 mm,满足设计要求。

2)消涡措施研究

由模型试验可知,在进水池内设导流隔墩以后,单管检修工况下,进水井内有间歇性吸气漩涡发生,须专门进行消涡措施研究。

间歇性吸气漩涡是指在某些水位和流量下,水面形成了一种时而吸气、时而不吸气的漩涡运动现象。试验中尝试了多种消涡措施(漂浮式消涡栅、漂浮式消涡网、固定式消涡板、八字消涡板、固定式消涡梁等),试验结果表明设置消涡梁的效果最好,而且又利于进水井结构安全。

对进水井中增设的消涡梁的根数、间距、截面面积、布置形式等都分别做了试验研究,并根据消涡效果确定合适的消涡梁布置形式,据此确定固定式消涡梁共设 5 根,上下交错布置,上下两层梁间距为 0.50 m,消涡梁截面积均为 1.00 m×1.00 m。设置消涡梁后进水井内流态见图 5-27。

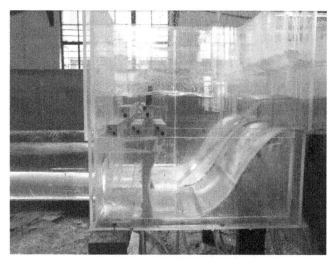

图 5-27　设置消涡梁后进水井内流态

3) 优化措施

水工模型试验成果表明:输水干线进水口工程总体布置适宜;但输水涵闸前进水池不设导流隔墩时,水库在最低水位−1.50 m 单管检修工况,输水管进口前两侧有间歇性吸气漩涡发生;双管运行工况,输水管进口前有局部水面微凹现象。

经水工模型实验验证,采取的优化措施如下:

(1) 在输水涵闸进水池前增设 14.00 m 长中墩,有效减少输水管前总水头损失,并改善进水流态;

(2) 在进水井中设置 5 根固定式消涡梁,消除间歇性吸气漩涡。

5.3　复杂工况条件下结构计算分析及变形协调控制技术

5.3.1　复杂工况条件下结构内力及变形仿真计算分析

5.3.1.1　输水闸井布置

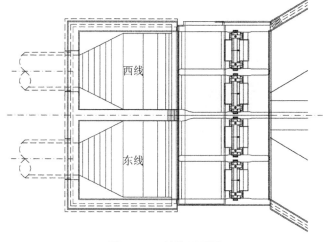

图 5-28　结构平面图

进水井是岛域输水管线的头部,输水涵闸是进水井及输水干线的检修涵闸,供进水井及输水管线检修使用。根据输水管线流道的布置,进水井设两仓,每仓对应一个流道,单仓净尺寸为 13.0 m×14.6 m,进水井总尺寸为 33.0 m×19.6 m。涵闸共分 4 孔,单孔净宽均为 6.2 m,孔口尺寸 6.2 m×5.5 m,每条流道设 2 孔涵闸闸门控制,涵闸顺水流方向长 16.0 m,总宽 30.8 m。输水闸井结构平面见图 5-28。

进水井采用地连墙围护钢管支撑的基坑

开挖方式施工,1.0 m高程以下为地连墙在基坑开挖阶段作为围护结构,运行期作为主体结构的一部分与内衬墙形成叠合墙结构。内衬墙在与岛域输水干线相接位置预留两个 $\phi7\,000$ 的圆洞与输水管线顺接,其圆心高程即为输水管线的中心高程-9.0 m。在与输水涵闸相连的一侧,进水井-5.2 m高程以上不设内衬,在上部至7.5 m高程的现浇混凝土强度达到设计设计强度后,将1.0~-5.2 m高程范围的地连墙割除,保证进水井与涵闸顺接。

输水涵闸采用重力式三轴搅拌桩围护,在进水井井壁混凝土结构全部达到设计强度后再进行施工,涵闸全部采用现浇钢筋混凝土结构。

进水井采用46根 $\phi1\,000$ 钻孔灌注桩基础,涵闸采用104根 $\phi600$PHC管桩基础,为提高涵闸闸底地基土的强度,增强涵闸侧进水井的被动土压力,保证进水井的稳定,涵闸底邻进水井采用格栅型旋喷桩加固。

5.3.1.2 结构内力及变形仿真计算分析

进水井井壁厚度从下至上由厚变薄,输水管线侧及涵闸侧均开较大洞,进水井与涵闸底板埋深差别大,整体结构复杂;而且水库水位变动较大(-1.5~7.0 m),工程施工、运行及检修期的荷载差别明显不同,各部位受力差别较大,采用常规的计算方法难以准确计算不同时期不同部位的内力,为了保证结构安全可靠、设计经济合理,采用大型有限元软件,对输水闸井的内力与变形进行仿真计算分析。

1) 计算方法与计算模型

(1) 计算方法。计算采用荷载结构法,即将进水井结构、涵闸结构及进水井地下连续墙围成的土体作为研究对象,结构外围及底板下的土体简化为土弹簧来考虑,用布置于模型各节点上的弹簧单元来模拟土与结构的相互作用,弹簧单元只承受压力不承受拉力,受拉时自动脱落。进水井(涵闸)底板以上的土压力按三角形或梯形分布,底板以下按矩形分布。

(2) 计算模型。根据闸井的实际尺寸,结构计算模型南北方向长度为33.1 m,东西方向长度为30.5 m,深度方向为80.2 m。模型共划分为144 777个单元,744 743个节点。根据各部位三个方向的结构尺寸相对关系采用不同类型的单元模拟。计算模型及网格见图5-29~图5-31。

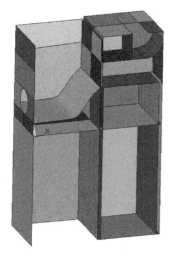
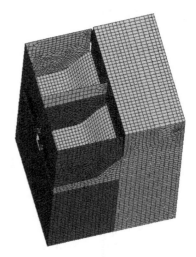

图5-29 模型几何图(一半)　　　　　　图5-30 计算网格图(含土体)

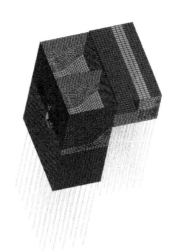

图5-31 计算网格图(不含土体)

2) 工况分析

根据输水闸井施工及供水进度要求,输水管线一个流道先行施工完成通水,再施工另一个流道,最后两个流道共同运行。根据流道检修要求,一个流道检修时,另一个流道正常运行,另外水库运行水位变化大,因此不同时期,进水井及涵闸所受荷载差别大,内力及变形亦随外荷载变化,为了确定结构各部位的配筋量,保证结构的安全,计算须反映出结构各个时期的内力及变形。根据工程施工、运行及库水位情况,研究分析了5类大工况,13类小工况,各工况条件、荷载及边界条件具体见表5-11。

表5-11 计算分析工况

工况		工况条件	荷载条件	边界条件及井外水位
涵闸施工(工况1)	进水井施工,施工步1(S1)	井内无水,外土高程1.0 m	结构自重;结构四周土压力(进水井超载30 kPa);井底考虑浮力	四周1.0 m高程以下布设水平弹簧,底部边界布设竖直弹簧;井外水位1.0 m
	涵闸基坑开挖,进水井右侧开洞,施工步2(S2')	井内无水,外土高程1.0 m,井右侧高程-6 m至1.5 m开洞	结构自重;结构四周土压力(进水井超载30 kPa,涵闸部分超载20 kPa);井底考虑浮力	四周1.0 m高程以下布设水平弹簧,底面布设竖直弹簧;井外水位1.0 m,涵闸处水位按-4.0 m计
	涵闸施工,施工步3(S2)	涵闸土体开挖,施作涵闸内部结构,其他同上	涵闸土压力;结构自重;结构四周土压力(进水井超载30 kPa);井内无水井底考虑浮力,涵闸处考虑浮力	高程1.0 m以下布设水平弹簧,底面布设竖直弹簧,进水井与涵闸之间布设link10单元;井外水位1.0 m,涵闸浮力水位按-4.0 m计
东线进洞(工况2)	东线进洞,施工步1(S3)	土体回填到高程3.5 m,东线隧道开挖(直径7.0 m),井体侧向作用力160 kPa	井体侧向力;结构自重;结构四周土压力(进水井超载30 kPa);涵闸施工完毕	高程3.5 m以下布设水平弹簧,底部边界布设竖直弹簧,进水井与涵闸之间布设link10单元;井外水位3.0 m,涵闸浮力水位按-4.0 m计
	东线进洞,施工步2(S4)	东线进水井底板施加3 600 kN	底板压力;结构自重;结构四周土压力(进水井超载30 kPa);同上	
	东线进洞,施工步3(S5)	浇筑东线井内混凝土和消涡梁	结构自重;结构四周土压力(进水井超载5 kPa);同上	

（续表）

工况		工况条件	荷载条件	边界条件及井外水位
西线进洞（一）（工况3）	东线运营，施工步1(S6)	东西线井外水位6.0 m，东孔内水位6.0 m	水压力；结构自重；结构四周土压力；井体考虑浮力，涵闸浮力	高程3.5 m以下布设水平弹簧，底部边界布设竖直弹簧，进水井与涵闸之间布设link10单元；井外水位6.0 m
	东线运营施工步1(S6′)	东西线井外水位3.0 m，东井内水位2.0 m，西井内无水	水压力；结构自重；结构四周土压力；井内考虑浮力，涵闸浮力（进水井超载30 kPa）	高程3.5 m以下布设水平弹簧，底部边界布设竖直弹簧，进水井与涵闸之间布设link10单元；井外水位3.0 m
西线进洞（二）（工况4）	西线进洞，施工步1(S7)	西线隧道开挖（直径7.0 m），井体侧向作用力160 kPa	西线井体侧向力；水压力；结构自重；结构四周土压力（进水井超载30 kPa）；东西井浮力，涵闸浮力	高程3.5 m以下布设水平弹簧，底部边界布设竖直弹簧，进水井与涵闸之间布设link10单元；井外水位6.0 m
	西线进洞，施工步2(S8)	西线底板施加3 600 kN	底板压力；结构自重；同上水压力；结构四周土压力（进水井超载30 kPa）；同上	
	西线进洞，施工步3(S9)	西线井内浇筑混凝土和消涡梁	结构自重；水压力；结构四周土压力（进水井超载30 kPa）；同上	
运行工况（工况5）	东西线运行，施工步1(S10)	东西线井内水位6.0 m	水压力，结构自重；结构四周土压力；井体考虑浮力，涵闸浮力	高程3.5 m以下布设水平弹簧，底面布设竖直弹簧，进水井与涵闸之间布设link10单元；井外水位6.0 m
	东西线运营施工步1(S10′)	东西线井外水位3.0 m，井内水位2.0 m	水压力，结构自重；结构四周土压力；井内考虑浮力，涵闸浮力	高程3.5 m以下布设水平弹簧，底面布设竖直弹簧，进水井与涵闸之间布设link10单元；井外水位3.0 m

3）计算结果及分析

输水闸井结构计算分析了输水闸井从进水井施工至涵闸基坑开挖施工，再到东仓进水井施工、运营，直到东西两仓进水、检修，一共13个计算工况。

根据计算结果，结构自身的变形并不大，而发生的位移大多是由于倾斜而发生的。虽然部分工况中进水井结构受到不平衡力向各个方向倾斜，但是由于井外土压力仍然比井内有水时大，因此结构的自身变形仍然是朝井内变形。同时，由于井外水位较高，以及底板下土受到地连墙下部挤土作用的影响，产生横向的泊松效应，使得进水井结构产生上浮现象。

根据计算结果，变形最大工况为S3工况，此时进水井周边土体地面高程填至3.5 m高程，东线输水管进洞。左侧和右侧墙体最大变形分别向北变形6.59 mm和6.96 mm，正背面墙体最大分别向井内变形1.13 mm和1.12 mm，底板向北倾斜，最大上浮量为9.81 mm，最低为7.02 mm，差别2.88 mm。

需要注意的是，井内后浇底板的施作，使得底板处正背面墙体的弯矩有所增加。当东井运营有水，而西井施工无水时，若不考虑墙体边界应力的集中，中隔墙的弯矩不到2 000 kN·m，并不算太大，体现了设计的合理性。另外可以看出,当进水井内有水时,反而是进水井结构内力比较少的工况,可见井内运营时的工况在目前的计算条件下相对较安全。

结构应力基本和弯矩趋势一致,结构应力最大值的工况发生在 S7 工况。可以看出,东线进水井的施工并没有让西井应力最大值有明显的变化,而东井却逐渐变得安全。因此可以说,东井的施工并没有产生可以构成西井破坏的恶性因素,故东井施工以及运营的方案是可行的。

5.3.2 多建筑物变形协调控制技术研究

5.3.2.1 变形协调要求

进水井的基坑支护结构(地连墙)作为永久结构的一部分,和内衬共同受力。进水井周边新建构筑物较多(图 5-32),在施工过程中和结构物运行期,这些建筑物与基坑围护结构相互作用、相互影响,考虑的因素较多,特别是相关建筑物对地基变形的要求不同,须加以协调,确保连接处不出现破坏。同时由于工程的需要,在进水井周边进行加载,在进水井基坑设计时,这些因素都需要统一考虑,确保基坑的安全。因此,进水井基坑边界条件较为复杂,在研究时采用有限元法加以分析。

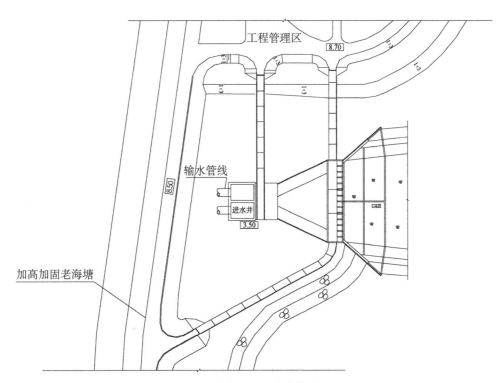

图 5-32 进水井及周边建筑物平面图

进水井南侧与岛域输水管线连接,输水管线采用盾构施工方式。输水管线对沉降的要求非常高,根据输水管线的设计要求,进水井的沉降应控制在 15 mm 之内。

由于进水井与周围新建吹填成陆的管理区和加高加固的长兴岛海塘距离较近,而且进水井与进口涵闸相连接,采用常规的方法不能计算出各种建筑物相互作用,也难以精确计算出进水井结构的内力和变形情况。为了较准确地分析计算进水井各种工况下的结构内力和变形,以及管理区和长兴岛海塘加高加固超载对进水井结构的影响,采用三维有限元模拟。分析三维基础与地基土的相互作用,模拟进水井施工的全过程。基坑围护结构见图 5-33。

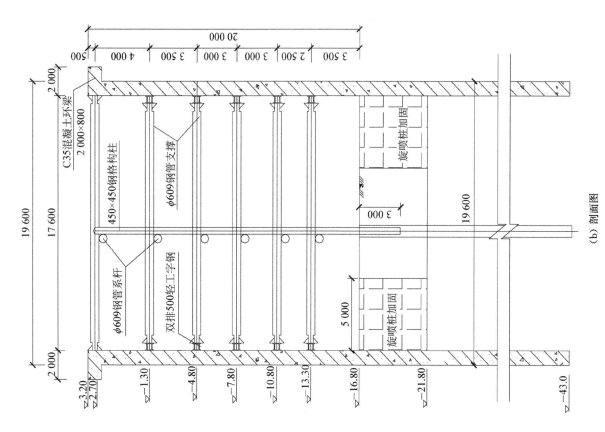

(b) 剖面图

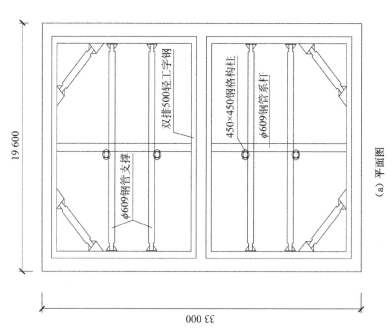

(a) 平面图

图 5 - 33　基坑围护结构

5.3.2.2 施工全过程变形模拟分析与变形协调控制

对进水井的整个施工过程进行了模拟,步骤如下:①大堤加固和管理区预加载至 6.0 m 高程(加载后位移清零,保留应力状态用来分析对地下连续墙的影响,得出的位移是地下连续墙开始施工后产生的);②地下连续墙施工(包括灌注桩施工);③基坑降水,分期开挖,施工支撑、底板施工;④施工内衬,拆除支撑;⑤地面加载至 8.7 m 高程;⑥单孔有水(分 7.0 m 和 −1.5 m 两种工况)运行 15 d;⑦双孔有水,运行 1 年;⑧双孔有水,固结完成。

计算结果见表 5−12。由表可知,若不进行地基处理,结构的最大沉降为 93.61 mm,大于输水管线设计允许沉降。因此必须进行地基处理。

表 5−12 计算结果汇总

地基状况	施 工 阶 段	井壁最大弯矩(kN·m)	底板最大弯矩(kN·m)	地连墙沉降(mm)
不加固	基坑开挖、带支撑	1 870	3 150	6.18
	拆撑、施工内衬	2 710	2 920	12.68
	加载到 8.7 m 高程	3 060	3 190	18.83
	井内两侧有水	1 220	1 420	93.61
加固后	基坑开挖至 2.70 m,施工第一道支撑	1 900	/	0.539
	基坑开挖至 −1.30 m,施工第二道支撑	1 970	/	−0.347
	基坑开挖至 −4.80 m,施工第三道支撑	2 120	/	−0.915
	基坑开挖至 −7.80 m,施工第四道支撑	2 340	/	−1.330
	基坑开挖至 −10.80 m,施工第五道支撑	3 220	/	−1.530
	基坑开挖至 −13.30 m,施工第六道支撑、施工底板	3 110	2 360	−1.640
	拆撑、施工内衬	3 270	1 710	−1.00
	加载到 8.7 m 高程	3 360	1 830	2.41
	井内两侧有水,运行 1 年	3 470	1 470	10.05
	单孔有水,水位 −1.5,维持 15 d	3 450	2 080	一侧沉降为 12.77,一侧沉降为 1.99
	单孔有水,水位 7.0,维持 15 d	3 440	2 090	一侧沉降为 13.04,一侧沉降为 1.84
	井内两侧有水,固结完成	3 480	1 400	11.80

结合输水管的地基处理,进水井结构的地基采用钻孔灌注桩进行处理,在原设计方案中,考虑在地下连续墙施工完成后再进行大堤的加固和管理区的加载,经过计算发现即使地基处理后进水井的沉降仍不能满足 15 mm 的要求。因此,改变施工顺序,先对大堤进行加固和管理区加载(限于时间关系,先期加载到 6.0 m 高程),然后再施工地下连续墙,减小了加载对地下连续墙结构的影响,确保进水井的沉降满足要求。

由表 5−12 可知,随着基坑的开挖,由于卸载的作用,坑底有少量的回弹,进水井也有稍许的隆起,隆起量最大为 1.64 mm。井壁弯矩也随着基坑的开挖而增大。底板的弯矩在施工刚刚完成时最大,进水井内蓄水后弯矩则逐渐减小。

进水井在实际运行时,由两种工况控制:进水井双侧有水和进水井检修时单侧有水(又分高水位和低水位运行两种工况)。由表 5-12 可知,进水井的井壁、底板弯矩、进水井的沉降和不均匀沉降均以进水井单侧高水位检修工况控制。

由于井壁弯矩较大,考虑采用内衬结构。基坑底板施工完成后,逐段从下往上施工内衬和拆除内支撑,内衬和地下连续墙靠墙内预埋的钢筋接驳器进行连接,两者共同承担进水井内外的土水压力。在进水井单侧高水位时,最大沉降为 13.04 mm,最小为 1.84 mm,沉降差为 11.20 mm,进水井倾斜值为 0.35‰。进水井中双侧都有水时固结完后最大沉降为 11.80 mm,满足沉降控制要求。

5.3.3 新沉积土江滩上堤坝与建筑物地基变形协调控制关键技术

5.3.3.1 工程区地基土的特点分析

长兴岛直至清代初期方才开始陆续成陆,逐渐与周边的沙岛合并成岛。库区除青草沙在长江常水位时可以出露江面,其他位置大部分淹没于江面之下,只在长江出现极低水位时方可出露。水库堤坝轴线位置的滩面高程 0.90~1.20 m,属低滩,表层普遍分布着新近沉积的(淤泥质)黏土,且厚度较大,一般达 10 m 左右,基本呈软塑~流塑状,饱和状态,孔隙比大,易被压缩,天然地基承载力低,建筑物沉降量大。

地勘报告揭示工程区地层从上至下依次为新沉积土的(淤泥质)黏性土、砂质粉土、淤泥质黏土、黏土、粉质黏土以及粉砂,其中黏土大部呈流塑~软塑状,具有低强度和高压缩性的特点,从滩面填土至设计堤顶高程,填土高度接近 8 m,地基土在如此高的附加应力作用之下必然会排水固结,进而发生较大的沉降。而堤坝地基的过大沉降会对相邻泵闸建筑物地基产生不利影响,致使上部土层对桩基产生负摩阻效应,从而降低单桩竖向承载力,且增大桩基的沉降量。

综上所述,工程区地基土的特点为高含水率、高压缩性和低承载力。

5.3.3.2 连接堤与泵闸建筑物地基应力相互作用关系研究

水库堤坝与泵闸建筑物的连接堤沿堤线连续布置,具体见图 5-34。水闸和泵房及其相邻的岸墙对地基承载力的要求高,对沉降变形的要求严格,天然地基无法满足其要求,故全部进行了相应的地基处理,主要处理方式为打入 PHC 管桩。经桩基加固后的复合地基(桩土)压缩模量大大提高,持力层以上土体的压缩量大大减小,而附加应力经桩基传递到持力层及其以下的土层中。

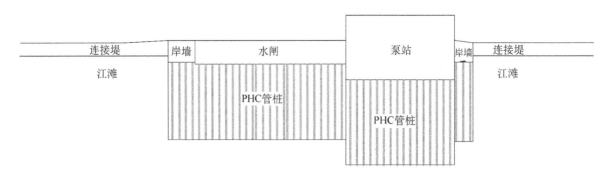

图 5-34 连接堤与泵闸建筑物相互位置

虽然泵、闸建筑物的建基面所处高程不同,地基加固深度也有所差别,但仍然与连接堤地基组成一个整体,相互之间的影响不可避免。引起地基沉降的主要是附加应力,而附加应力的影响范围沿深度方向以某一角度扩散,最终导致相邻建筑物(构筑物)之间地基应力互相影响,产生"互为边荷载"效应,增大相邻建筑物的沉降量。

为了解天然地基上的连接堤与桩基上的泵闸建筑物两者沉降的相互影响关系,进行了三维有限元沉降变形分析。上游泵闸及连接堤的三维有限元网格见图5-35。

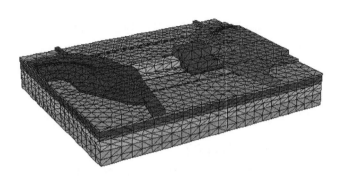

图5-35　上游泵闸区有限元网格模型

计算主要模拟泵闸地基以及连接堤地基的沉降变形规律,天然地基的压缩模量根据地勘报告取值,而经桩基加固过的地基则为经过换算的复合模量。计算过程模拟了施工过程,以及分时段的加载与卸载,依次为滩面的自然固结、泵房与水闸的桩基打入、泵房与水闸的基坑开挖、泵房和水闸的建造以及连接堤的填筑,采用非线性加载模式。计算结果截取了三个截面进行分析,具体见图5-36。

图5-36　变形分析剖面位置

2-2剖面通过连接堤轴线,具有代表性,故主要分析该剖面。

从图5-37可以看出,泵闸建筑物由于采用了PHC桩地基加固,故沉降量非常小,其最大值未超过39 mm;而天然地基条件下连接堤的沉降量非常大,其中泵站侧的堤顶最大沉降接近1.6 m,水闸侧连接堤堤顶最大沉降量也接近1.2 m,由此可见,两者的沉降差是相当大的。连接堤与水闸和泵站相接处的沉降量接近0.4 m,这足以使环库道路在该处发生断裂,并可能导致大堤防渗墙与泵闸建筑物侧墙的连接失效,从而引发水库漏水,并可能引发该处的渗透破坏。

图5-37　连接堤及泵闸建筑物地基沉降位移云图(连接堤地基未加固)

通过上面的计算分析可知,连接堤若采用天然地基会导致其与相邻泵闸建筑物沉降变形的严重不协调,除附加应力引起的沉降影响外,连接堤上部回填土体在缓慢沉降的过程中将会对闸室及主泵房的边墩以及安装间、副厂房和变电所等建筑的高于原滩面的钻孔灌注桩产生负摩阻力,加大建筑物的竖向荷载,降低桩基础的设计承载能力,加大基础的沉降量。因此应重视连接堤沉降对泵闸结构的不利作用,通过采取工程措施使连接堤不发生过大变形,应与泵闸等建筑物保持协调变形。

5.3.3.3　减少两侧连接堤沉降的措施研究

减小泵闸两侧连接堤沉降的工程方法有很多,但不同的加固工艺在施工周期、工艺的复杂程度以及工程造价等方面各不相同。针对工程的特点,可供选择的加固方式主要有排水固结法及灌入固化物的方法。

排水固结是指土体在一定荷载作用下排出孔隙水,孔隙比减小,土壤颗粒间的有效应力不断上升,抗剪强度逐步提高,以达到提高地基承载力、减小工后沉降的目的。

属于排水固结的地基处理方法,按照预压加载方法可分为加载预压法、超载预压法、真空预压法、真空预压与堆载预压联合作用法、电渗法,以及降低地下水位法等;按地基中设置竖向排水系统可分为普通沙井法、袋装砂井法和塑料排水袋法。

灌入固化物是指向土体中灌入或拌入水泥、石灰,或其他化学固化浆材,在地基中形成增强体,以达到加固地基的作用。

灌入固化物的地基处理方法主要有深层搅拌法、高压喷射注浆法、渗入性灌浆法、劈裂灌浆法和挤密灌浆法等。

若不考虑工期的影响,加载预压无疑是一个非常好的办法。(淤泥质)黏性土的排水固结是一个非常缓慢的过程,在这个过程中,超孔隙水压力不断消散,土壤颗粒间的有效应力不断上升,土壤不断排水固结。加载预压有时还需要建造一些沙井等辅助工程来加速排水过程,而且沉降量是相当大的。

采用碎石桩加固也可以起到提高地基土承载力、加速地基土排水固结的作用,而且施工工艺较为简单,也可以减少工程投资。但就水库工程而言,该方法也存在明显的不足:碎石桩的存在增大了地基土的透水性,不利水库防渗,故该加固方案不能采用。

高压旋喷桩目前已是国内非常成熟的施工工艺,在诸如深基坑围护、建筑物地基加固以及堤坝防渗工程领域得到了广泛的应用,具有明显的优势,因此采用高压旋喷桩为连接堤的地基加固方案。

确定了地基加固方式后,还须对加固体的平面范围以及竖向深度进行研究,使得加固后的地基既能满足变形协调的要求,又能做到节省投资。

5.3.3.4　阶梯式地基加固方案研究

高压旋喷桩加固地基的方法提高了被加固土体的压缩模量,因此在相同附加应力条件下减小了地基压缩层的变形量,进而达到减小沉降的目的。因此,加固深度最好穿透全部软弱土层,并进入坚硬土层的上部,但若在全部加固范围内采用这一方式,将大大增加工程投资,而连接堤与泵闸建筑物的沉降变形协调问题无疑在连接点处最为敏感,过大的沉降差会引起路面断裂、防渗破坏,因此应将加固的重点放在连接堤与泵站建筑物的相接处,该处的土体加固深度应达到相对坚硬土层,而离开相接处越远,则加固深度可逐步变小,使得连接堤的沉降变形能够平缓过渡,进而达到加固效果与工程投资的平衡效果。

根据以上分析,并结合工程区的地质情况,提出了阶梯式的地基加固方案,具体见图 5-38。

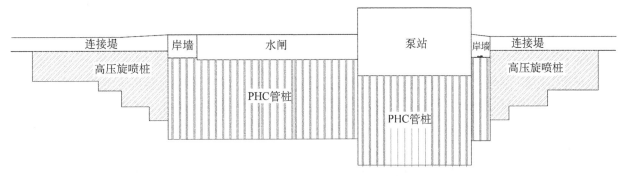

图 5-38 连接堤地基阶梯式加固示意图

为了研究阶梯式加固方案的处理效果,结合前面的数值分析,对地基的沉降变形进行计算,图 5-39 显示了阶梯式加固后的地基沉降变形情况。

图 5-39 连接堤及泵闸建筑物地基沉降位移云图(连接堤地基阶梯式加固)

从图 5-39 可以看出,通过阶梯式地基加固后,连接堤的沉降情况大为改善,其中水闸侧连接堤堤顶最大沉降量约 0.5 m,比加固前(约 1.2 m)大大减小,尤其是连接堤与水闸相接处的沉降量从加固前的约 0.4 m 减小到约 0.2 m。图 5-40 显示了加固前后连接堤的沉降变形情况,可以看出通过对连接堤地基进行阶梯式加固,明显改善了连接堤与泵闸建筑物之间的不均匀沉降,达到了预期的效果。

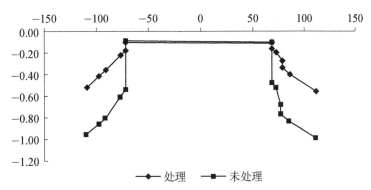

图 5-40 连接堤地基加固前后的地基沉降曲线

5.4 江心透水地基泵闸深基坑复合围护体系及地基处理关键技术

5.4.1 江心泵闸施工特点和难点

取水泵闸位于江心沙滩上,施工区域地处长江口开敞水域,无掩护、浪大流急、施工环境恶劣。施工区域气象、潮汐、风浪以及地质等条件复杂,对工程施工影响大,施工季节性要求高。工程属于设备密集型和劳动密集型工程,专业性强,需大量各种专业船只作业,需要大量的劳动力和施工机具。围堰筑岛,抽水成陆施工成为必然选择。

由于取水泵闸工程位于江心,且基坑较深,最深处达 13 m,为主泵房基坑,泵闸基础土层上部为透水性的砂性土,因此围堰的挡水及防渗功能显得尤为重要,围堰自身稳定才能确保基坑内的人员、机械及建筑物的安全。另外,由于泵闸长江侧存在深槽和陡坎,加大了围堰设计和施工的难度,也增加了泵闸施工的风险。

上游取水泵闸计划施工工期为 24 个月,须跨两个汛期施工,需要切实研究汛期来临对围堰和基坑的风险因素,加强汛期保护措施,防止围堰和基坑的汛期损毁,造成工程损失和工期延误。

5.4.2 江心透水地基泵闸深基坑的特性研究

5.4.2.1 围堰内的基坑特性分析

位于江心的取水泵闸围堰内的场地条件有限,泵房基坑深达 13 m,若放坡开挖,一是施工场地不允许,二是基础土层上部为透水性的砂性土,放坡开挖降水较困难,极易发生流砂、管涌现象,危及边坡稳定和基坑运行安全,因此泵房基坑施工时必须采用围护结构保护。又由于围堰基坑四面环水,基坑内外水头差很大,因此施工期间须考虑采取降水措施,将地下水降至建基开挖面以下 0.5～1.0 m,以防止基坑开挖时渗流引起的渗透破坏。

对于江心泵闸来说,围堰对于基坑的作用是挡水、防渗,提供干地施工条件,围堰的安全直接关系着基坑的安全,而基坑又反过来影响着围堰,若基坑失稳,围堰的稳定也会受到威胁,因此围堰和基坑的安全密不可分、相互影响,围堰与支撑系统共同对基坑起到了一个复合围护体系的作用。

5.4.2.2 深基坑的特性及围护方案研究

1) 深基坑的特性

上游取水泵闸主要由上游水闸、取水泵站、水闸内外消力池、泵站进出水池、内外侧引渠、防冲槽、翼墙、拦污拦鱼设施及连接堤等构筑物组成。上游取水泵闸建址处的滩面高程为 1.00 m 左右;上游水闸闸底板底面高程为 −3.50 m;取水泵站主泵房底板底面高程为 −11.80 m;与主泵房相邻的安装间底板底面高程为 3.00 m。各相邻构筑物之间底高程相差较大,如对主泵房基坑进行大开挖,则势必要开挖掉闸室以及安装间下的部分土体。

取水泵闸基坑最深处为主泵房基坑,其深度达 13 m 左右,基础土层上部为透水性的砂性土,放坡开挖,降水较困难,极易发生流砂、管涌现象,危及边坡稳定和基坑运行安全;与主泵房相邻的进水池基坑开挖深度最大处达 8.6 m 左右;其余构筑物开挖深度相对较小,可采用放坡开挖。

主泵房及进水池基坑的特性决定其不宜采用放坡开挖,应采用一定的围护措施。围护措施设计应结合构筑物的特性。

2）主泵房布置

主泵房垂直水流方向长 58.6 m，顺水流方向宽 32.0 m，主泵房共分为 5 层，自下而上分别为进水流道层（−9.80 m）、水泵层（−5.20 m）、出水流道层（−0.80 m）、联轴层（4.00 m）和电机层（9.15 m）。泵房底板、墩墙、梁板等全部采用钢筋混凝土结构。进水流道层底面为斜坡式（−6.58～−9.8 m），进水池与泵房进水流道顺接。取水泵站进水池长度为 32 m，宽同主泵房，池底板为斜坡式，下坡角约 7°，底板顶面高程 ▽−3.00～▽−6.58 m。进水池侧墙与底板为分离式结构，侧墙利用挡土墙墙身。

主泵房基坑长约 58.6 m，宽 32 m，基坑占地面积约为 1 876 m²，基坑底高程−12.0 m，基坑埋深为 12.90 m。基坑内包含泵房底板、进水流道及水泵层等结构。进水池基坑长 58.6～63.1 m，宽约 32 m，基坑占地面积约为 1 946 m²，基坑底高程−4.20～−7.74 m，基坑埋深 6～8.64 m。主泵房及进水池基坑采取围护施工可减少开挖回填工程量，同时也可减少泵站和水闸的施工干扰。

3）泵闸深基坑围护方案研究

深基坑围护方案与泵站建造方案密切相关，初步考虑的建造方案见表 5－13。

表 5－13　泵站结构建造方案优缺点比较

方案	优　　点	缺　　点
方案一（沉井方案）	（1）无须大开挖，施工临时占地少，对相邻建筑物影响较小，围堰长度短； （2）井壁及底梁等结构混凝土在地面浇筑，质量易保证； （3）井筒先预制，不受基坑开挖及围护、降水的影响，工期较短； （4）适用于地下水位较高，易产生涌流或塌陷的不稳定地基	（1）井位处为中等透水地基，易流砂、管涌，有一定施工风险； （2）为避流砂、管涌，沉井下沉须采用不排水下沉，施工工期较长； （3）砂质土井壁阻力较大，增加了下沉难度； （4）沉井下沉过程对地基扰动较大，对预打桩基产生破坏作用及对水闸地基产生不利影响； （5）沉井底部的围封防渗结构与两侧防渗结构连接困难
方案二（钢筋混凝土地连墙两墙合一方案）	（1）地连墙挖槽施工，对地基扰动较小，有利于紧邻的闸基； （2）地连墙基坑底以上部分与内衬墙结合可作为泵房地下围护结构，基坑底以下部分代替围封防渗板桩，避免了沉井结构下沉对预打桩	（1）基坑范围都是砂质土，成槽后易塌孔，需要采用泥浆护壁等措施解决； （2）基坑以下地连墙底进入淤泥质土层，对抗滑和抗隆起不利，须加固基坑以下地基
方案二（钢筋混凝土地连墙两墙合一方案）	基的破坏及围封防渗连接的难度，结构整体性、密封性好； （3）永临结合，两墙合一，节省材料和投资	
方案三（SMW 工法桩方案）	（1）施工相对简单、造价较低、挖土方便； （2）对地基扰动较小，有利于紧邻的闸基	（1）因墙体强度较低，墙体厚度和体量均较大，墙顶位移也较大； （2）质量不易控制，工程风险较大

通过上述比较可以看出，三个方案在经济上差别不大，方案二技术上优势明显，钢筋混凝土地下连续墙可以与泵房永久结构相结合，同时兼作泵房下部封闭防渗结构，安全可靠。虽然工期稍长，但不是关键工期。故采用方案二为取水泵站结构建造方案，基坑围护结构采用钢筋混凝土地连墙。

5.4.3 江心泵闸围堰特点及构筑方案研究

5.4.3.1 围堰特点

1）围堰基坑内外水头差很大

施工期外江平均潮位为 2.12 m，围堰内基坑开挖最深处为主泵房基坑，基底高程为−12.0 m，基坑内外水头差达到 14.12 m，在如此大的水头作用下，如何保证围堰和基坑支护的稳定，是需要研究的重点所在。

2）闸址长江侧存在深槽和陡坎

根据 2007 年 7 月地形测量图，闸址处长江侧由于水流冲刷，堤前存在深槽和陡坎，为避免围堰接触江心深槽，应在保证稳定的前提下尽可能地减小围堰断面，同时外江侧围堰必须采取有效措施防止堰脚冲刷。

3）施工期间库区侧堰顶有交通要求

由于泵闸位于江心浅滩，现状泥面标高在 1.00 m 左右，船舶只能乘潮靠岸。因此施工所需的部分建筑材料、施工设备须通过中央沙北堤沿库区侧围堰运输进场，堰顶须考虑车辆通行。

5.4.3.2 围堰结构研究

上游取水泵闸工程建筑物等级为 1 级，根据《水利水电施工组织设计规范》的有关规定，施工围堰为临时建筑物，其级别为 4 级，相应临时建筑物洪水标准为 20～10 年一遇。考虑泵闸施工时，水库堤坝尚未合龙，且泵闸工程须跨汛期施工，故取全年 20 年一遇（$P=5\%$）的高潮位加 20 年一遇的设计风速（23.33 m/s）组合，其相应的高潮位为 5.69 m。

库区侧充泥管袋围堰断面顶宽 6 m，内外坡均为 1∶3；在迎水面设置顶高程为 5.70 m、宽度 5 m 的消浪平台。围堰顶高程取 6.50 m，另在堰顶靠迎水侧设 1.1 m×1.0 m 浆砌石防浪墙，墙顶高程为 7.60 m。围堰底高程约 1.00 m，堰高约 5.50 m。堰前铺设 40 m 宽砂肋软体排进行保滩护底。

外江侧采用钢板桩围堰，钢板桩顶高程为 6.10 m，围堰宽度 8.0 m，堰身内 6.10 m 高程以下吹填充泥管袋，顶部用袋装土填筑到 7.60 m，袋装土内外侧边坡为 1∶1。基坑侧吹填 15.0 m 宽充泥管袋到 2.00 m 压脚，外江侧为防止堰脚冲刷，靠围堰 10.0 m 范围内采用抛石护脚，抛石体顶高程为 1.00 m。钢板桩围堰与围堤间采用充泥管袋围堰连接。施工时围堰钢板桩两侧 2 m 范围内及钢板桩围堰内原先期护底的抛石和铰链排须拆除，围堰施工完后外侧铰链排护底宽度不足 60 m 的范围增补铰链排到 60 m 宽度。

由于本工程跨汛期施工，为满足抗冲刷要求，在充泥管袋围堰迎水坡面设置厚 0.40 m 灌砌石护坡，坡脚抛设块石棱体护脚。

内外围堰临水侧坡脚外均有护底，外江侧护底宽度不小于 60 m，可部分利用原有超前护底；库内侧护底宽度不小于 40 m，采用砂肋软体排护底。

长江侧钢板桩围堰断面和库区侧充泥管袋围堰断面见图 5-41、图 5-42。

5.4.3.3 围堰防渗研究

围堰堰底有①$_{3-1B}$砂质粉土夹黏性土、①$_{3-1A}$黏性土夹粉性土（淤泥质）和②$_{3-3}$层灰色砂质粉土，渗透系数均较大，为防止施工期堰体及堰基渗透破坏，库区侧围堰及长江侧充泥管袋围堰段均采用双排高压旋喷桩进行堰体和堰基的垂直防渗，旋喷桩桩径 0.60 m，桩距 0.50 m，桩底高程为−17.50 m，平面上与围堤防渗墙相连，形成一个密闭的防渗圈。

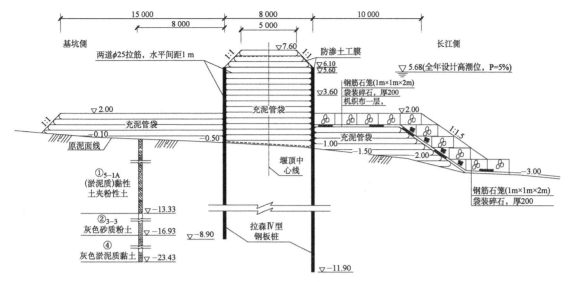

图 5-41　长江侧钢板桩围堰断面图

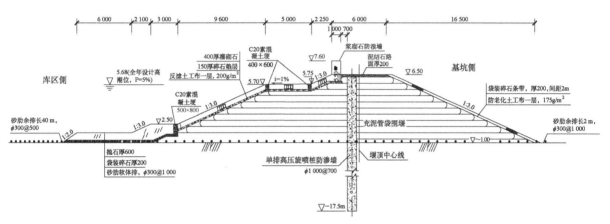

图 5-42　库区侧充泥管袋围堰断面图

　　长江侧钢板桩围堰须采用止水效果较好的拉森钢板桩,并在迎水侧钢板桩内壁和堰底泥面上铺设一层防渗土工膜,以满足围堰和基坑的防渗要求。另外,为避免钢板桩围堰和充泥管袋围堰接头处出现绕渗,充泥管袋围堰中的高喷防渗墙应在平面上延伸进钢板桩围堰内至少 10 m 距离。

5.4.4　泵闸深基坑支护与开挖技术研究

5.4.4.1　地质参数取值研究

　　一级基坑工程,由于开挖深度较大,多数情况采用板式支护结构体系。这类基坑工程不仅造价大,而且施工周期也长,一旦发生工程事故,其后果也较为严重,因此,对围护设计参数的正确性和可靠性的要求就更高。由于仪器设备和测试方法的不同,测得的参数差异也较大,尤其是抗剪强度指标更为离散。根据土力学理论和施工工况相吻合的原则,设计这类基坑时,原则上应采用三轴固结不排水抗压强度试验的有效应力指标或直剪慢剪试验指标。但由于岩土物质是一种非匀质的土粒组合,土性变化很大,凭单一的测试方法来确定具有可靠度的参数是不现实的,加之现场的原位测试参数比室内试验计算的参数更具有可靠性和符合地基土的实际,因此需要通过室内外多种测试方法的指标进行综合分析,提供一级基坑工程设计与施工所需的各类参数。当地质条件复杂、基坑面积较大时,尚应进行有效的原位测试方法,综合评价测试参数。二、三级基坑,可采用直剪固结快剪指标。

对单道及多道支撑挡土结构,其内力计算方法宜采用竖向弹性地基梁(或板)的基床系数法,挡土结构一侧随着基坑开挖面的降低,逐层设置支撑,计算时沿挡土结构纵向取单位宽度或标准段,以支撑及基底下土体为支撑的竖向弹性地基梁(或板)计算。挡土结构后迎土面的侧压力根据垂直荷载等外荷载,并根据挡土结构后地基允许位移和支撑能否预加应力等条件按主动或静止状态计算压力。基坑开挖面以上侧压力按直线增加的三角形分布,基坑开挖面以下按等值矩形分布,挡土结构开挖面以下可按弹性抗力状态以基床系数法计算。因此基床系数是一个重要的计算参数。基坑设计所用指标见表5-14。

5.4.4.2　临江透水地基泵闸深基坑的布置

1) 围护结构

基坑围护范围为主泵房和进水池。根据主泵房及进水池结构布置,主泵房基坑底高程为-12.00 m,进水池基坑底高程为-4.20～-7.74 mm。主泵房段平面尺寸为32.0 m×58.62 m,进水池段长32 m,宽同主泵房段。根据地形图,泵站基坑范围内的原滩地高程约1.00 m,为减少基坑围护结构的高度,要求在深基坑开挖前预先将深基坑及其周边20 m范围(靠东侧为15 m)内,开挖降至-2.5 m高程,故围护结构顶高程定为-2.50 m。

主泵房水下墙采用两墙合一的形式。主泵房段围护墙采用800 mm厚地下连续墙,东侧(靠岸侧)地下连续墙深度27 m,其余三侧均为23 m。基坑底部位于第②$_{3-3}$层土中,连下连续墙墙趾置于⑤$_{1-1}$层土中。为充分利用地连墙的防渗作用及节省投资,地连墙将作为泵房地面-2.5 m以下水下墙的一部分。进水流道侧地连墙-2.5～-7.58 m范围内段将在进水池底板浇筑后凿除(此时主泵房流道进口顶板混凝土须浇筑完毕并达到设计强度,主泵房内临时支撑全部已拆除),以贯通进水池与主泵房内的进水流道。

根据入土深度和地面荷载情况,主泵房基坑围护地连墙分为两种类型A型和B型,初步拟定方案如下:

A型,基坑东侧,墙顶高程-2.50 m,入土深度17.5 m,地面超载30 kN/m²;

B型,其余三边,墙顶高程-2.50 m,入土深度13.5 m,地面超载20 kN/m²。

结合施工修改后方案:

A型,基坑东侧,墙顶高程-1.80 m,入土深度17.5 m,地面超载30 kN/m²;

B型,其余三边,墙顶高程-1.80 m,入土深度13.5 m,地面超载20 kN/m²。

进水池段围护墙采用800 mm厚地下连续墙,东侧(靠岸侧)地下连续墙深度15 m,西侧(靠闸侧)为13.5 m,墙趾置于④层土中。进水池两侧地连墙既是基坑开挖的围护结构,又是两侧翼墙(导流墙)的底板下前排挡土结构,与后排PHC桩一起作为翼墙(导流墙)的桩基础。要求在基坑开挖前必须先浇筑翼墙(导流墙)底板,将地连墙与后排PHC桩连成整体作为基坑围护结构。

根据墙顶高程和地面荷载情况,进水池基坑围护地连墙分为两种类型——C型和D型:

C型,基坑东侧,墙顶高程-2.50 m,地面超载30 kN/m²;

D型,基坑西侧,墙顶高程-4.00 m,地面超载20 kN/m²。

地下连续墙采用十字钢板接头,该接头止水性能和整体性均较好。

表 5 - 14　土层工程特性指标参数

土层序号	土层名称	重度 γ(kN/m³)	含水量 w(%)	固快峰值		三轴固结不排水				静止侧压力系数 K_0	水平向基床系数 K_h (kN/m³)	比例系数 m (kN/m⁴)	渗透系数 K(cm/s)
				C(kPa)	φ(°)	C_{cu}(kPa)	φ_{cu}(°)	C'(kPa)	φ'(°)				
①$_{3-1A}$	(淤泥质)黏性土夹粉性土	17.9	37.7	9	18.5	9	23.5	3	30.0	0.51	3 000	1 000	4.0×10^{-5}
①$_{3-1B}$	砂质粉土夹黏性土	18.5	30.3	4	26					0.39	10 000	1 800	4.0×10^{-4}
②$_{3-3}$	灰色砂质粉土	18.6	29.1	3	29.5					0.33	20 000	3 000	8.0×10^{-4}
④	灰色淤泥质黏土	16.7	51.5	10	9.5	15	15.0	10	23.5	0.67	5 000	1 100	9.0×10^{-7}
⑤$_{1-1}$	灰色黏土	17.5	42.1	13	13.5	16	16.5	8	24.5	0.54	15 000	2 000	2.0×10^{-6}
⑤$_{1-2}$	灰色粉质黏土	18.0	35.5	16	16	20	19.5	10	28	0.45	20 000	2 500	4.0×10^{-6}
⑤$_2$	灰色砂质粉土夹粉质黏土	18.5	30.0	11	24								
⑦	灰色粉砂	19.0	25.1	4	33.5								
⑨	灰色含砾粉砂	19.2	23.7	1	35.5								

2）临时支撑

初步拟定方案：

设置三道支撑，第一道支撑中心高程为－3.00 m，第二道支撑中心高程为－6.00 m，第三道支撑中心高程为▽－9.00 m，均采用对撑加角撑形式。

冠梁（顶圈梁）采用钢筋混凝土，冠梁截面为1 200 mm×1 600 mm。

三道支撑均采用钢管支撑，根据各道支撑的受力情况采用不同规格的钢管。第一道对撑、角撑均采用 ϕ609×12 mm 钢管，第一道支撑围檩与冠梁相结合，角撑处做成与支撑钢管相垂直的面；第二道角撑采用 ϕ609×16 mm 钢管，对撑采用 ϕ609×12 mm 钢管，围檩采用焊接箱型钢围檩，截面为700 mm×900 mm；第三道对撑、角撑均采用 ϕ609×16 mm 钢管，围檩采用焊接箱型钢围檩，截面为700 mm×900 mm。

结合施工修改后方案：

设置三道支撑，第一道支撑中心高程为－2.30 m，第二道支撑中心高程为－4.60 m，第三道支撑中心高程为－9.00 m，均采用对撑加角撑形式。

冠梁（顶圈梁）采用钢筋混凝土，冠梁截面为1 200 mm×1 600 mm。

三道支撑均采用钢管支撑，为便于施工采取同规格的钢支撑。第一道对撑、角撑均采用 ϕ609×16 mm钢管，第一道支撑围檩与冠梁相结合，角撑处做成与支撑钢管相垂直的面；第二道角撑采用 ϕ609×16 mm 钢管，对撑采用 ϕ609×16 mm 钢管，围檩采用 H 型钢双拼钢围檩 2H400×400×13×21；第三道对撑、角撑均采用 ϕ609×16 mm 钢管，围檩采用 H 型钢双拼钢围檩 2H400×400×13×21。

3）临时支撑立柱

由于支撑跨度较大，必须设置临时立柱以减少相应支撑钢管的跨度，改善支撑钢管的受力情况；同时立柱之间辅以联系杆连接。

临时支撑立柱采用4L160×14 mm 角钢格构柱（缀板－390×200×12 mm@700），ϕ800 mm 钻孔灌注桩作基础，格构柱插入钻孔灌注桩3 m，联系杆采用2[32c 槽钢。

4）基底加固

主泵房段采用两墙合一的建造形式，为了减少基坑的变形，对主泵房基底采用高压旋喷桩进行"裙边"加固，加固深度为基坑底以下5 m。

进水池段基底加固结合底板旋喷桩加固土体，无须另作处理。

旋喷桩直径为800 mm，注浆液采用42.5级普通硅酸盐水泥，初拟水灰比为1：1，水泥掺量不小于25%。

基底进行旋喷桩加固后主动土压力减小，被动土压力增大；同时有利于加强基坑底部的稳定。

采用永临结合的形式，临时工程的设计结合泵房水下墙，避免在主体工程施工时出现较大的施工干扰，故结合泵房水下墙及施工工艺对原基坑设计方案进行局部调整和优化（表5-15）。

表5-15　方案优化调整措施及原因

原方案	优化方案	调整原因
第二道支撑高程▽－6.00 m	第二道支撑抬高1.4 m，调整为▽－4.60 m	出水流道模板整体制作，为了便于其吊装就位

（续表）

原方案	优化方案	调整原因
部分钢格构立柱位于流道中	将立柱位置调整到墩墙或流道实体混凝土中，其中两根立柱仅作为第三道支撑的立柱（短柱）	避免割除格构柱时钢管支撑出现失稳，同时减少焊割量
立柱下灌注桩桩长均为 25 m	与泵房底板下 PHC 桩位置较为接近的两根灌注桩桩长调整为 52 m	立柱桩代替作部分工程桩
"裙边"加固分散梅花布置	调整为齿形布置	被动土压区形成肋形结构，更有利于限制地下连续墙位移

主泵房及进水池基坑围护地连墙典型剖面详见图 5-43～图 5-46。

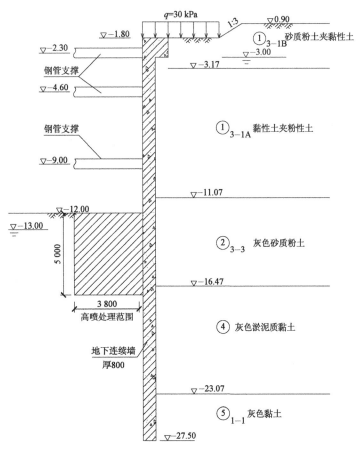

图 5-43 A 型地下连续墙典型剖面

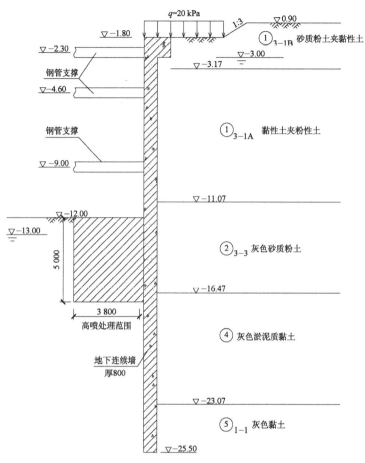

图 5‑44　B型地下连续墙典型剖面

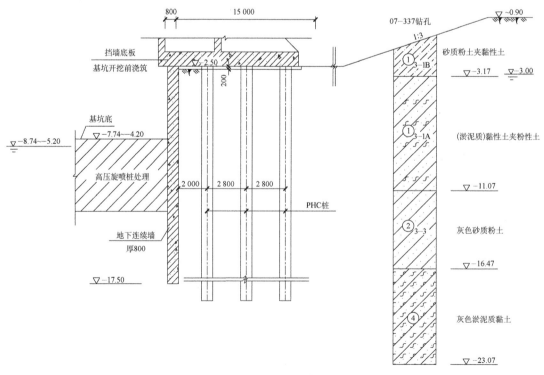

图 5‑45　C型地下连续墙典型剖面

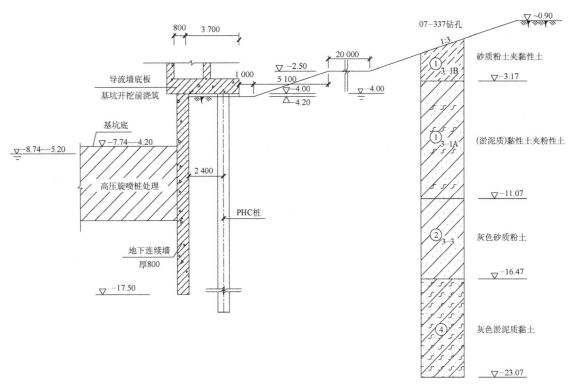

图 5－46　D 型地下连续墙典型剖面

5.4.4.3　基坑支护研究

泵房段地连墙(包括 A 型和 B 型)由于基坑较深,为一级基坑,设钢支撑。对泵房段地连墙(包括 A 型和 B 型)进行地连墙墙身的内力进行分析前,须确定其设置支撑及拆除支撑的工况。

A 型和 B 型地连墙支撑设置工况见表 5－16、表 5－17。

表 5－16　A 型、B 型地连墙(开挖时)支撑设置工况

工况编号	工况类型	高程(m)
1	开挖	−2.80
2	支撑	−2.30
3	开挖	−5.10
4	支撑	−4.60
5	开挖	−9.50
6	支撑	−9.00
7	开挖	−12.00

表 5－17　A 型、B 型地连墙换撑时工况

工况编号	工况类型
8～9	泵房底板浇筑至▽−10.3 高程且达到设计强度的 80% 时,拆除第三道钢支撑,相邻闸室底板开始浇筑
10～12	泵房▽−6.50 以下结构混凝土浇筑完毕且达到设计强度的 80% 时,在▽−7.00 高程安装好支撑后(换撑),拆除第二道、第一道钢支撑

C 型和 D 型地连墙未设置支撑,地连墙施工完成且达到设计强度后即可进行进水池的开挖。

基坑中的地下连续墙墙体将作为泵房−2.50 m 以下水下墙的一部分,泵房基坑深度范围内的主体结构主要有泵房底板、进水流道以及排水廊道等。基坑内的支撑体系必定要做出相应的调整才能满足主体结构施工的要求,同时该调整要确保基坑本身的安全稳定。支撑体系须根据主体结构的布置形式以及施工进度做出安全合理的调整。在基坑开挖中分步、对称、平衡开挖,选择合适的开挖分层,严格做到开挖到某层时先安装好该层的支撑和预应力装置,待施加完设计预应力之后,方可进行该层以下土方的开挖。基坑开挖到设计标高∇−12.0 m 后,尽快进行该泵房的底板浇筑。该底板厚度较大,且一端上翘与进水流道结合。底板由−9.80 m 上翘至−6.58 m,上翘部分与第三道支撑(−9.00 m)有冲突,考虑到泵房底板对地下连续墙的支撑作用,泵房底板浇筑至−10.3 高程且达到设计强度的 80% 时,拆除第三道钢支撑。随着主体结构施工进行,当泵房进水流道以及排水廊道的墩墙混凝土浇筑至−6.50 m 且达到设计强度的 80% 时,考虑到该基坑短边方向有底板上翘部分以及排水廊道隔墙的支撑,对撑的作用由主体结构所代替,可以拆除。但由于支撑体系中的角撑斜穿过流道,给流道浇筑产生困难,故在泵房基坑长边方向设置两根短支撑,支撑于进水流道隔墩,换撑结束后拆除角撑。经过换撑拆撑后给下一步主体结构的施工提供了良好的工作面,同时也确保了基坑在支撑体系改变后仍能安全可靠。

5.4.4.4 基坑开挖技术研究

1) 基坑开挖施工要求

基坑开挖中大面积的土方卸载势必引起土体的位移场变化,因此基坑土方开挖应针对软土的流变特性应用“时空效应”理论,严格实行限时开挖及符合支撑要求,以控制基坑变形、保护周围环境、实施动态信息化施工。

2) 施工顺序

为保障基坑安全,设计建议施工顺序如下:

(1) 主泵房基坑。

① 平整场地后,先施打泵房 PHC 桩基础。

② PHC 桩沉桩后 2~4 周,施工立柱钻孔灌注桩,养护至设计龄期。

③ 施工地下连续墙,养护至设计龄期。

④ 施工基坑坑底加固高压旋喷桩,养护至设计龄期后,方可进行基坑土方开挖和支撑安装。

(2) 进水池基坑。

① 平整场地后,先施打翼墙(导流墙)PHC 桩。

② PHC 桩沉桩后 2~4 周,施工地下连续墙,养护至设计龄期。

③ 施工基坑坑底加固高压旋喷桩,养护至设计龄期后。

④ 浇筑翼墙(导流墙)底板,养护至设计强度后方可进行土方开挖(此时要求主泵房上游侧地连墙已具备拆撑条件)。

3) 土方开挖及支撑

地下连续墙和高压旋喷桩达到 28 d 强度后方可进行基坑土方开挖。开挖时,基坑边不得堆放重物(土方、材料等)及长时间停放重型机械。基坑土方开挖、支撑施工总原则是“分层分块、限时开挖及支撑”,控制基坑变形。开挖结束后随即浇捣垫层。土方开挖必须严格控制挖土量,严禁超挖。

4) 基坑降水

上游取水泵闸位处江心,四周环水,施工期外江平均潮位为 2.12 m,基坑开挖在水闸内外消力池部位底高程分别为-5.20 m和-4.20 m,水闸闸室部位底高程为-3.70 m,泵站主泵房部位底高程为-12.00 m。施工期须考虑采取降水措施,将地下水降至建基开挖面以下0.5~1.0 m,以防止基坑开挖时渗流引起的渗透破坏。

降水井必须在开挖前埋设好,并应提前预降水,确保降水后基坑内水位在基坑开挖面下0.5~1.0 m。降水的同时应进行坑内外水位监测;坑内水位未达到设计要求,不能进行土方开挖。如果在降水时或开挖过程中围护结构发生渗漏水现象,施工单位必须在24 h内采用有效措施进行止水堵漏。基坑内地表水(主要是雨水)须在基坑内布置截排水系统分片截流,集中抽排。

5.4.5　深基坑支护应力与变形分析

与基坑底面以上水平土压力的计算方法比较起来,基坑底面以下的水平土压力的分布模式和计算方法都更为复杂。根据工程实践的结果来看,适用传统的经典土压力理论确定的基坑支护参数偏于保守,可是依据经典理论的主动土压力作为水平荷载似乎又是可能的水平荷载的最小值,从而造成经典土压力理论在分析基坑底面以下水平荷载时与实践结果的矛盾,需要提出新的水平荷载分布理论(假定)模式,并从工程实践中不断加以验证,以期达到理论和实践的逐步统一。

5.4.5.1　单元计算

围护地下连续墙结构施工阶段沿基坑周边取单位长度按弹性地基梁计算。地层对墙体的作用采用等效弹簧进行模拟。考虑各施工阶段施工参数变化、墙体位移的影响,满足强度及变形控制的安全稳定性要求。

围护地连墙单元计算模型见图5-47,单元计算结果见图5-48。

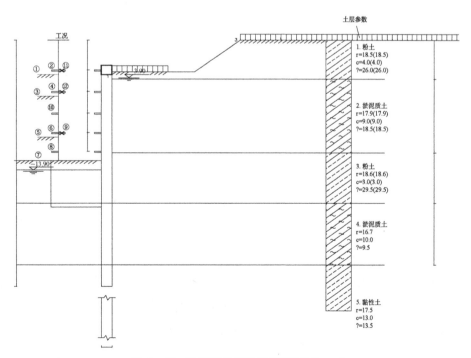

图5-47　地连墙单元计算模型(单位:m)

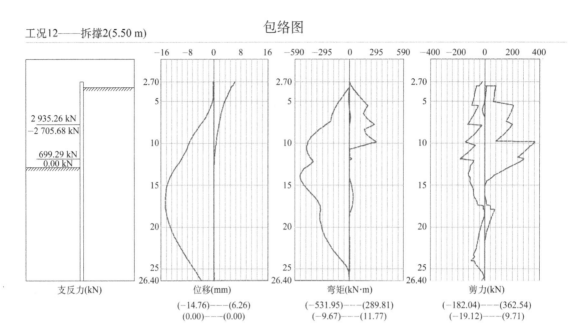

工况12——拆撑2(5.50 m)　　　　　　包络图

支反力(kN)

2 935.26 kN
−2 705.68 kN
699.29 kN
0.00 kN

位移(mm)
(−14.76)———(6.26)
(0.00)———(0.00)

弯矩(kN·m)
(−531.95)———(289.81)
(−9.67)———(11.77)

剪力(kN)
(−182.04)———(362.54)
(−19.12)———(9.71)

图 5 - 48　地连墙单元计算结果

5.4.5.2　整体计算

采用空间整体协同有限元计算方法,考虑了支护结构、内支撑结构及土空间整体协同作用的线弹性有限元计算方法。

连续墙支护结构侧向约束条件同单元计算模型,底部约束为不动铰支座。网格剖分原则如下:

竖向剖分:以竖向土层、支撑等关键点来确定,同时还须考虑相邻墙的影响;

横向剖分:取墙长的 1/10,如大于 1 m,取为 1 m,如小于竖向剖分长度的一半,取竖向剖分长度一半。

围护地连墙整体计算模型见图 5 - 49,有限元计算结果见图 5 - 50~图 5 - 52。

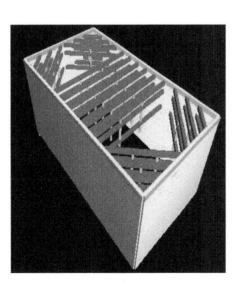

图 5 - 49　地连墙整体计算模型

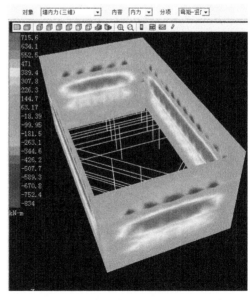

图 5 - 50　地连墙内力(弯矩—竖向)

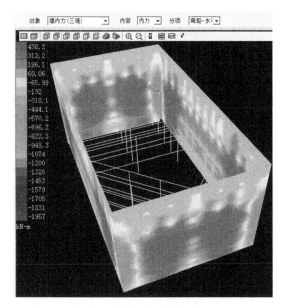

图 5-51 地连墙内力(弯矩—水平)

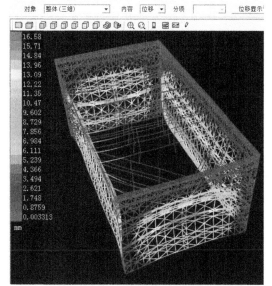

图 5-52 地连墙位移(三维)

从理论上讲,有限元法可精确地预测围护墙的变形、基底隆起、墙后地表沉降及周围地层的移动,预测周围建筑物地下构筑物、管线的变化等,因而是一种非常有用的方法,然而,从目前实际应用来看,有限元法的计算结果并不一定都理想,和实际情况还可能有差异,这是因为:

(1) 变形涉及的土体很大,而有限元计算中往往由于条件的限制而人为缩小计算范围;

(2) 墙和支撑的施工工艺、工序的不同使作用在墙体上的土压力难以精确,土的蠕变使土压力值时而不断变化;

(3) 土的参数由于受施工工况、应力路径等众多因素的影响尚不能准确测定;

(4) 土的本构关系尚不能正确模拟土的实际应力-应变关系;

(5) 施工单位的施工工艺、熟练程度、仔细程度不同,施工对土层的扰动程度不同;

(6) 周边超载常为未知,等等。

目前各地区仍以半经验的实用公式为主,但估算地层变形以深入了解坑周地层中土体位移场特性,首推连续介质有限元法。

5.5 主要结论

(1) 数学模型计算和物理模型试验表明:上游取水泵闸平面布置上采用与涨落潮流向呈约90°的正交布置方案是可行的;取水泵闸正交布置方案取水口流态涨落潮进流流态均较为平顺。

(2) 水库取水口体型物理模型试验研究表明:取水泵闸正交布置方案出水流态受双向进流流态影响,会有一定摆动,尤其是水闸引水的设计流量大,过闸后相当范围内流速比较大,同时出水渠可能出现回流情况,因此出水渠必须有足够长度调整出流流态。在泵闸导流隔墙两侧增设导流墩,能有效改善泵、闸的进水流态,但导流隔墙必须具有充分的长度,泵闸导流隔墙延伸至清污机桥桥墩的方案,能有效地调整泵闸的进水流态。在出水渠直线段增设5道丁坝可有效减少出水渠水流对中央沙北堤的冲刷。

(3) 根据进水口布置和流态控制的基本原则,通过对各方案水流条件、结构合理性、水锤防护、施工难度和经济性等指标的研究,确定了进水口结构方案。为了验证和优化推荐方案的进水口体型,满足进水口各工况下的输水量要求以及保证进水口不发生吸气型贯穿性漏斗,确保输水管线的正常运行,进行了整体水工物理模型试验;模型试验验证了输水干线进水口工程总体布置合适,并对进水池导流隔墩、消涡措施进行了优化。

(4)输水闸井是复杂的三维孔洞结构,内力分布复杂,采用有限元分析对输水闸井从进水井开挖、施工至涵闸基坑开挖施工,再到东仓进水井施工、运营,直到东西两仓进水、检修,一共13个静力工况进行了计算分析,分析结果表明,结构内力、变形均满足要求,输水闸井结构设计合理、安全、经济。

(5)进水井的基坑支护结构(地下连续墙)作为永久结构的一部分,和内衬共同受力。采用三维有限元模型对输水闸井的施工和运行全过程进行计算分析,评价了基坑支护结构作为永久结构的可行性和输水闸井在周围建筑物影响下施工和运行的安全性。计算结果表明,进水井的沉降不满足输水管线设计允许沉降的要求,为此进行了地基加固处理设计。地基加固以后输水闸井的应力、应变均满足要求。

(6)远离陆域、位于江心低滩的大型取水泵闸施工面临多种风险,必须采取围堰与深基坑支护相结合的围护体系才能保证施工安全。江心低滩大型深基围堰结构必须根据地质地形、水流条件选型,对于外侧陡坎侧为避免主流冲刷不宜选择斜坡式土堤结构,采用钢板桩与斜坡式吹填堤的组合围堰经济合理、安全。江心低滩透水地基围堰防渗结构是围堰成败的关键,采用高压旋喷桩连续防渗墙合理可行。

(7)对于基坑工程所处区域的地质情况要有详尽的了解,以便确定基坑围护形式以及分析槽孔稳定性(砂性土,潮汐河口地区易塌孔故采用搅拌桩固壁);同时也是设计时一些土质计算参数的选取依据。对于基坑工程内主体结构布置要有全面的了解,以便能使主体结构与基坑工程之间出现的矛盾最小(合理利用主体结构的支撑作用代替部分基坑的钢支撑、基坑设计时立柱设计充分考虑主体结构的立模情况等),从而使整个工程的质量和工期更有保障,同时经济性更加显著。

(8)对于基坑工程的施工方法、施工器械以及施工组织要有一定的了解,以便设计出更为合理的基坑布置方案(基坑支撑布置考虑施工时挖掘机械的操作要求以及流道模板的吊装要求),有利于施工。

(9)青草沙水库泵站建筑物及其连接堤均建造于新沉积土江滩之上,而连接堤的地基压缩层内主要为高压缩性土体组成,若不对连接堤地基进行加固处理,其与泵闸建筑物间将出现很大的沉降差,引起环库道路断裂,并可能导致防渗体系破坏,危及水库安全;通过对地基防渗、施工速度、施工工艺等方面对几种地基加固方案的分析,并结合青草沙水库的工程地质特点,采用高压旋喷桩加固连接堤地基较其他加固方案有较为明显的优势;通过对泵闸建筑物与连接堤地基应力相互作用的分析,并结合具体采用的高压旋喷桩的加固方案,提出阶梯式地基加固方案,明显改善了连接堤与泵闸建筑物之间的不均匀沉降,达到了变形协调的目的,同时在一定程度上降低了加固费用,对今后类似工程具有一定的参考价值。